高等学校计算机基础教育教材

C语言程序设计

刘 浩 孙晓燕 张芳芳 编著

清华大学出版社
北京

内 容 简 介

本书浓缩了作者多年教学改革的实践经验,以白皮书和CFC2008为指导,按照认识规律,对章节顺序进行了合理的安排,做到先易后难、循序渐进,语言叙述注重图文并茂,理论讲解注重结合实际应用、能力训练。本书主要内容包括:C语言和结构化程序设计,数据类型、运算符与表达式,顺序结构程序设计,选择结构程序设计,循环结构程序设计,数组与字符串,函数,对函数的进一步讨论,指针,结构体、共用体、枚举和用户定义的类型,位运算,文件,上机实验与指导,总结等。

本书适合作为高等院校"C语言程序设计"课程的教材,还可作为C语言自学者的教材或参考书。

版权所有,侵权必究。举报:010-62782989,beiqinquan@tup.tsinghua.edu.cn。

图书在版编目(CIP)数据

C语言程序设计 / 刘浩,孙晓燕,张芳芳编著.
北京 : 清华大学出版社,2025.3. -- (高等学校计算机基础教育教材). -- ISBN 978-7-302-68474-9
Ⅰ. TP312.8
中国国家版本馆CIP数据核字第20259ZM379号

责任编辑:袁勤勇 薛 阳
封面设计:常雪影
责任校对:胡伟民
责任印制:刘 菲

出版发行:清华大学出版社
网　　址:https://www.tup.com.cn,https://www.wqxuetang.com
地　　址:北京清华大学学研大厦A座
邮　　编:100084
社 总 机:010-83470000
邮　　购:010-62786544
投稿与读者服务:010-62776969,c-service@tup.tsinghua.edu.cn
质量反馈:010-62772015,zhiliang@tup.tsinghua.edu.cn
课件下载:https://www.tup.com.cn,010-83470236
印 装 者:保定市中画美凯印刷有限公司
经　　销:全国新华书店
开　　本:185mm×260mm   印 张:20   字 数:505千字
版　　次:2025年3月第1版   印 次:2025年3月第1次印刷
定　　价:59.80元

产品编号:105178-01

前 言

"C语言程序设计"在许多高校都作为程序设计语言的第一门课程进行教学。笔者从事C语言程序设计课程的教学已有30年,在不断融合课程发展趋势和从事教学改革实践的过程中,积累了许多教学经验,有不少收获和感悟。笔者感到有必要将其整理出来,与大家共享。本书在编写过程中,以教育部高等学校非计算机专业计算机基础课程教学指导分委员会《关于进一步加强高等学校计算机基础教学的意见暨计算机基础课程教学基本要求》(简称"白皮书")和中国高等院校计算机基础教育改革课题教研组发布的《中国高等院校计算机基础教育课程体系2008》(简称CFC2008)为指导。这有利于体现新的教学思维和时代感。

本课程向学习者介绍结构化(模块化)程序设计的基本思想和方法,通过学习结构化程序设计语言,读者应了解用计算机解决问题的一般方法,掌握程序设计的思路和基本方法,掌握编写和调试简单应用程序的方法,养成利用计算机解决工作、生活中的实际问题的习惯,提高应用计算机的能力和素质。

本书的主要特色如下。

(1) 按照认识规律,对章节顺序做了合理安排,做到先易后难、循序渐进,叙述表达注重图文并茂、通俗易懂,理论讲解注重结合实际应用、能力(特别是编程能力和调试能力)训练,并适时融入了分析、启发、引导性的内容和思考性的问题,有助于读者很快进入角色,进而对本书、本课程产生兴趣,易于教学,易于自学。

(2) 内容的详与略、宏观总揽与细节说明的关系控制得当,提纲挈领、纲举目张,使得读者思路清晰、概念清楚,容易把握程序设计的基本思想。

(3) 例题、习题视野广阔、生动典型且有吸引力,能够使读者在学习探求过程中"阅尽人间春色",领略程序设计领域的经典题目,也会使读者在吸引力、求知欲的作用下,在兴趣盎然的氛围中更好地领会、理解和掌握所学的语法规则、算法及程序设计的思想、方法、技巧,从而取得理想的学习效果。

(4) 上机实验与指导,这有助于结合实际,强化操作,加强实践环节,激励创新意识,使读者有针对性地进行上机实验,提高编程能力和调试能力。课本和实验融为一体,使得一书在手,课本实验全有,体现了全面性特色。

(5) 本书配有教学课件,供教学双方参考使用。

(6) 精选本书中的部分例题做了微课小视频,以二维码形式放在了对应例题的旁边,微信扫码即可播放视频进行学习。

(7) 书中加入了课程思政元素和素质拓展内容。

(8) 做到提升学生的知识、能力、素质,把握教学的难度、深度、强度,体现基础、技术、应用,提供教材、实验、课件支持。

本书共分 14 章,内容包括:C 语言和结构化程序设计,数据类型、运算符与表达式,顺序结构程序设计,选择结构程序设计,循环结构程序设计,数组与字符串,函数,对函数的进一步讨论,指针,用户自己定义的类型,位运算,文件的读写操作,上机实验与指导,总结。另外还有 4 个附录:ASCII 字符编码一览表,C 语言的关键字及其用途,C 语言运算符的优先级别和结合方向,C 语言库函数。

本书由山东建筑大学的刘浩教授、孙晓燕副教授、齐鲁工业大学的张芳芳副教授主编。为了集思广益,组织多位老师参与编写:山东建筑大学的张绍兰老师、宋立莉参与了第 1 章的编写,山东英才学院的刘梦飞老师、海阳教育体育局的刘立群参与了第 2 章、第 3 章的编写,山东建筑大学的王忠老师、山东财经大学的高珊珊老师参与了第 4~6 章的编写,山东建筑大学的靳天飞、杨朝晖、姜玉波、杜丽娜老师参与了第 7~9 章的编写,解艳艳、李锋、张海林、刘耀辉老师参与了第 10~13 章的编写。山东建筑大学的孙晓燕副教授录制了微课小视频,齐鲁工业大学的张芳芳副教授在一些章节中加入了思政元素和课程拓展的内容。

本书参考了大量的国内外文献,在此向这些文献的作者表示深深的敬意和衷心的感谢!

奉献给读者的这本书虽经反复修改,力求精益求精,但由于篇幅较大、问题复杂、个人水平等原因,难免会有疏漏、不妥甚至错误之处,恳请各位专家和读者提出宝贵意见。

编　者

2024 年 3 月

目 录

第 1 章　C 语言和结构化程序设计 ········· 1

1.1　C 语言的产生过程及特点 ········· 1
1.1.1　C 语言的产生过程 ········· 1
1.1.2　C 语言的特点 ········· 2
1.2　C 语言程序的结构、书写格式和简单的 C 语言程序 ········· 3
1.2.1　C 语言程序的结构 ········· 3
1.2.2　C 语言程序的书写格式 ········· 4
1.2.3　简单的 C 语言程序 ········· 4
1.3　C 语言程序的开发过程及开发环境 ········· 6
1.3.1　C 语言程序的开发过程 ········· 6
1.3.2　Turbo C 集成开发环境及其使用 ········· 7
1.3.3　Dev C++ 集成开发环境及其使用 ········· 10
1.3.4　Visual C++ 开发环境及其使用 ········· 13
1.4　算法和结构化程序设计 ········· 18
1.4.1　算法 ········· 18
1.4.2　结构化程序设计 ········· 21
1.4.3　简单程序的设计 ········· 21
习题 1 ········· 23

第 2 章　数据类型、运算符与表达式 ········· 24

2.1　C 语言的数据类型 ········· 25
2.2　常量、变量 ········· 27
2.2.1　常量 ········· 27
2.2.2　变量 ········· 30
2.2.3　变量赋初值 ········· 31
2.3　C 语言的运算符和表达式 ········· 31
2.3.1　算术运算符和算术表达式 ········· 32
2.3.2　赋值运算符和赋值表达式 ········· 34
2.3.3　复合的赋值表达式 ········· 35

2.3.4　逗号运算符和逗号表达式 ·· 35
　2.4　不同类型数据之间的转换 ··· 36
　　　2.4.1　自动类型转换 ·· 36
　　　2.4.2　强制类型转换 ·· 38
　习题 2 ··· 39

第 3 章　顺序结构程序设计 ·· 41

　3.1　顺序结构的程序特点 ·· 42
　3.2　赋值语句 ·· 42
　3.3　数据输入输出 ··· 43
　　　3.3.1　格式输出函数——printf 函数 ··· 43
　　　3.3.2　格式输入函数——scanf 函数 ·· 48
　　　3.3.3　字符输出函数——putchar 函数 ·· 52
　　　3.3.4　字符输入函数——getchar 函数 ·· 53
　3.4　C 语句概述 ··· 54
　　　3.4.1　复合语句 ··· 54
　　　3.4.2　空语句 ·· 54
　　　3.4.3　表达式语句 ··· 55
　　　3.4.4　控制语句 ··· 55
　　　3.4.5　函数调用语句 ··· 55
　3.5　应用举例 ·· 56
　习题 3 ··· 58

第 4 章　选择结构程序设计 ·· 60

　4.1　关系运算符和关系表达式 ··· 60
　　　4.1.1　关系运算符及其优先顺序 ·· 60
　　　4.1.2　关系表达式 ··· 61
　4.2　逻辑运算符和逻辑表达式 ··· 62
　　　4.2.1　逻辑运算符及其优先顺序 ·· 62
　　　4.2.2　逻辑表达式 ··· 63
　4.3　if 语句 ·· 63
　　　4.3.1　if 语句与单分支结构 ··· 63
　　　4.3.2　if…else 语句与双分支结构 ·· 64
　　　4.3.3　else…if 语句与多分支结构 ·· 65
　　　4.3.4　if…else 语句的嵌套与分支的嵌套结构 ································ 67
　4.4　条件表达式构成的选择结构 ··· 69
　　　4.4.1　条件运算符 ··· 69
　　　4.4.2　条件表达式与双分支结构 ·· 69
　4.5　switch 语句 ··· 70

	4.5.1 break 语句	70
	4.5.2 switch 语句与多分支结构	71
4.6	goto 语句和标号	74
4.7	应用举例	75
习题 4		79

第 5 章 循环结构程序设计 …… 82

5.1	while 语句与用 while 语句构成的循环结构	83
	5.1.1 while 语句	83
	5.1.2 while 构成的循环结构	83
5.2	do…while 语句与用 do…while 语句构成的循环结构	85
	5.2.1 do…while 语句	85
	5.2.2 do…while 构成的循环结构	85
5.3	for 语句与用 for 语句构成的循环结构	87
	5.3.1 for 语句	87
	5.3.2 for 语句构成的循环结构	87
5.4	三种循环的比较和嵌套	90
	5.4.1 三种循环的比较	90
	5.4.2 三种循环的嵌套	90
5.5	循环结构中的 break 语句和 continue 语句	92
	5.5.1 循环结构中的 break 语句	92
	5.5.2 continue 语句	94
5.6	应用举例	95
习题 5		101

第 6 章 数组与字符串 …… 105

6.1	一维数组	105
	6.1.1 一维数组的定义	105
	6.1.2 一维数组的初始化	106
	6.1.3 一维数组的引用	107
	6.1.4 一维数组应用举例	107
6.2	二维数组	113
	6.2.1 二维数组的定义	113
	6.2.2 二维数组的初始化	114
	6.2.3 二维数组的引用	114
	6.2.4 二维数组应用举例	115
6.3	多维数组	117
6.4	字符数组和字符串	119
	6.4.1 字符数组的定义	119

6.4.2　字符数组的赋值——字符串的存储方法 ·· 120
　　　6.4.3　字符串的输入 ·· 121
　　　6.4.4　字符串的输出 ·· 122
　　　6.4.5　字符串运算函数 ··· 123
　　　6.4.6　二维字符数组 ·· 125
　　　6.4.7　字符数组和字符串应用举例 ·· 126
　习题6 ·· 128

第7章　函数 131

　7.1　概述 ·· 131
　7.2　函数的定义 ·· 132
　　　7.2.1　有参函数定义的一般格式 ·· 132
　　　7.2.2　无参函数定义的一般格式 ·· 133
　　　7.2.3　空函数 ·· 133
　7.3　函数的返回值 ·· 133
　　　7.3.1　return语句 ··· 133
　　　7.3.2　函数的返回值 ·· 134
　7.4　函数的调用 ·· 136
　　　7.4.1　函数的调用格式 ·· 136
　　　7.4.2　函数调用时的语法要求 ·· 137
　　　7.4.3　调用函数和被调函数之间的数据传递 ·· 137
　7.5　函数的声明 ·· 138
　7.6　函数的嵌套调用 ·· 140
　7.7　函数的递归调用 ·· 140
　7.8　库函数的调用 ·· 142
　7.9　数组作函数参数 ·· 147
　　　7.9.1　数组元素作函数实参 ·· 147
　　　7.9.2　数组名作函数参数 ·· 148
　7.10　应用举例 ·· 149
　习题7 ·· 151

第8章　对函数的进一步讨论 154

　8.1　局部变量和全局变量 ·· 154
　　　8.1.1　局部变量 ·· 154
　　　8.1.2　全局变量 ·· 155
　8.2　变量的存储属性 ·· 156
　　　8.2.1　变量的存储类型 ·· 156
　　　8.2.2　局部变量使用的存储类型 ·· 157
　　　8.2.3　全局变量使用的存储类型 ·· 160

8.3 函数的存储属性 ·· 164
 8.3.1 内部函数 ·· 164
 8.3.2 外部函数 ·· 165
8.4 编译预处理 ·· 165
 8.4.1 宏定义 ·· 165
 8.4.2 文件包含 ·· 168
 8.4.3 条件编译 ·· 170
习题 8 ·· 172

第 9 章　指针 ·· **174**

9.1 地址、指针的概念和指针变量 ·· 174
 9.1.1 地址与指针 ·· 174
 9.1.2 指针运算符 & 和 * ·· 175
 9.1.3 指针变量的定义 ·· 175
 9.1.4 指针变量的赋值 ·· 176
 9.1.5 指针变量的使用 ·· 176
 9.1.6 指针运算 ·· 178
9.2 指针与函数 ·· 179
 9.2.1 指针作函数参数 ·· 179
 9.2.2 指向函数的指针 ·· 180
 9.2.3 返回指针的函数（函数的返回值是指针）·· 182
9.3 指针与数组 ·· 184
 9.3.1 指针与一维数组 ·· 184
 9.3.2 指针与二维数组 ·· 190
 9.3.3 指针数组 ·· 193
9.4 指针与字符串 ·· 195
9.5 指向指针的指针 ·· 196
9.6 main 函数的参数 ·· 197
9.7 指针与内存的动态存储分配 ·· 198
 9.7.1 内存动态存储分配函数 ·· 198
 9.7.2 内存动态存储分配函数的应用 ·· 200
习题 9 ·· 201

第 10 章　用户自己定义的数据类型 ·· **205**

10.1 结构体和结构体变量 ·· 205
 10.1.1 结构体类型的定义 ·· 205
 10.1.2 结构体变量的定义 ·· 206
 10.1.3 结构体变量的初始化 ·· 208
 10.1.4 结构体变量的引用 ·· 208

    10.1.5 结构体变量应用举例 ·· 209
  10.2 结构体数组 ··· 210
    10.2.1 结构体数组的定义 ·· 210
    10.2.2 结构体数组的初始化 ·· 211
    10.2.3 结构体数组的引用 ·· 212
    10.2.4 结构体数组应用举例 ·· 212
  10.3 结构体指针 ··· 213
    10.3.1 指向一个结构体变量的指针 ······································ 213
    10.3.2 指向一个结构体数组的指针 ······································ 215
  10.4 结构体与函数 ··· 216
    10.4.1 结构体的成员作函数参数 ·· 216
    10.4.2 结构体变量作函数参数 ·· 217
    10.4.3 指向结构体的指针作函数参数 ···································· 218
    10.4.4 结构体数组作函数参数 ·· 219
    10.4.5 函数的返回值是结构体类型 ······································ 222
    10.4.6 函数的返回值是指向结构体变量或结构体数组元素的指针 ············ 226
  10.5 链表 ··· 228
    10.5.1 用指针和结构体构成链表 ·· 229
    10.5.2 链表的基本操作 ·· 230
  10.6 共用体 ··· 233
    10.6.1 共用体类型的定义 ·· 233
    10.6.2 共用体变量的定义 ·· 233
    10.6.3 共用体变量的引用 ·· 234
    10.6.4 共用体应用举例 ·· 235
  10.7 枚举 ··· 237
    10.7.1 枚举类型的定义 ·· 237
    10.7.2 枚举变量的定义 ·· 238
    10.7.3 枚举变量的引用 ·· 238
    10.7.4 枚举应用举例 ·· 239
  10.8 用 typedef 定义新类型名 ·· 240
  习题 10 ··· 241

第 11 章 位运算 **243**

  11.1 位运算简介 ··· 243
    11.1.1 位逻辑运算符 ·· 243
    11.1.2 移位运算符 ·· 245
  11.2 位赋值运算符 ··· 246
  11.3 位段 ··· 247
  11.4 应用举例 ··· 249

习题 11 ·· 251

第 12 章　文件的读写操作 ··· **253**

　12.1　C 文件的概念 ··· 253
　12.2　文件的打开和关闭 ·· 254
　　　12.2.1　文件类型指针 ·· 254
　　　12.2.2　fopen 函数 ··· 255
　　　12.2.3　fclose 函数 ··· 256
　12.3　文件的读/写 ··· 256
　　　12.3.1　fgetc 和 fputc(putc 和 getc)函数 ·· 256
　　　12.3.2　fread 函数和 fwrite 函数 ··· 258
　　　12.3.3　fscanf 函数和 fprintf 函数 ··· 261
　　　12.3.4　fgets 函数和 fputs 函数 ·· 262
　12.4　文件的定位及出错检测 ·· 264
　　　12.4.1　顺序存取和随机存取 ··· 264
　　　12.4.2　rewind 函数 ·· 264
　　　12.4.3　fseek 函数 ·· 264
　　　12.4.4　ftell 函数 ·· 265
　　　12.4.5　出错检测函数 ·· 265
　　习题 12 ·· 267

第 13 章　上机实验与指导 ·· **269**

　上机实验 1　C 程序的运行环境和运行 C 程序的方法 ··· 269
　上机实验 2　数据类型、运算符与表达式 ·· 270
　上机实验 3　顺序结构程序设计 ··· 271
　上机实验 4　顺序结构程序设计(续) ··· 273
　上机实验 5　选择结构程序设计 ··· 274
　上机实验 6　选择结构程序设计(续) ··· 276
　上机实验 7　循环结构程序设计 ··· 277
　上机实验 8　循环结构程序设计(续) ··· 278
　上机实验 9　选择、循环结构程序设计 ··· 278
　上机实验 10　一维数组 ·· 280
　上机实验 11　二维数组 ·· 280
　上机实验 12　字符数组和字符串 ·· 282
　上机实验 13　函数(一) ·· 283
　上机实验 14　函数(二) ·· 284
　上机实验 15　函数(三) ·· 285
　上机实验 16　指针(一) ·· 286
　上机实验 17　指针(二) ·· 287

  上机实验 18 指针(三) ··· 288

  上机实验 19 结构体与链表 ·· 289

  上机实验 20 共用体与枚举 ·· 289

  上机实验 21 位操作 ·· 290

  上机实验 22 文件 ·· 290

第 14 章 总结 ·· 292

  14.1 数据的类型及表示形式 ·· 292

    14.1.1 数据的类型 ·· 292

    14.1.2 数据的表示形式 ·· 292

  14.2 运算符与表达式 ·· 293

  14.3 算法 ·· 294

  14.4 三种基本结构 ·· 294

  14.5 用函数实现模块化程序设计 ·· 294

  14.6 用文件实现数据的输入输出 ·· 295

附录 A ASCII 字符编码一览表 ·· 296

附录 B C 语言的关键字及其用途 ··· 297

附录 C C 语言运算符的优先级别和结合方向 ······································· 299

附录 D C 语言库函数 ·· 301

参考文献 ··· 307

第1章

C 语言和结构化程序设计

从 AI 机器人谈起——

AI(Artificial Intelligence),即人工智能。随着科技的发展,越来越多的人工智能出现在我们的生活中,比如手机中的语音助手,物流公司、酒店等都出现了各种各样的机器人。我们知道,人类之间可以通过语言相互沟通,那么人类和机器人之间如何沟通呢?人类怎么下达命令,机器人才能听懂呢?这就要用到本书所讲的 C 语言。经过预处理、编译、汇编和链接 4 个步骤,将人类编写的 C 语言指令翻译成为机器可理解的二进制代码,人类就可以通过 C 语言和机器交互了。

当前阶段,在编程领域中,C 语言的运用非常多,它兼顾了高级语言和汇编语言的优点,相较于其他编程语言具有较大优势。它能以简易的方式编译、处理低级存储器,是仅产生少量的机器语言以及不需要任何运行环境支持便能运行的高效率程序设计语言。C 语言只比汇编语言代码生成的目标程序效率低 10%~20%,但描述问题比汇编语言迅速,工作量小,可读性好,易于调试、修改和移植,代码质量与汇编语言相当。因此,C 语言可以编写系统软件。计算机系统设计以及应用程序编写是 C 语言应用的两大领域。同时,C 语言的普适性较强,在许多计算机操作系统中都能够得到使用,且效率显著。

C 语言是一种面向过程的计算机编程语言。结构化程序设计是过程式程序设计的一个子集,它实行以模块功能和处理过程设计为主的基本原则,结构上将软件系统划分为若干功能模块,各模块按要求单独编程,再由各模块连接,组合构成相应的软件系统。结构化程序设计采用自顶向下、逐步求精的设计方法,各个模块通过"顺序、选择、循环"的控制结构进行连接。

本章简单介绍 C 语言的产生过程及特点、C 语言程序的结构与书写格式、C 语言程序的开发过程、算法和结构化程序设计等。C 语言程序的编写,实现了人类和计算机的交互。程序语言如同人类的语言一样,有了程序,计算机就能听懂人类的指令,执行人类的想法了。

1.1 C 语言的产生过程及特点

1.1.1 C 语言的产生过程

20 世纪 60 年代,随着计算机科学的迅速发展,高级程序设计语言得到了广泛的应用。

然而,还没有一种可以用于编写操作系统和编译程序等系统程序的高级语言,人们不得不用汇编语言(或机器语言)来编写,但汇编语言存在着不可移植、可读性差、研发软件效率不如高级语言等缺点,给编程带来了很多不便。为此,人们对能用于系统程序设计的高级语言的开发就变得势在必行了。

1967 年,Martin Richards 首先开发出 BCPL(Basic Combined Programming Language,基本组合编程语言),作为软件人员开发系统软件的描述语言,BCPL 的突出特点是:

(1) 结构化的程序设计;

(2) 直接处理与机器本身数据类型相近的数据;

(3) 具有与内存地址对应的指针处理方式。

1970 年,Ken Thompson 继承并发展了 BCPL 的上述特点,设计了 B 语言。当时,美国 DEC 公司的 PDP-7 小型机 UNIX 操作系统,就是使用 B 语言开发的。

由于 B 语言过于简单,缺乏数据类型,功能有限,因此 1972—1973 年,美国 Bell 实验室的 D. M. Ritchie 对 B 语言做了进一步的充实和完善,正式推出了 C 语言。C 语言既保留了 B 语言精练、接近硬件的优点,又克服了 B 语言过于简单、缺乏数据类型的缺点。随后 Ken Thompson 和 D. M. Ritchie 用 C 语言重写了 UNIX 操作系统 90% 以上的代码,即 UNIX 第 5 版,这一版本奠定了 UNIX 的基础,使其逐渐成为最重要的操作系统之一。

随着 UNIX 的成功和广泛流行,C 语言也引起了人们的注意,并成为软件开发中深受人们欢迎的一种程序设计语言。随着 C 语言的广泛应用,出现了多种不同版本的 C 语言编译系统,1983 年,美国国家标准化协会(ANSI)制定了标准 ANSI C。1987 年,ANSI 又公布了 87 ANSI C。1990 年,国际标准化组织(ISO)接受 87 ANSI C 为 ISO C 的标准(ISO 9899:1990)。

1983 年,贝尔实验室在 C 语言的基础上又推出了 C++ 语言。C++ 语言扩充和完善了 C 语言,成为一种面向对象的程序设计语言。C++ 语言提出了一些更为深入的概念,它所支持的面向对象的概念易于将问题空间直接映射到程序空间,为程序员提供了一种与传统的结构化程序设计不同的思维方式和编程方法。因此,C 语言是 C++ 语言的基础,学完 C 语言再学习 C++ 语言,会收到事半功倍的效果。

1.1.2 C 语言的特点

C 语言把高级语言的特征同汇编语言的功能结合了起来。因此,C 语言具有许多独到的特点,以下仅从使用者的角度加以讨论。

(1) C 语言短小精悍,基本组成部分紧凑、简洁。C 语言一共有 32 个标准的关键字(参见附录 B)、34 种运算符(参见附录 C)以及 9 种控制语句(见第 3 章),语句的组成精练、简洁,使用方便、灵活。

(2) C 语言运算符丰富,表达能力强。C 语言具有高级语言和低级语言的双重特点,其运算符包含的内容广泛,所生成的表达式简练、灵活,有利于提高编译效率和目标代码的质量。

(3) C 语言数据结构丰富、结构化好。C 语言提供了编写结构化程序所需要的各种数据结构和控制结构,这些丰富的数据结构和控制结构以及以函数调用为主的程序设计风格,保证了利用 C 语言所编写的程序结构化良好。

(4) C 语言提供了某些接近汇编语言的功能。这为编写系统软件提供了方便条件。如可以直接访问物理地址,并能进行二进制位运算等。

(5) C 语言程序生成的目标代码质量高,程序执行效率高。C 语言程序所生成的目标代码的效率仅比用汇编语言描述同一个问题低 10%～20%,因此,用 C 语言编写的程序执行效率高。

(6) C 语言程序可移植性好。在 C 语言所提供的语句中,没有直接依赖于硬件的语句。与硬件有关的操作,如数据的输入输出等都是通过调用系统提供的库函数来实现的,而这些库函数本身并不是 C 语言的组成部分。因此,用 C 语言编写的程序能够很容易地从一种计算机环境移植到另一种计算机环境中。

当然,C 语言本身也有与优势对立的弱点。

(1) 运算符多,不易记忆。C 语言运算符多,运算符有 15 种优先级,而且有些运算符的含义和优先级与人们的日常习惯不一致,这使得 C 语言在具有运算和处理方便、灵活优势的同时,也具有不容易记忆的弱点。

(2) C 语言的语法限制不太严格。例如,对数组下标越界不进行检查,由编程者自己保证程序正确;一些变量的数据类型可以通用,如整型数据与字符型数据及逻辑型数据;放宽了语法检查,这在增强了程序设计的灵活性的同时,相应地检查错误的任务也部分地转到了编程者身上,这在一定程度上也降低了 C 语言的某些安全性,对编程人员提出了更高的要求。

C 语言的这些特点,大家现在或许还不能很好地理解,等学习完这门课程再想一想,就会有所感触。

1.2 C 语言程序的结构、书写格式和简单的 C 语言程序

1.2.1 C 语言程序的结构

C 语言程序由一个或多个函数组成,但任何一个完整的 C 语言程序,都必须包含一个且只能有一个名为 main 的函数,它是程序运行时调用的第一个函数。一个完整的 C 语言程序除了 main 函数之外,还可以包括用户自己编写的函数。C 语言程序是函数式结构,函数是 C 语言程序的基本单位。其结构如下所示,其中 f1 到 fn 代表用户自定义的函数:

```
文件包含
宏定义
函数声明
条件编译
外部变量说明(即声明或定义)
结构体、共用体等的定义
main( )
{
  声明部分
  语句部分
```

```
    }
    数据类型 f1(参数说明)
    {
      声明部分
      语句部分
    }
    数据类型 f2(参数说明)
    {
      声明部分
      语句部分
    }
    …
    数据类型 fn(参数说明)
    {
      声明部分
      语句部分
    }
```

其中,main 函数之前的 6 个部分不一定每个程序都有。

1.2.2 C 语言程序的书写格式

C 语言程序的书写格式如下。

(1) 用 C 语言书写程序时较为自由,既可以一行写一条语句,也可以一行写多条语句,一条语句也可以分几行来写。每条语句用英文";"结尾。为了增加可读性,一般一条语句占一行,并可适当加一些注释或空行。注释以"/＊"开头,以"＊/"结束,注释的内容写在"/＊"和"＊/"之间。注释并不是程序中必须出现的内容,也就是说,编译系统并不理睬注释信息。

(2) C 语言程序要求关键字都使用小写字母。在 C 语言中,小写字母和大写字母是不同的。例如,小写的 int 是关键字,大写的 INT 则不是。关键字在 C 语言中不能用做其他目的,例如不能用做变量或函数的名字。

(3) C 语言是结构化程序设计语言,为了层次结构分明,不同结构层次的语句从不同的起始位置开始书写,同一层次中的语句缩进左对齐。

书写格式可以从下面的 C 语言程序中看到。

1.2.3 简单的 C 语言程序

下面看一个简单的 C 语言程序。

【例 1.1】 从键盘输入两个整数,求这两个整数之和并显示出来。

视频

```
#include <stdio.h>
main()
{
  int a,b,sum;
  scanf("%d%d",&a,&b);                    /＊读入两个整数,存入变量 a 和 b 中＊/
  sum=a+b;
  printf("The sum of %d and %d is %d",a,b,sum); /＊输出两数之和 sum＊/
}
```

此程序共有 8 行，下面逐行进行解释。

(1) 第 1 行以"♯"开头的是编译预处理命令，是指在编译代码之前由预处理程序处理的命令。本例中的 ♯include <stdio.h>命令是将文件 stdio.h 找到并包含到程序中来，作为程序的一部分。

(2) 第 2 行的 main 是主函数名，C 语言规定必须用 main 作为主函数名。其后的圆括号中间可以是空的，但这一对圆括号不能省略。main 是主函数的起始行。每个 C 语言程序都必须有一个并且只能有一个主函数。一个 C 语言程序总是从主函数开始执行。

(3) 第 2 行之后的 6 行是主函数体。主函数体自"{"开始到"}"结束。其间可以有说明部分(即声明部分或定义部分)和执行语句。一个 C 语言程序总是执行到主函数体的最后一个语句结束。

(4) 第 4 行是定义部分。定义了 a、b、sum 三个基本整型的变量。int 是关键字，必须小写。

(5) 第 5～7 行的 3 条语句是执行语句。执行语句必须放到变量定义之后。

(6) 第 5 行的 scanf 是输入库函数，它要求从键盘输入两个整数(本例以空格为分隔符)，并将它们送到 a、b 变量中。它要求将 a、b 用其地址 &a 和 &b 表示，双引号中的两个%d 是十进制整数格式符，指明对变量 a、b 的格式要求。

(7) 第 6 行是将 a 和 b 的值相加，相加的结果赋给变量 sum。

(8) 第 7 行的 printf 是输出库函数，它的作用是进行格式化输出，其参数包括两部分：一是双引号内的"格式控制"部分，用于对输出的数据进行格式说明；二是"输出表列"部分，表示要输出的变量。所有这些语句都放在花括号{}之内，各语句之间用英文半角分号";"隔开。

(9) 第 5 行和第 7 行后面的部分是注释。注释的内容位于"/＊"和"＊/"之间，可用英文或中文进行书写。

(10) 第 4～7 行属同一层次，缩进左对齐。其他 4 行属同一层次，左对齐。

该程序的一次运行结果如下：

输入为：

3　5✓　　　(✓表示按 Enter 键)

输出为：

The sum of 3 and 5 is 8

下面再看一个 C 语言程序。

【例 1.2】 计算 s＝1＋2＋3＋…＋50。

```
#include <stdio.h>
int sum(int x)                          /* 自定义 sum 函数，求 1+2+3+…+x */
{
  int i,y;
  y=0;
  for (i=1;i<=x;i++)
    y=y+i;
  return(y);
}
main( )
```

视频

```
{
    int n=50, s;
    s=sum(n);                                            /*函数调用,用实参 n 代替形参 x*/
    printf("%s %d\n","sum of 1+2+…+50 is ",s);  /*输出 s*/
}
```

在该程序中,自定义了 sum 函数,用于计算 1+2+3+…+x,x 为参数。程序运行时先调用 main 函数,数值 50 赋给 n,然后调用 sum 函数计算 1+2+3+…+n 并将所求之值 y 返回调用函数 main,赋予变量 s,最后输出 s 的值。

该程序的运行结果如下:

sum of 1+2+…+50 is 1275

通过上面两个程序,大家对 C 语言程序已经有了一个初步的认识,可以看到:

(1) C 语言程序完全是由函数构成的,而且每个程序可由一个或多个函数组成。函数是 C 语言程序的基本单位。C 语言程序的函数式结构使得 C 语言程序非常容易实现模块化,便于阅读和维护。

(2) 一个 C 语言源程序不论由多少个函数组成,有且只能有一个 main 函数,即主函数。

(3) 一个 C 语言程序如有多个函数,main 函数可以放在程序的最前面,也可以放在程序最后面,或在某个函数之前,或在某个函数之后。

(4) 一个 C 语言程序如有多个函数,不论 main 函数放在程序的什么位置,C 语言程序总是从 main 函数开始执行,在调用其他函数后,最后回到 main 函数中结束整个程序的执行。

(5) 每一条语句都必须以分号结尾。但 #include <stdio.h> 是命令,不是语句,因此之后不能加分号。

(6) C 语言中没有专门的输入输出语句,这里的输入输出是通过 scanf 和 printf 两个库函数实现的。

1.3 C 语言程序的开发过程及开发环境

1.3.1 C 语言程序的开发过程

在计算机上进行 C 语言程序开发通常包括 4 个步骤,即编辑、编译、连接和运行,如图 1.1 所示。

1. 编辑源程序(Edit)

用 C 语言编写的程序称为源程序。编辑源程序是指使用某种编辑软件,如记事本、Word、编译系统自带的编辑功能等对源程序进行编辑(如输入、修改、保存等)的过程。

源程序经编辑由键盘输入后,形成源程序文件以文本文件的形式存储在外存储器(如优盘或硬盘)中。源程序文件的名称由用户选定,但扩展名为 .c(即源程序文件均带有扩展名 .c)。

2. 编译源程序(Compile)

在程序运行之前,必须用系统提供的编译程序对源程序文件进行编译。编译程序要进行语法检查,若没有发现错误,则编译后产生目标文件。目标文件是由"目标代码"组成的,目标代码是二进制指令代码。目标文件的主文件名和源程序的主文件名一致,但扩展名为.obj。若编译程序发现有错误,则输出错误信息,此时程序员应对源程序进行再编辑修改,改正程序错误后,再进行编译,直到编译正确为止。

3. 连接目标文件及库文件(Link)

源程序经编译后产生的目标文件尽管由二进制指令代码组成,但它还不能直接在计算机上运行,因为编译所生成的目标文件(＊.obj)是相对独立的模块,需要通过连接程序把它和其他目标文件以及系统所提供的库函数进行连接装配。连接装配生成可执行文件后,就可运行了。可执行文件的主文件名和源程序、目标程序的主文件名一致,但扩展名为.exe,并自动将它保存到磁盘上作为可执行文件。连接时如果出现错误,则应查看所需的库函数的目标文件是否存在。

图 1.1 C 语言程序的开发过程

4. 运行程序(Run)

运行经过编译连接后产生的可执行文件(扩展名为.exe),便可得到程序的运行结果。如果运行结果错误,则需要对算法进行检查,重新编辑源程序,直到得到正确的运行结果。

1.3.2 Turbo C 集成开发环境及其使用

Turbo C 为程序员提供了功能强大、使用方便的程序设计与调试环境。

1. Turbo C 的安装和环境设置

要使用 Turbo C 需要先进行安装。可将 Turbo C 安装到硬盘的某一目录下,例如放在 C 盘根目录的下一级子目录 tc 下。tc 子目录中存放着 Turbo C 系统程序 tc.exe 和其他文件,通过运行该程序就可以进入 Turbo C 的集成开发环境。

在 Options 菜单中有几个环境参数选项直接影响到 Turbo C 的工作。它们位于 Options 菜单下的 Directories 命令中,Directories 命令用来设定编译器和连接器的文件查找和存放目录。在设置头文件查找目录选项 Directories/Include directories 中应设置为 c:\tc\include;在设置库文件查找目录选项 Directories/Library directories 中应设置为 c:\tc\lib。

2. Turbo C 的使用

正确安装后,在桌面上依次选择"开始"→"程序"→"附件"→"命令提示符"命令,进入命令提示符界面,再输入 cd\,按 Enter 键,输入 cd tc,按 Enter 键,进入 c:\tc 子目录,然后从键盘输入 tc,按 Enter 键,便可进入 Turbo C 集成开发环境窗口,如图 1.2 所示。

按 Alt+Enter 组合键可以将窗口转换为全屏幕方式。

菜单栏中共有 8 个菜单项,功能如下。

File:文件操作。

Edit:编辑程序。

图 1.2　Turbo C 2.0 集成开发环境窗口

Run：运行程序。
Compile：编译连接程序。
Project：多文件项目的程序管理。
Options：设置集成工作环境。
Debug：在线调试、监视或跟踪程序的运行过程。
Break/Watch：设置/消除断点，在线监视和跟踪表达式。

按 F10 键可以使光标在主菜单和编辑窗口之间切换。按左右箭头键可以移动光标到 8 个菜单项中的任何一个菜单项，按 Enter 键选中。按上下箭头键可以移动光标到需要的子菜单(8 个菜单项除了 Edit 菜单项外都有子菜单)，按 Enter 键选中。

下面仅就常用的命令：File、Edit、Compile、Run 进行简单介绍。

(1) File 命令。

File 主菜单中包含多个子命令，其中常用的如下。

Load(载入)：从磁盘调入一个文件到当前编辑窗口。

Save(保存,快捷键为 F2)：保存当前正在编辑的文件，若文件名是默认的 NONAME.C，则询问是否要输入新的文件名。

Write(写入)：保存当前正在编辑的文件，每选择一次，都要输入一个文件名。

Quit(退出)：退出 Turbo C，返回命令提示符界面。

(2) Edit 命令。

在 Turbo C 中，只要光标位于编辑窗口内，就可以编辑程序。选择 Edit 命令也可以进入编辑状态。

(3) Compile 命令。

Compile 菜单中包含多个子命令，其中常用的有以下几个。

Compile to OBJ(编译生成目标代码)：此命令将源文件(.c)编译成目标文件(.obj)。为了得到可执行文件(.exe)，还需要执行 Link EXE File 命令。

Link EXE File(连接生成可执行文件)：将目标文件(.obj)连接成可执行文件(.exe)。

Make EXE File(生成可执行文件,快捷键为 F9)：此命令包括编译和连接两个过程，可以直接将源文件(.c)编译、连接成可执行文件(.exe)。

(4) Run 命令(快捷键为 Ctrl+F9)。

经过上述操作得到的.exe 文件可用 Run 命令运行,也可在 DOS 命令提示符下直接运行。

进入 Turbo C 集成开发环境窗口后,可按下列步骤进行 C 语言程序的开发。

(1) 编辑源程序。

输入源程序,如图 1.3 所示。

图 1.3 编辑源程序窗口

可以利用上下左右箭头键移动光标,对程序进行修改。

源程序无误后,进行保存。保存时只输入主文件名即可,系统会自动保存为.c 文件。如果要输入扩展名,则必须是.c。

(2) 编译和连接。

执行 Compile→Compile to OBJ(编译生成目标代码)命令,编译生成目标文件(.obj)。

编译完成后的窗口如图 1.4 所示。

图 1.4 编译完成后的窗口

执行 Compile→Link EXE File(连接生成可执行文件)命令,将目标文件(.obj)连接成可执行文件(.exe)。

连接完成后的窗口如图 1.5 所示。

或者执行 Compile→Make EXE File(生成可执行文件)命令,直接将源文件(.c)编译连接成可执行文件(.exe)。

图 1.5　连接完成后的窗口

（3）运行程序。

执行 Run 命令运行程序。

按 Alt+F5 组合键查看运行结果，如图 1.6 所示。按 Enter 键返回。

图 1.6　运行结果显示窗口

说明：在 Turbo C 集成环境中通过按 Ctrl+F9 组合键或执行 Run 命令，可对源程序完成编译、连接与运行操作。

1.3.3　Dev C++ 集成开发环境及其使用

视频

Dev C++ 为程序员提供了功能强大、使用方便的程序设计与调试环境。

1. Dev C++ 的安装和环境设置

要使用 Dev C++ 需要先进行安装。可将 Dev C++ 安装到硬盘的某一目录下，例如放在 C 盘根目录的下一级子目录 Dev-cpp 下。Dev-cpp 子目录中存放着 Dev C++ 系统程序 Dev-cpp.exe 和其他文件，通过运行 Dev-cpp.exe 程序就可以进入 Dev C++ 的集成开发环境。

2. Dev C++ 的使用

正确安装后，可在桌面上创建 Dev-cpp.exe 的快捷方式，通过双击快捷方式进入 Dev C++ 集成开发环境窗口，如图 1.7 所示。

菜单栏中共有 11 个菜单项，功能如下。

文件：文件操作。

编辑：编辑程序。

搜索：搜索内容。

视图：视图设置。

项目：多文件项目的程序管理。

运行：编译运行文件。

调试：在线调试、监视或跟踪程序的运行过程。

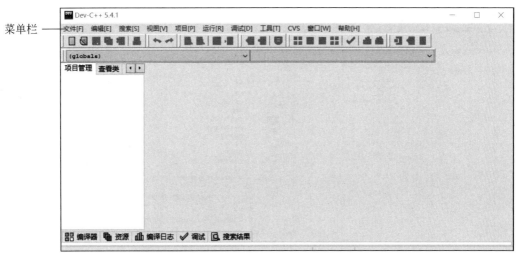

图 1.7　Dev C++ 5.4.1集成开发环境窗口

工具：设置集成工作环境。

CVS：文件项目管理。

窗口：窗口操作。

帮助：帮助信息。

进入 Dev C++ 集成开发环境窗口后，可按下列步骤进行 C 语言程序的开发。

（1）编辑源程序。

输入源程序，如图 1.8 所示。

图 1.8　编辑源程序窗口

源程序无误后，进行保存。保存时，选择保存类型为 C source files(＊.c)，只输入主文件名即可，系统会自动保存为.c 文件。如果要输入扩展名，则必须是.c。如图 1.9 所示保存源程序文件。

图 1.9　保存源程序文件

(2) 编译和连接。

单击"运行"→"编译"命令,完成编译连接工作,生成可执行程序文件(.exe)。编译连接完成后的窗口如图1.10所示。

图 1.10　编译连接完成后的窗口

(3) 运行程序。

执行"运行"菜单中的"运行"命令运行程序。

如图1.11所示,按Enter键返回。

说明:在Dev C++集成环境中通过按F9键可对源程序完成编译、连接,按F10键运行程序,按F11键可完成源程序的编译、连接及运行。

图 1.11　运行结果显示窗口

1.3.4　Visual C++ 开发环境及其使用

Visual C++ 是一种可视化的集成环境,主要面向 C++ 语言进行开发,同时也兼容 C 语言。下面简单介绍 Visual C++ 6.0(简称 VC++ 6.0)的开发环境及使用方法。

1. 启动 VC++ 6.0

双击 Windows 桌面上的 Microsoft Visual C++ 6.0 图标或在桌面上依次选择"开始"→"程序"→Microsoft Visual Studio 6.0→Microsoft Visual C++ 6.0 命令即可运行。

启动后的 VC++ 6.0 初始界面如图 1.12 所示。

图 1.12　VC++ 6.0 初始界面

2. 在指定位置(如 d:\ )创建 C 源程序文件

依次选择"文件"→"新建"命令,打开"新建"对话框,选择"文件"选项卡,选中 C++ Source File 选项,输入文件名(如 a.c)和目录(如 d:\),如图 1.13 所示,然后单击"确定"按钮。

注意:输入文件名时,必须指定扩展名.c,否则 VC++ 6.0 会自动以.cpp 作为扩展名。

图 1.13 "新建"对话框

3. 编辑源程序

输入源程序,如图 1.14 所示。

图 1.14 编辑源程序窗口

4. 编译

依次选择"编译"→"编译"命令,将源程序文件编译成目标文件(扩展名为.obj),如图 1.15 所示。

图 1.15 编译窗口

系统将询问是否建立默认工作区和保存程序,如图 1.16 所示,均单击"是"按钮。

图 1.16 询问是否建立默认工作区和保存文件

编译的结果如图 1.17 所示。

图 1.17 编译的结果

在编译过程中,将所发现的错误显示在屏幕下方的"编译"窗口中。根据错误提示,修改程序后再重新编译,如果还有错误,再继续修改、编译,直到没有错误为止。

5. 连接

依次选择"编译"→"构件"命令,将目标文件(扩展名为.obj)与系统文件连接成可执行文件(扩展名为.exe),如图 1.18 所示。

图 1.18　连接窗口

连接的结果如图 1.19 所示。

图 1.19　连接的结果

同样,对出现的错误要进行更改,直到编译、连接无误为止。

6. 运行程序

依次选择"编译"→"执行"命令,运行程序,如图 1.20 所示,按 Enter 键返回。

图 1.20　程序运行结果

7. 关闭工作区

依次选择"文件"→"关闭工作区"命令即可关闭工作区,如图 1.21 所示。

图 1.21　关闭工作区窗口

关闭工作区后,可以创建下一个 C 语言程序。

创建多个程序后,如何运行已创建的某个程序呢?方法是依次选择"文件"→"打开工作区"命令,如图 1.22 所示;再选择对应的扩展名为.dsw 的文件,如图 1.23 所示;然后依次选择"编译"→"执行"命令,如图 1.24 所示。

图 1.22　打开工作区窗口

图 1.23　打开工作区对话框

图 1.24　运行程序窗口

1.4　算法和结构化程序设计

1.4.1　算法

算法就是求解问题的方法，是为解决某个问题所使用的操作步骤。无论是形成解题思路还是编写程序，都是在实施某种算法。

1. 算法的特性

算法有下列 5 个特性。

(1) 有穷性。

一个算法应包含有限的操作步骤，而不能是无限的。无限个操作步骤没有意义，这样的算法是不正确的。其实，"有穷性"往往指"在合理的范围之内"。例如，如果让计算机执行一个 100 年才能结束的算法，这虽然是有穷的，但是超过了合理的限度，人们也不把它视为有效算法。究竟什么是"合理限度"，由人们根据具体需要判断。

(2) 确定性。

算法中的每一个步骤都应该是确定的,是无歧义的和精确定义的,而不能是含糊的、模棱两可的。

(3) 有效性。

算法中的每一个步骤都能够有效地执行,并得到确定的结果。例如,当 y=0 时,x/y 是不能有效执行的,也无法得到确定的结果。

(4) 有零个或多个输入。

输入是指从外界获取必要的已知信息(数据等)。算法中要操作的数据可以来自于键盘,也可以来自于其他文件或函数参数,或定义变量时直接给变量赋初值(如 int a=3;)或者给已定义的变量赋初值(如 float x;x=1.0;)。输入可以有零个或多个。例如,例 1.1 中有两个输入,下面的程序则有零个输入。

```
main ( )
{
    printf("I am writing C program.\n");
}
```

(5) 有一个或多个输出。

一个算法必须要有输出。如果没有输出,则用户无法知道程序运行的结果。

2. 算法的表示

清晰地描述算法的方法很多,常用的有自然语言、流程图、N-S 图、伪代码、计算机语言等。

(1) 用自然语言表示算法。

自然语言就是人们日常使用的语言,可以是汉语、英语或其他语言。用自然语言表示算法通俗易懂,但文字冗长,且容易出现歧义。故不建议采用这种方法表示算法。

(2) 用流程图表示算法。

流程图是用不同的几何图形表示各种操作,用箭头(即流程线)表示操作之间的先后执行顺序。常用的流程图符号及功能如表 1.1 所示。

表 1.1 常用的流程图符号及功能

流程图符号	功　　能	流程图符号	功　　能
⬭	开始、结束	▱	输入、输出
▭	处理	↑↓→	流程方向
◇	判断		

例 1.1 的流程图如图 1.25 所示。

(3) 用 N-S 图表示算法。

这种方法是美国学者 I.Nassi 和 B.Shneiderman 于 1973 年提出的,故称为 N-S 图(用两人名字的首字母命名)。N-S 图去掉了流程线,全部算法写在一个大矩形框内,大矩形框内还可以包含从属于它的矩形框,把各矩形框按照执行的先后顺序自上而下连接在一起。例 1.1 的 N-S 图如图 1.26 所示。

图1.25 例1.1的流程图

图1.26 例1.1的N-S图

(4) 用伪代码表示算法。

伪代码是用介于自然语言和计算机语言之间的文字和符号来表示算法。它不用图形符号，所以书写方便，格式紧凑，便于修改，容易读懂。用伪代码表示算法不用固定的格式、严格的语法规则，只要把意思表达清楚，便于阅读和书写即可。例如，计算1到10的和。

```
begin
   sum=0
   i=1
while i<=10
{sum=sum+i
i=i+1
}
print sum
end
```

(5) 用计算机语言表示算法。

用自然语言、流程图、N-S图、伪代码等表示的算法是供人编写程序而使用的，计算机无法识别。人们要根据算法用某种程序设计语言（如C语言）编写出程序，才能在计算机上运行。

用计算机语言表示算法必须严格遵循所用语言的语法规则，这是和伪代码不同的。下面将前面介绍的计算1到10的和的算法用C语言表示。

```c
#include <stdio.h>
int main()
{int i,sum;
sum=0;i=1;
while(i<=10)
{
  sum=sum+i;
  i++;
}
printf("%d\n",sum);
}
```

算法是程序设计的核心、灵魂，语言是外壳、工具，因此程序设计要把重点放在确定解题思路上,学会构造算法。有了算法,再用编程语言实现,就简单了。构造不出算法,没有解题思路,语法再熟也编写不出程序。

1.4.2　结构化程序设计

在 20 世纪 60 年代,随着计算机软件规模和复杂性的不断增加,在软件开发中出现了质量低下、可靠性差、进度推迟、成本超预算等问题。这严重影响了计算机技术的发展,造成了软件危机。软件危机出现以后,人们开始考虑如何提高软件生产和维护的效率、降低软件成本等问题,逐渐形成了结构化程序设计的思想。

结构化程序设计也称模块化程序设计。结构化程序设计采用"模块化"和"自顶向下、逐步细化"的设计方法。

模块化的思想就是"分而治之"。解决一个复杂的问题,往往不可能一开始就清楚问题的全部细节,只能把一个复杂的问题分解成若干个较小的子问题,然后再继续把每个子问题又分解成很多个更小的子问题,如此进行下去,直到每个更小的子问题只有单一的功能为止,这里的每个子问题就是一个子模块,各个子模块的集合实现总的功能。在 C 语言中,模块用函数来描述。主模块对应于 main 函数,子模块由其他自定义函数来描述。

自顶向下是指模块的划分要从问题的顶层向下逐层分解。

逐步细化是指把子模块分解成更小的子模块,一层层地分解,直到子模块具有单一的功能为止。

这与写文章时,先拟提纲,再写每个段落的过程相一致。

结构化的程序结构清晰,容易阅读,易于修改、调试和维护。

1.4.3　简单程序的设计

对于较小的简单问题,其程序设计的一般步骤如下。

(1) 分析问题。

已知:题目告诉了哪些已知条件。

所求:要解决的问题是什么。

解决方法:解决问题的方法和途径。

(2) 确定算法。

确定解决问题的操作步骤。

(3) 编写程序。

根据确定的算法编写程序。

下面举个例子,说明这一步骤。

已知矩形的长度和宽度,求矩形的周长和面积。

(1) 分析问题。

已知:矩形的长度和宽度。

所求:矩形的周长和面积。

解决方法:矩形的周长和面积由下面的公式给出:

$$perimeter = 2 * (length + width)$$
$$area = length * width$$

（2）确定算法。

输入矩形的长度 length、宽度 width；

用下面的算法计算矩形的周长和面积：

$$perimeter = 2 * (length + width)$$
$$area = length * width$$

输出矩形的周长和面积(perimeter 和 area)。

（3）编写程序。

```
main()
{
    int length,width ,perimeter,area;
    scanf("%d%d",&length,&width);
    perimeter=2*(length+width);
    area=length*width;
    printf("perimeter=%d,area=%d\n",perimeter,area);
}
```

科学素养拓展——"分而治之，各个击破"

《孙子兵法·兵势篇》中，孙子曰："凡治众如治寡，分数是也；斗众如斗寡，形名是也。"意思是说：如果管理人数众多的军队就像治理小部队一样应付自如，那是依靠军队合理的组织、结构和编制；如果指挥人数众多的军队作战就像指挥小部队作战一样到位，是依靠明确、高效的号令指挥系统。分数：分是队伍，数是人数，这里指组织。形名：形是旌旗，名是金鼓，这里指指挥系统。

《孙子兵法·谋攻篇》中，孙子曰："十则围之，五则攻之，倍则分之，敌则能战之，不若则能避之。"这句话的意思是如果我军比敌军强大十倍，就全面包围。如果我军比敌军强大五倍，就围其三面而攻一面；如果我军比敌军强大一倍，就实施分兵作战。这是根据双方力量对比而采取的战术。倍则分之就是强调了将领需要善于运用分散敌军，各个击破的战术，这也是"分而治之，各个击破"兵法的核心思想。

"分而治之"，就是把一个复杂的大问题分成两个或更多的相同或相似的子问题，再把子问题分成更小的子问题……直到最后子问题可以直接求解，原问题的解即子问题的解的合并，如图 1.27 所示。在计算机科学中，分治法就是运用分治思想一种很重要的算法。分治

图 1.27 分而治之

法是很多编程语言和高效算法的基础,如排序算法(快速排序、归并排序),傅里叶变换(快速傅里叶变换)等。

习 题 1

一、填空题

1. C 语言程序开发过程包括的 4 个步骤是_____、_____、_____和_____。
2. C 语言源程序文件的扩展名为_____,经过编译后产生的目标文件的扩展名为_____,经过连接后产生的可执行文件的扩展名为_____。

二、选择题

1. 以下叙述中正确的一项是(　　)。
   A. 在 C 语言程序中,main 函数必须位于程序的最前面
   B. C 语言程序的每行中只能写一条语句
   C. 在对一个 C 语言程序进行编译的过程中,可发现注释中的拼写错误
   D. C 语言本身没有输入输出语句
2. 以下叙述中不正确的一项是(　　)。
   A. 一个 C 语言程序只能有一个 main 函数
   B. 一个 C 语言程序可以由多个函数组成,但有且只有一个 main 函数
   C. C 语言程序每条语句的最后是分号(;)
   D. C 语言程序中的变量必须用小写字母表示

三、编程题

1. 下列 C 语言程序中有错误,请全部改正。

```
/* The program is error program! */
#include <stdio.h>
Main();
{
  INT a,b,c,sum
  a=1;b=2;c=3;
  SUM=A+B+C;
  Printf("SUM=%d",sum)
}
```

2. 用 Dev C++ 集成开发环境或 VC++ 将例 1.1 和例 1.2 进行编辑、编译、连接和运行。
3. 参照本章例题,编写一个 C 语言程序,求两个整数 x、y 之差。

第 2 章

数据类型、运算符与表达式

从 0 和 1 谈起——

众所周知,计算机硬件只能实现 0 和 1,所以计算机最大的智慧就是用 0 和 1 表示了人世间所有的事情。那么它是如何表示这些事情的呢?这就需要提及机器语言,汇编语言和高级语言。

计算机硬件作为一种电路元件,它的输出和输入只能是有电或者没电,即高电平和低电平,所以计算机传递的数据是由"0"和"1"组成的二进制数,二进制就是计算机语言的本质。计算机发明之初,人们为了去控制计算机完成自己的任务或者项目,只能去编写 0、1 这样的二进制数字串去控制计算机,其实就是控制计算机硬件的高低电平或通断,这种语言就是机器语言。直观上看,机器语言十分晦涩难懂,其中的含义往往要通过查表或者手册才能理解,使用的时候非常痛苦,尤其当需要修改已经完成的程序时,这种看起来无序的机器语言几乎让人无从下手,也很难找到程序中的错误。而且,不同计算机的运行环境不同,操作方式也不同,所以这种机器语言只能在特定的计算机上执行,一旦换了机器就需要重新编程,极大地降低了程序的使用和推广效率。但由于机器语言具有特定性,完美适配特定型号的计算机,故而运行效率远远高过其他语言。机器语言,也就是第一代编程语言。

汇编语言,即第二代计算机语言,用助记符代替机器指令的操作码,用地址符号或标号代替指令或操作数的地址,即用一些容易理解和记忆的缩写单词来代替一些特定的指令,例如:用"ADD"代表加法操作指令,"SUB"代表减法操作指令,以及"INC"代表增加 1,"DEC"代表减去 1,"MOV"代表变量传递等。通过这种方法,人们很容易去阅读已经完成的程序或者理解程序正在执行的功能,对现有程序的 bug 修复以及运营维护都变得更加简单方便。但是,计算机的硬件不认识这些字母符号,这时候就需要一个专门的程序把这些字符变成计算机能够识别的机器语言。汇编语言只是将机器语言做了简单编译,并没有从根本上解决机器语言的特定性,所以汇编语言和机器自身的编程环境息息相关,推广和移植很难,但保持了机器语言优秀的执行效率,因为它的可阅读性和简便性,汇编语言到现在依然是常用的编程语言之一。在今天的实际应用中,它通常被应用在底层、硬件操作和高要求的程序优化的场合,如驱动程序、嵌入式操作系统和实时运行程序等。

在编程语言经历了机器语言、汇编语言等更新之后,人们发现了限制程序推广的关键因素——程序的可移植性。需要设计一个能够不依赖于计算机硬件,能够在不同机器上运行的程序。这样可以免去很多编程的重复过程,提高效率,同时这种语言最好接近于数学语言或人的自然语言,方便人类学习和使用。因此,人们设计出了高级编程语言。

高级语言为用户提供了一种既接近于自然语言,又可以使用数学表达式,还相对独立于机器的工作方式。高级语言并不是特指的某一种具体的语言,而是包括很多编程语言,如目前流行的 C、C++、C#、Python、Java 等。与汇编语言一样,计算机也不能直接执行用高级语言编写的程序,必须经过"翻译"以后才能被机器执行。"翻译"的方法有两种,一种是解释,一种是编译。解释是把源程序翻译一句,执行一句的过程,而编译是源程序翻译成机器指令形式的目标程序的过程,再用连接程序把目标程序连接成可执行程序后才能执行。

至此,高级语言和汇编语言就可以通过解释或编译成机器语言被计算机直接执行了,计算机就用 0 和 1 实现了所有事情的描述。高级语言的程序设计要包括以下两方面的内容。

(1) 对数据的描述——指定数据的类型和组织形式。数据的组织形式即数据结构。

(2) 对操作的描述——也就是操作步骤,即算法。

可以表示为下面的公式:

$$程序 = 数据结构 + 算法$$

这个公式是著名计算机科学家沃思(Nikiklaus Wirth)提出的。

本章将介绍 C 语言描述数据的形式以及对数据的基本操作。

2.1　C 语言的数据类型

在 C 语言程序中,要用到很多数据。数据有不同的类型。数据的类型决定了数值的范围以及可以进行的操作(运算),还有它们在计算机中的内存空间大小等。

C 语言提供的数据类型很丰富,分类如图 2.1 所示。

图 2.1　C 语言的数据类型

本章主要介绍基本类型(枚举类型除外),其他类型将后续介绍。

表 2.1 列出了 C 语言的基本数据类型在计算机中的长度及取值范围,以 Turbo C 环境为例。

表 2.1　C 语言的基本数据类型

类　　型	类型标识符	长度/b	字节/B	取　值　范　围
字符型	char	8	1	−128～127
	unsigned char	8	1	0～255

续表

类 型	类型标识符	长度/b	字节/B	取 值 范 围
整型	int	16	2	−32 768～32 767
	short	16	2	−32 768～32 767
	long	32	4	−2 147 483 648～2 147 483 647
	unsigned int	16	2	0～65 535
	unsigned short	16	2	0～65 535
	unsigned long	32	4	0～4 294 967 295
实型	float	32	4	-3.4×10^{-38}～3.4×10^{38}
	double	64	8	-1.7×10^{-308}～1.7×10^{308}

说明：

(1) 实型数据无 unsigned 与 signed 之分，均带符号。

(2) 表 2.1 中数据的长度、字节数、取值范围只是大多数 16 位机的情况；有的计算机系统与此不同(如 Honywell 系统对 short、int、long 一律占 36 位长度)，可查看所用系统的有关规定，也可通过上机测试得到。

(3) 运算符 sizeof 可以获取某种类型数据的存储空间长度，其格式为 sizeof（类型标识符）。

【例 2.1】 用 sizeof 运算符测试数据类型的长度。

```
void  main()
{
  printf("char:%d \n",sizeof(char));
  printf("int:%d bytes\n",sizeof(int));
  printf("float:%d bytes\n",sizeof(float));
}
```

程序运行结果如下：

```
char: 1 bytes
int: 4 bytes
float: 4 bytes
```

这是在 Dev C++ 环境下的运行结果。

(4) 数据在内存中是以二进制补码形式存放的。正数的补码和其原码(二进制形式)相同，负数的补码等于该数绝对值的二进制形式各位取反后再加 1。例如 10 的补码为 0000000000001010，−10 的补码为 1111111111110110。−10 的补码求解过程为：求 −10 的绝对值 10 的二进制形式 0000000000001010；各位取反 1111111111110101；加 1，为 1111111111110110。

(5) 整型分为三种：基本整型、短整型和长整型。整型又可分为有符号整型和无符号整型。无符号整型指零和正整数，有符号整型包括负整数、零、正整数。

(6) 实型也称为浮点型。分为单精度实型和双精度实型。单精度实型有 6 或 7 位有效数字，即只保证 6 或 7 位数字是准确的(因计算机系统而异)；双精度实型有 15 或 16 位有效数字(因计算机系统而异)，即只保证 15 或 16 位数字是准确的。实型数据就是数学中的实数。

2.2 常量、变量

2.2.1 常量

常量是指其值固定而不会发生改变的量(即常数)。C 语言的常量有直接常量和符号常量。直接常量有整型常量、实型常量、字符常量、字符串常量。

1. 整型常量

整型常量即整常数。在 C 语言中,整型常量可以用十进制、八进制、十六进制表示。

(1) 十进制整数。

由 0~9 共 10 个数码组成,如 5234、-78、0 等。注意:5234 不能写成 5,234。

(2) 八进制整数。

八进制整数必须以数字 0 开头,组成八进制的数码为 0~7。如 0123、0101、0645、0763 等。0123 等于十进制数 83,0101 等于十进制数 65,0645 等于十进制数 421,0763 等于十进制数 499。

326、0892、05B2 都不是合法的八进制数。因为 326 前面无 0,0892 包含了非八进制数码,05B2 包含了非八进制数码。

八进制整数通常是无符号数。

(3) 十六进制整数。

十六进制整数以 0x 或 0X 开头(0 为数字),组成十六进制的数码为 0~9,A~F(a~f)。如 0x99A、0X97C、0x59ff 等。

91C、0x97G 都不是合法的十六进制数。91C 前面无 0x 或 0X,0x97G 含有非十六进制数码。

十六进制整数通常是无符号数。

另外,整型常量如果是长整型常量,后面还要加上 l(小写字母)或 L(大写字母),例如 2345L、38L;整型常量如果是无符号整型常量,后面还要加上 u(小写字母)或 U(大写字母),例如 2345u、38U、38Lu。

在 16 位字长的计算机中,一旦把一个常数表示成长整数,系统便将其存储空间扩充为 4 字节。从值的大小上看,2345L 与 2345 没有区别,但它们占用的存储空间是不相同的。

整型常量类型的确定方法如下。

(1) 根据其值所在范围确定其数据类型。例如:在 −32 768~+32 767 范围内,认为它是基本整型或短整型;在除 −32 768~+32 767 之外的 −2 147 483 648~2 147 483 647 范围内,认为它是长整型。

(2) 加 L 和 l 表示该整型常量为长整型常量。例如 432L、86732L。

(3) 加 U 和 u 表示该整型常量为无符号整型常量。例如 432U、65530u。

2. 实型常量

实型常量只能用十进制形式表示,不能用八进制或十六进制形式表示。

(1) 十进制小数形式。

十进制小数形式由数码 0~9 和小数点组成。例如 0.123、.123、0.0、0.1、−267.8230、

0.、.0 等。

(2) 十进制指数形式。

由十进制数码,e 或 E(代表×10)组成。如 1e5、139.5E2、−1.99e−3(代表 $1×10^5$、$139.5×10^2$、$−1.99×10^{−3}$)等。

注意:在字母 e(或 E)的前后以及数字之间不得插入空格。字母 e(或 E)之前要有数字;字母 e(或 E)之后也要有数字且必须为整数(正负皆可)。如 e2、.5e3.9、.e5,e 都不是合法的十进制指数形式。

实型常量类型的确定方法如下:

(1) 实型常量默认为 double 型。例如,认为 3.14、−1.234e−3、−0.1 为 double 型。

(2) 在实型常量数字后面加字母 f 或 F,则为 float 型。例如,认为 1.0579F、1.0579f、1.0579e15f、1.0579e15F 是 float 型。

3. 字符常量

它是用一对单引号括起来的一个字符(如'A'、'*'和'8'等)或转义字符。

转义字符以反斜线字符"\"开头,如前面用到过的"\n"就是转义字符,它代表换行符。

表 2.2 所示为几个常用的以"\"字符开头的转义字符及含义。

表 2.2 转义字符及含义

字符形式	含义	ASCII 码
\n	换行,移动到下一行开头	10
\r	回车,移动到本行开头(但不换行)	13
\b	退格	8
\t	水平制表符,跳到下一个 Tab 位置	9
\'	单引号字符	39
\"	双引号字符	34
\\	反斜杠字符"\"	92
\ddd	1~3 位八进制数所代表的字符	
\xhh	1、2 位十六进制数所代表的字符	

转义字符的意思是将斜杠(\)后面的字符转换成特定的意义。例如'\n'中的"n"不代表字母 n 而作为换行符。

使用'\ddd'和'\xhh'方法可以表示字符集中的任一字符,包括某些难以输入和显示的控制字符。如用'\x2A'(2A 是十六进制,对应的十进制为 42)代表 ASCII 码中的图形符号"*"。

需要注意的是,由"\"开头的转义字符,仅代表一个字符,而不代表多个字符,它仅代表相应系统中的一个编码值。

字符常量存储时是把这个字符对应的 ASCII 码放到内存单元中(占 1 字节),而不是把这个字符本身放到内存单元中。

4. 字符串常量

字符串常量是用一对双引号括起来的字符序列。例如"Good!""How are you!""&19.77"和"A"等。

注意不要将字符常量和字符串常量混淆。'A'是字符常量,"A"是字符串常量,二者是不同的。例如:

```
char ch;
ch='B';
```

是对的。但是

```
ch="B";
```

却是错的。

```
ch="Good";
```

也是错的。一个字符串不能赋给一个字符变量。

字符串 Great 在内存中的存储形式是:

它在内存中占 6 字节的存储空间,最后 1 个字符'\0'是存储字符串时系统自动加上的。'\0'的 ASCII 码为 0,是"空操作字符",系统将其作为字符串的结束符,它不引起任何控制动作,也不被显示和输出。

同样,字符串常量"B"实际占 2 字节的存储空间,包括 2 个字符:'A'和'\0'。而'A'占 1 字节的存储空间。

注意:

(1) 字符常量使用的是单引号,字符串常量使用的是双引号。

(2) 字符常量只能是 1 个字符或 1 个转义字符,字符串常量则可以是含 0 个或多个字符的序列。

(3) 字符常量占 1 字节的内存空间。字符串常量占的内存空间等于字符串中实际字符的个数(即字符串的长度)加 1,增加的 1 字节中存放结束符'\0'。

5. 符号常量

可以定义一个标识符来代表一个常量,称为符号常量。

定义格式为:

```
#define  标识符 常量
```

#define 命令行中定义的标识符即为符号常量。

【例 2.2】 计算圆的面积。

```
#include <stdio.h>
#define PI 3.14159                  /*定义标识符 PI 为 3.14159 */
void main()
{   float   r, s;
    r=5.0;
    s=PI * r * r;
    printf(" s=%f\n ",s);
}
```

程序运行结果如下:

```
s=78.539749
```

说明:

视频

(1) 为与一般标识符区分,符号常量通常用大写字母表示。

(2) 用 define 进行定义时,必须用♯号作为一行的开头,♯与 define 之间不能有空格。

(3) 用 define 进行定义时,标识符和常量之间不能有等号。例如,写成"♯define PI＝3.14159"是不正确的。

(4) 在♯define 命令行的最后不得加分号,因为它不是语句。

(5) 程序中用♯define 命令行定义 PI 代表一串字符 3.14159,在对程序进行编译时,程序中出现 PI 的地方,编译程序均用 3.14159 来替换,本程序中,可以把 PI 视为 3.14159 的替身。有关♯define 命令行的作用,将在后续章节中介绍。

2.2.2 变量

在程序中其值可以发生变化的量称为变量。一个变量应该有一个名称,在内存中占据一定的存储单元。存储某变量的内存空间的首地址,称为变量的地址。

变量分为不同类型,不同类型的变量在内存中占用不同长度的存储单元,以便用来存放相应变量的值。

程序中一个有效字符序列称为标识符,可以用来表示变量名、函数名、数组名、文件名等。简而言之,标识符就是一个名称。

C 语言规定标识符只能由字母(大、小写都可以)、数字和下画线 3 种字符组成,且第一个字符必须是字母或下画线。如 year、date30、com_arg、x1 均是合法标识符;♯123、¥100、99y 则是非法的标识符。

标识符命名的规则如下。

(1) 标识符中间不能使用空格。

(2) 早期的 C 编译系统仅对其前 8 个字符作为有效字符处理。因此,student_name 和 student_number 将作为同一个标识符。

(3) 标识符不能和 C 语言的关键字(保留字)重名。如 if、else、switch、int、float、double 不能用做普通标识符。

(4) 在 C 语言中,大小写字母敏感,即大、小写字母作为不同字母来看待。如变量 Ren、ren 为不同的标识符。

(5) 标识符的命名应做到"见名知意"。例如,使用 area、age、weight 作为面积、年龄、重量的标识符。

C 语言规定,对程序中用到的所有变量,都必须"先定义(说明),后使用"。在定义变量时,同一个函数内的变量不能同名。

变量定义的一般形式如下:

数据类型　变量名;

例如,对变量 data、sum 和 c 的定义:

```
int data;
float sum;
char c;
```

具有相同数据类型的变量可以在一起说明,之间用逗号分隔。例如:

```
int count,i,j;
```
count、i、j 都是 int 型变量。

下面再对变量进行如下说明：

(1) 整型变量、实型变量、字符型变量的分类，及对应的存储所占的字节数和取值范围见表 2.1。

(2) int 型变量的最大允许值为 32767，最小允许值为 －32768，无法表示小于 －32768、大于 32767 的数，超过该值会发生"溢出"。"溢出"是指运算结果超出表示范围的一种错误。C 编译系统不检测这种错误。

(3) float 型实型变量的有效数字为 6、7 位，double 型实型变量的有效数字为 15、16 位，超过这些位数将产生误差。即 float 型实型变量只有前 6、7 位是准确的，double 型实型变量只有前 15、16 位是准确的。例如，在 Turbo C 中 float 型实型变量不能准确表示 123 456.789e5，而表示为 12 345 678 848.000 000。

(4) 将一个字符常量存放到一个字符变量中时，并不是把这个字符本身放到内存单元中，而是把这个字符对应的 ASCII 码放到内存单元中。

2.2.3 变量赋初值

C 语言允许在定义变量的同时使变量初始化（对变量预先设置初值）。例如：

```
int n=8;
```
定义 n 为整型变量，初值为 8。

```
float t=5.16;
```
定义 t 为实型变量，初值为 5.16。

同时定义多个变量时，也可以只为部分变量赋初值。例如：

```
int x,y,z=78;
```
定义 x、y、z 为整型变量，只对 z 赋了初值，其值为 78。

上面是在定义变量的同时赋初值，称为变量的初始化。这是第一种方法。

第二种方法是先定义变量，再赋值。例如：

```
int x,y,z;
z=78;
```
与第一种方法不同，该种形式赋值，不能称为变量的初始化。

注意：若同时定义多个变量并初始化为相同值，不能写成形如 int x＝y＝z＝7;的形式，而应写成形如 int x＝7, y＝7, z＝7;的形式。

2.3　C 语言的运算符和表达式

C 语言的运算符种类很多，按其在表达式中的作用，可分为以下几种：

(1) 算术运算符：＋、－、＊、/、％。

(2) 赋值运算符：简单赋值运算符(＝)、复合算术赋值运算符(＋＝、－＝、＊＝、/＝、％＝)和复合位运算赋值运算符(＆＝、|＝、∧＝、＞＞＝、＜＜＝)。

(3) 逗号运算符：即逗号(,)。

(4) 关系运算符：＞、＜、＝＝、＜＝、＞＝、!＝。

(5) 逻辑运算符：!、＆＆、||。

(6) 条件运算符：?:。

(7) 指针运算符：＊、＆。

(8) 下标运算符：[ ]。

本节只介绍前3种运算符，其他运算符在后续章节中介绍。

有些运算符只需1个运算对象(又称操作数)，有些运算符需要2个运算对象，甚至还有的需要3个运算对象，分别称为单目运算符、双目运算符、三目运算符。

用运算符将运算对象连接起来，就构成表达式。表达式的种类很多，例如，算术表达式、赋值表达式、关系表达式、逻辑表达式等。

每个表达式都有一个明确的值，表达式运算后的结果，称为表达式的值。

2.3.1 算术运算符和算术表达式

1. 算术运算符

(1) 双目算术运算符。

双目算术运算符是＋、－、＊、/、％。

它们分别为加、减、乘、除、求余运算符。这些运算符需要两个运算对象，因此称为双目运算符。

除求余运算符(％)外，运算对象可以是整型，也可以是实型。如 3＋5、5.2＊8、8/2。

求余运算符的运算对象只能是整型。在"％"运算符左侧的运算数为被除数，右侧的运算数为除数，运算结果是两数相除后所得的余数。例如，20％5 的结果为 0，17％5 的结果为 2。

当运算量为负数时，所得结果的符号随机器而不同，在 Turbo C 中，符号与被除数相同。例如，17％－5 的结果为 2，－17％3 的结果为－2。

这几个运算符的优先级为：＊、/、％优先级相同，＋、－优先级相同；＊、/、％优先级高于＋、－的优先级。它们的结合方向均为"自左至右"，即"左结合性"(所谓结合性，是指当一个运算对象两侧的运算符的优先级相同时，运算对象进行运算的结合方向)。例如 x＊y/z，运算对象先与左边的运算符结合，y 先与乘号结合，先进行 x＊y 的运算，再进行除以 z 的运算。数学上理解为：x＊y/z 中有乘有除，乘和除优先级相同，按从左到右的顺序进行，先乘后除。

说明：

① 当双目运算符两边的运算数的类型一致时，运算结果的类型与运算数的类型一致。例如，1.0/2.0，其运算结果为 0.5；1/2，其运算结果为 0。

② 当双目运算符两边的运算数的类型不一致时，系统将自动进行类型转换，使运算数的类型一致，再进行运算。类型转换规律可参阅第 2.4 节。

③ 在 C 语言中,所有实型数的运算均以双精度方式进行。若是单精度数,则在尾数部分补 0,使之转化为双精度数。

(2) 自增、自减运算符。

自增运算符++、自减运算符--均为单目运算符,运算对象只是整型变量,其作用是使变量的值增 1 或减 1。

说明:

① 自增、自减运算对象只能是整型变量。如 x++,y--都是合法的(x,y 均为整型变量)。

② 自增、自减运算对象不能是常量或表达式,如 9++、++7 或(m+n)--都是非法的。

③ 自增、自减运算符既可以放在整型变量的前面(称为前增、前减),如++x(前增);也可以放在整型变量的后面(后增、后减),如 y--(后减)。

前增(前减)、后增(后减)对变量值的改变和使用顺序是有区别的:前增(前减)是对变量先增(减)1,再在表达式中使用变量,可以理解为先自增,后使用;后增(后减)是先在表达式中使用变量,然后变量值再增(减)1,可以理解为先使用,后自增。

假设 x、m 均为整型变量,m=5,

如果有表达式:

x=++m;

本语句执行后,x、m 的值分别为 6、6。

语句 x=++m;可以理解为:m=m+1;x=m;两条语句,即 m 先自增 1,然后再使用 m。

如果有表达式:

x=m++;

本语句执行后,x、m 的值分别为 5、6。

语句 x=m++;可以理解为:x=m;m=m+1 两条语句,即 m 先使用,然后 m 值再自增 1。

【例 2.3】 分析以下程序自加运算的结果。

```
void main( )
{   int m=5, n=9;
    printf("%d\n", m++);      //输出:5
    printf("%d\n", m);        //输出:6
    printf("%d\n", ++n);      //输出:10
    printf("%d\n", n);        //输出:10
}
```

视频

程序执行后,输出结果为:

5
6
10
10

请读者自行分析输出结果。

(3) 正负号运算符。

+(正号)和-(负号)运算符,为单目运算符,例如+8 和-9。它们的优先级高于

*、/、%运算符。它们的结合方向为"自右向左",例如,-m*n等价于(-m)*n。

2. 算术表达式

符合 C 语言语法规则的,用算术运算符将运算对象连接起来的表达式称为算术表达式。

运算对象可以是常量、变量和函数等。例如 5-sqrt(a*b)。

在 C 语言中,算术表达式运算规律与数学中的四则运算类似,其运算规则和要求如下。

(1) 在算术表达式中,圆括号可以嵌套,但左右括号必须配对。运算时从内层圆括号开始,由内向外依次计算表达式的值。

(2) 在算术表达式中,按照运算符的优先级由高到低进行运算,若运算符的优先级相同,则按运算符的结合方向进行。例如,表达式 x-y+w,加号和减号的优先级相同,它们的结合性为从左到右,因此先计算 x-y,然后所得结果再加上 w。

2.3.2 赋值运算符和赋值表达式

在 C 语言中,"="符号称为赋值运算符,由赋值运算符组成的表达式称为赋值表达式,形式如下:

变量名=表达式

赋值运算符的左边是变量名,右边是 C 语言的合法的表达式。

赋值运算的功能是先求出右边表达式的值,然后把此值赋给等号左边的变量,在计算机内,就是把数据放入以该变量标识的存储单元中去。例如,"b=8"是将 8 赋给变量 b。

在程序中,变量的值可以改变,即可以多次给一个变量赋值,该变量相应存储单元中的数据是以新代旧。例如,若 b 定义为 double 类型变量:

b=7.0;
b=8.0;
b=9.0;

则内存中,b 当前的数值是 9.0。

说明:

(1) 赋值运算符的优先级只高于逗号运算符,比其他任何运算符的优先级都低,且具有"自右向左"的结合性。

(2) 赋值运算符的左侧只能是变量,不能是常量或表达式。

例如,5+a=b 是非法的赋值表达式。

(3) 赋值表达式的值为右边表达式的值,其类型由左边变量的类型决定。

如果右边的值的类型与左边变量的类型不一致,就把右边值的类型转换成左边变量的类型。

(4) 赋值运算可连续进行。例如,赋值表达式 a=b=5+7,按照运算的优先级,先算出 5+7=12,按照赋值运算符自右向左的结合性,将先把 12 赋给变量 b,然后再把变量 b 的值赋给变量 a。

注意:C 语言中的赋值号代表一种操作,不是数学公式中相等的概念。

2.3.3 复合的赋值表达式

在赋值运算符之前加上其他运算符构成复合赋值运算符。

C语言规定可以使用10种复合赋值运算符,其中与算术运算符有关的复合运算符是+=、-=、*=、/=和%=。

注意:两个符号之间不能有空格。

这些运算符是把"运算"和"赋值"两个动作结合在一起,作为一个复合运算符来使用。这样可以达到简化程序书写,提高编译效率的目的。

复合赋值运算符的优先级与赋值运算符的优先级相同。

复合赋值运算符的等价情况如下:

```
x+=5;       等价于 x=x+5;
x*=y+7;     等价于 x=x*(y+7);
x%=y-9;     等价于 x=x%(y-9);
```

说明:

复合赋值运算符作为赋值运算符的一部分,同样具有"自右向左"的结合性。例如,假设a的初值为7,表达式a+=a*=a/=2的值和a的值是多少?

表达式中的3个复合赋值运算符优先级相同,具有自右向左的结合性,执行过程如下:

a/=2 等价于 a= a/2,这个表达式的值为3,此时a的值也为3;
a*=3 等价于 a= a*3,这个表达式的值为9,此时a的值也为9;
a+=9 等价于 a= a+9,这个表达式的值为18,此时a的值也为18。

因此,表达式a+=a*=a/=2的值和a的值都是18。

2.3.4 逗号运算符和逗号表达式

在C语言中,逗号(,)的用法可以分为两种:一种是作为分隔符使用;另一种是作为运算符使用。

在变量说明语句中,逗号作为变量之间的分隔符使用。例如:

```
float f1,f2,f3;
```

在函数调用时,逗号作为参数之间的分隔符使用。例如:

```
scanf("%f%f%f",&f1,&f2,&f3);
```

除作为分隔符使用之外,逗号还可以作为运算符使用。将逗号作为运算符使用的情况,通常是将若干个表达式用逗号运算符连接成一个逗号表达式,它的一般形式如下:

表达式1,表达式2,…,表达式n

其求解过程是:先求解表达式1,再求解表达式2,……,最后求解表达式n。

逗号表达式的值为最后一个表达式的值,即为表达式n的值。

例如:

5-5,7+7,7+8

就是一个逗号表达式,其值为最后一个表达式7+8的值,即15。

可以将逗号表达式的值赋给一个变量。如语句 x=(y=15,y+2);是将 17 赋给变量 x。

说明：

(1) 需要注意的是，逗号运算符的优先级最低，所以，下面两个表达式的作用是不同的：

x=7+7,8+9
x=(7+7,8+9)

第 1 个表达式是逗号表达式，x 的值为 10，整个表达式的值是 17。

第 2 个表达式是赋值表达式，是将一个逗号表达式(7+7,8+9)的值赋给变量 x，此逗号表达式的值是 8+9，所以 x 的值为 17。

(2) 再举几个例子来理解逗号运算符和逗号表达式：

a=6/2,a*4

a 的值为 3，表达式的值为 12；

a=4*6,a*4,a+5

a 的值为 24，表达式的值为 29。

(3) 在许多情况下，使用逗号表达式的目的仅仅是得到各个表达式的值，而不是一定要得到和使用整个逗号表达式的值。例如

t=a,a=b,b=t;

是用逗号表达式语句实现了变量 a 和 b 中数值的交换。

2.4 不同类型数据之间的转换

在 C 语言中，不同类型的数据，在内存中，占用的字节数不同，有不同的运算规则。

表达式中，运算数的数据类型不同时，要转换成相同的类型再进行运算。

数据类型转换有两种方式：一种是自动类型转换(隐式类型转换)；另一种是强制类型转换(显式类型转换)。

字符型数据是以系统中所使用的字符的编码值形式存储的，因此，C 语言允许字符型数据和整型数据之间通用，规则如下：

(1) 在 ASCII 码取值范围内，一个字符型数据，既可以字符型输出，也可以整型输出(在后续章节中予以介绍)。

(2) 字符型数据可以赋给整型变量，整型数据也可以赋给字符型变量，只是当整型数据的大小超过字符型变量的表示范围时，只截取低位的有效位数。

在字符型数据有效范围内，可以和整型数据之间通用。

2.4.1 自动类型转换

1. 一般算术转换

在 C 语言中，整型、单精度型和双精度型数据混合运算时，不同的数据类型首先要转换成同一种类型，再进行运算。

转换规则如下。

(1) 当运算对象数据类型相近时,字节短的数据类型自动转换成字节长的数据类型,即:char 字符型数据转换成 int 型;short 型数据转换成 int 型;float 型数据转换成 double 型。

(2) 当运算对象数据类型不同时:如果是 int 型与 unsigned 型进行运算,将 int 型转换成 unsigned 型,运算结果为 unsigned 型;如果是 int 型与 double 型进行运算,将 int 型直接转换成 double 型,运算结果为 double 型;同理,如果 int 型与 long 型进行运算,运算结果为 long 型。

图 2.2 混合运算数据类型转换图

其实这些转换都是系统自动完成的,如图 2.2 所示。

2. 赋值运算中的类型转换

在赋值运算中,如果=右侧表达式的类型与左侧变量类型一致,则赋值操作把右侧表达式的值赋给左边的变量。

如果赋值运算符两侧的数据类型不一致,系统自动将右侧表达式的值,转换成与变量相同的类型,再赋给变量。但这种转换仅限于数值数据之间,通常称为"赋值兼容";如果右边的值无法转换成变量需要的类型,则会产生编译错误,称为"赋值不兼容"。

需要注意:

(1) 当赋值号左边的变量为短整型,右边的值为长整型时,短整型变量只能接收长整型数低位上两个字节中的数据,高位上两个字节中的数据将丢失。也就是说,右边的值不能超出短整型的数值范围,否则将得不到预期的结果。例如,若有以下定义和语句:

```
int a;
unsigned long b;
b=98304;
a=b;
printf("%d\n",a);
```

则 a 中的值为-32 768。因为 98 304(二进制数 00000000000000011000000000000000)已经超出短整型的数值范围(32 767),a 截取 b 中低 16 位中的值(二进制数 1000000000000000),由于最高位为 1,因此 a 中的值为-32 768。

(2) 当赋值号左边的变量为无符号整型,右边的值为有符号整型时,内存中的内容将原样复制。此时,右边数值的范围不应超出左边的变量可以接收的数值范围,如果超出,将发生错误,例如,变量 a 被定义为 unsigned 类型,在进行了 a=-1 的赋值操作后,将使 a 中的值为 65 535,因为其二进制数为 1111111111111111,结果是负数转换成了正数。

(3) 当赋值号左边的变量为有符号整型,右边的值为无符号整型时,赋值的机制同上。这时若最高位是 1,将按负数处理。

(4) 当赋值号左边的变量为整型变量,右边的值为实型数据时,舍弃实型数的小数部分。

(5) 当赋值号左边的变量为实型变量,右边的值为整型数据时,数值不变,但以实型数形式存储到变量中。

(6) 当赋值号左边的变量为 float 型,右边的值为 double 型时,截取前 7 位有效数字存储到变量中,但要注意数值范围不能溢出。

2.4.2 强制类型转换

程序员可以利用强制类型转换,得到需要表达式的类型。

强制类型转换的一般形式如下:

(类型名)(表达式)

例如,(int)(x+y)是将 x+y 的结果强制转换成 int 型;(double)x/y 是将 x 强制转换成 double 型后,再进行除法运算。

需要注意的是,经强制类型转换,只是得到一个所需类型的中间量,原来变量的类型并没有发生变化。例如:

(int) y

如果 y 指定为 float 型,进行强制类型转换后得到一个 int 型的中间量,它的值等于 y 的整数部分,而 y 本身的类型不变,仍然为 float 型。

【例 2.4】 输出下面程序的运行结果。

```
void main( )
{
    float y;
    int i;
    y=3.6;
    i=(int)y;
    printf("y=%f, i =%d\n", y, i);
}
```

输出结果为:

y=3.600000, i=3

y 的类型仍然为 float 型,其值仍然为 3.6。

科学素养拓展:程序的灵魂——算法

本章讲解了数据的形式及对数据的各种操作指令,算法和数据的有机融合就形成了一个个的程序。那么什么是算法呢?

算法(Algorithm)是指解题方案的准确而完整的描述,是解决问题的一系列清晰指令,它表示用系统的方法描述解决问题的策略机制。能够对一定规范的输入,在有限时间内获得所要求的输出,如经典的蚁群算法、遗传算法、BP 算法、退火算法等,都分别解决了某类问题。如果一个算法有缺陷,或不适合于某个问题,执行这个算法将不会解决这个问题。不同的算法可能用不同的时间、空间或效率来完成同样的任务。一个算法的优劣可以用空间复杂度与时间复杂度来衡量。

一个算法一般具有以下 5 个重要的特征。

(1) 有穷性(Finiteness):指算法必须能在执行有限个步骤之后终止。

(2) 确切性(Definiteness):算法的每一步骤必须有确切的定义。

(3) 输入项(Input):一个算法有 0 个或多个输入,以刻画运算对象的初始情况,所谓 0 个输入是指算法本身定出了初始条件。

(4) 输出项(Output):一个算法有一个或多个输出,以反映对输入数据加工后的结果。

没有输出的算法是毫无意义的;

(5) 可行性(Effectiveness):算法中执行的任何计算步骤都是可以被分解为基本的可执行的操作步骤,即每个计算步骤都可以在有限时间内完成(也称之为有效性)。

如果说数据是程序的原材料,算法就是对数据的表达和处理过程,也是整个程序的核心和灵魂。任何人工智能产品的研发,都离不开优秀算法的支撑。作为产品研发人员,算法设计能力至关重要。

好看的皮囊千篇一律,有趣的灵魂万里挑一。解决问题的道路千千万万,设计优秀的算法意义非凡。

习 题 2

一、选择题

1. C 语言中允许的基本数据类型包括(　　)。
   A. 整型、实型、逻辑型　　　　　　　B. 整型、实型、字符型
   C. 整型、字符型、逻辑型　　　　　　D. 整型、实型、逻辑型、字符型

2. 下面不是 C 语言合法标识符的是(　　)。
   A. abc　　　　B. 5n　　　　C. _4m　　　　D. x3

3. C 语言中,运算对象必须是整型数的运算符是(　　)。
   A. %　　　　B. /　　　　C. %和/　　　　D. *

4. 下列属于 C 语言合法的字符常数的是(　　)。
   A. '\97'　　　　B. "A"　　　　C. '\t'　　　　D. "\0"

5. 已知:char a;int b;float c;double d;执行语句 c=a+b+c+d;后,变量 c 的数据类型是(　　)。
   A. int　　　　B. Char　　　　C. float　　　　D. double

6. 逗号表达式(a=3*5,a*4),a+15 的值是(　　)。
   A. 15　　　　B. 60　　　　C. 30　　　　D. 不确定

7. 以下合法的赋值语句是(　　)。
   A. x=y=100　　B. d--;　　C. x + y　　D. c = int(a+b);

8. 以下程序的输出结果是(　　)。
```
main( )
{   int x=10, y=10;
    printf("%d %d\n", x--, --y);
}
```
   A. 10 10　　　　B. 9 9　　　　C. 9 10　　　　D. 10 9

三、给出运行结果题

(1)
```
main( )
{
    int a=10,b=29,c=5,d,e;
    d=(a+b)/c;
```

```c
    e=(a+b)%c;
    printf("d=%d,e=%d\n",d,e);
}
```

(2)

```c
main()
{
    int x=20,z;
    z=++x;
    z+=x;
    printf("z1=%d\n",z);
    z=x--;
    z+=x;
    printf("z2=%d\n",z);
}
```

(3)

```c
main()
{
    int x z;
    float y;
    x=(1+2,5/2,-2*4,11%3);
    y=(1.+2.,5./2.,-2.*4.);
    z=(1+2,5/2,-2*4,-11%3);
    printf("x=%d,y=%f,z=%d\n", x, y, z);
}
```

(4)

```c
main()
{
    int x;
    x=-3+4*5-6;
    printf("x1=%d\n",x);
    x=3+4%5 - 6;
    printf("x2=%d\n",x);
    x=-3*4%-6;
    printf("x3=%d\n",x);
}
```

(5)

```c
main()
{
    int n;
    n=-8+5*3/6+9;
    printf("%d\n",n);
    n=-3*6/(4%6);
    printf("%d\n",n);
}
```

第3章

顺序结构程序设计

从田忌赛马说起——

齐国的大将田忌常同齐威王进行跑马比赛。赛前,双方各下赌注,每次比赛共设三局,胜两次及以上为赢家。然而,每次比赛,田忌总是输给齐威王。

这天,田忌赛马时又输给了齐威王。回家后,田忌十分郁闷,他把赛马失败的事情告诉了孙膑。孙膑是大军事家孙武的后代,足智多谋,熟读兵书战策,深谙兵法,只是曾被魏国将军庞涓谋害造成双腿残疾,不能率兵打仗。他被田忌救到齐国后,很受器重。田忌待他为上宾,请他当了军师。

孙膑说:"将军与大王的马我看了。其实,将军的三等马匹与大王的都差那么一点儿。您第一局派出的是上等马与大王的上等马比赛,第二局派中等马与大王的中等马比赛,第三局派下等马与大王的下等马比赛。您这样总按常规派出马与大王的马比赛,您永远会输。"田忌不解地问:"不这样,又怎么办呢?"孙膑对田忌说:"下次赛马时,您照我说的办法派出马匹,一定会取胜的,您只管多下赌注就是了。"田忌听了,大喜。这次他主动与齐威王相约,择日再进行赛马。齐威王听了,不屑地说:"田将军又想给寡人送银子了,再比,将军也是输。"

赛马这一天到了。双方的骑士和马匹都来到赛马场上。齐威王和田忌在看台上饶有兴致地观看比赛。孙膑也坐着车子,坐在田忌的身旁。

赛马开始了,第一局田忌派出了自己的下等马,对阵齐威王的上等马。结果可想而知,田忌输掉了第一局。齐威王十分得意。第二局,田忌派出了自己的上等马对阵齐威王的中等马。结果,田忌赢了第二局。第三局,田忌派出自己的中等马对阵齐威王的下等马,田忌又赢了第三局。三局两胜,田忌第一次在赛马比赛中战胜了齐威王。由于事先田忌下了很大的赌注,他把前几次输掉的银子都赚了回来,还略有盈余。

这是一篇寓意深刻的寓言故事,引自《史记·孙子吴起列传》。这个故事告诉人们要有全局观念,如果能够在整体上取得重大胜利,就要舍得局部付出一点点牺牲和损失。在整体实力与对手相等或者略低于对手的时候,要想取得胜利,那就要看谁会巧妙地排兵布阵了,也就是比赛的顺序。齐威王的比赛的顺序就是上等马、中等马、下等马,而田忌的参赛顺序则是下等马、上等马、中等马,那结果可想而知,大概率会获得三局两胜。不同的顺序导致了不同的结果。所以我们做事情更要遵循事物的发展顺序和内在规律,才能事半功倍。编写程序亦是如此,结合事物内在的规律和程序目标,合理选择程序设计的基本结构。

顺序结构、选择结构和循环结构是程序设计的3种基本结构。用这3种基本结构能够描述程序设计的任何算法和问题。这 3 种基本结构是结构化程序设计的基础。

本章将介绍顺序结构程序的设计,整型、实型、字符型的数据输入输出的格式及复合语句等。

3.1 顺序结构的程序特点

视频

【例 3.1】 求两整数的和。
```
main()
{   int a,b,x;
    printf("请为 a,b 输入值:");
    scanf("%d%d",&a,&b);
    x=a+b;
    printf("x=%d\n",x);
}
```

运行结果为:

请为 a,b 输入值::20␣7✓
x=27

这里,"␣"表示空格,"✓"表示按 Enter 键。

上述程序完成的功能:从键盘输入两个整数,通过计算,输出此两整数的和。

该程序在执行时,函数体(即"{"和"}"之间的部分)中的语句是按书写顺序从上到下,一句一句地被执行的。

这种按语句出现的先后顺序逐条被执行的程序结构就称为顺序结构。

顺序结构程序的流程图和 N-S 图如图 3.1 所示。

顺序结构程序的特点如下。

(1) 程序一般由下面几部分组成:

定义变量;

输入数据或赋值;

对数据进行操作(分析、运算);

输出结果。

(a) 流程图　　(b) N-S图
图 3.1　顺序结构的流程图和 N-S 图

(2) 顺序结构的程序在执行过程中严格按照语句书写的先后顺序逐一执行。每个语句都会被执行,并且只执行一次。

(3) 顺序结构的程序结构简单,易于理解。

3.2　赋 值 语 句

赋值语句由赋值表达式加上分号构成。例如:

a=3.14;

而 a＝3.14 则是赋值表达式。

再如：

a=5,b=7;

是赋值语句。而

a=5,b=7

则是两个赋值表达式。

要注意变量定义中赋初值和赋值语句的区别：在变量定义中，不允许连续给变量赋初值，而赋值语句允许连续赋值。例如：

    int x=y=z=5;

是错误的声明方式(写成 int x＝5,y＝5,z＝5;是正确的)。

    int x,y,z;
    x=y=z=5;

则是正确的赋值方式。赋值语句：

    x=y=z=5;

相当于

    x=(y=(z=5));

3.3 数据输入输出

数据输入是指把计算机需要的数据从输入设备(通常是键盘)送给计算机。数据输出是把计算机内存中的数据送到外部设备上，通常是显示器上。在 C 语言中，没有输入输出语句，输入和输出操作是通过调用库函数来完成的。

C 语言中的标准输入输出库函数有 printf(格式输出)、scanf(格式输入)、putchar(输出字符)、getchar(输入字符)、puts(输出字符串)、gets(输入字符串)等。本节介绍前 4 个最基本的输入输出函数。

注意：在调用标准输入输出库函数时，要用到"stdio.h"头文件，程序开头应有以下编译预处理命令：

    #include <stdio.h>

或

    #include "stdio.h"

stdio 是 standard input ＆ output 的缩写。由于 printf 和 scanf 函数使用频繁，Turbo C 2.0 允许(Turbo C++ 3.0、VC++ 6.0 等不允许)在使用这两个函数时可以不加 #include 命令。

3.3.1 格式输出函数——printf 函数

1. printf 函数的一般格式

printf 函数的一般格式如下：

printf(格式控制字符串,输出表列);

例如:

```
printf("Welcome!");
printf("The numbers:%d,%f\n",k,y);
```

说明:

(1) 格式控制字符串必须用双引号括起来。格式控制字符串由3类内容组成。

第一类是普通字符。函数将它们原样输出到屏幕上。

第二类是转义字符。在输出时按其含义完成相应的功能。

第三类是格式说明。由"%"和格式字符组成,如%d、%f等。它指定要输出的数据类型。

(2) 输出表列是需要输出的变量、常量、表达式等,输出表列中参数的个数可以是0个或若干个,当超过一个时用逗号分隔。输出表列和格式说明在个数和类型上要一一匹配。

【例3.2】 对普通字符、转义字符、格式说明以及个数和类型一一匹配关系进行说明。

如果k=10,y=25.6,则上述语句输出结果为:

```
The numbers:10,15.600000
```

2. printf函数的格式字符

不同的数据输出时使用不同的格式字符。printf函数中的格式字符如表3.1所示。

表3.1　printf函数的格式字符

输出类型	格式字符	说　　明
整型数据	d,i	输出带符号的十进制整数(正数不输出正号)
	o	输出无符号的八进制整数(不输出前缀0)
	u	输出无符号的十进制整数
	x,X	输出无符号的十六进制整数(不输出前缀0x),用x输出十六进制整数时的a~f以小写形式输出,用X时以大写字母形式输出
字符型数据	c	输出一个字符
	s	输出一个字符串
实型数据	f	以小数形式输出单、双精度实数,隐含输出6位小数
	e,E	以指数形式输出实数,用e时指数以"e"表示(如1.6e+03),用E时指数以"E"表示(如1.6E+03)
	g,G	自动选用%f和%e中输出宽度较短的一种形式输出实数,且不输出无意义的0。用G时,若以指数形式输出,则指数以大写表示

例 3.2 就是应用了格式字符 d 和 f,即格式说明%d 和%f。

对于格式字符,下面再说明几种情况。

(1) 输出实数。

使用格式%f 输出,整数部分全部如数输出,小数部分按 6 位小数输出。但并非全部数字都是有效数字,float 型实数的有效数字是前 7 位,double 型实数的有效数字是前 15 位或 16 位。

【例 3.3】 输出单精度实数,观察有效位数。

```
main( )
{
    float a,b;
    a=111111.111;
    b=333333.333;
    printf("a+b= %f\n",a+b);
}
```

运行结果为:

444444.453125

很明显,只有前 7 位是有效数字,给出 6 位小数。实数输出时不要认为输出的数字都是准确的。

【例 3.4】 输出双精度实数,观察有效位数。

```
main( )
{
    double a,b;
    a=1111111111111.111111111;
    b=3333333333333.333333333;
    printf("a+b= %f\n",a+b);
}
```

运行结果为:

4444444444444.444340

很明显,只有前 16 位是有效数字,给出 6 位小数。最后 3 位小数超过了 16 位,无意义。

(2) 输出八进制整数和十六进制整数。

【例 3.5】 已知十进制整数,输出与其对应的八进制整数和十六进制整数。

```
void main( )
{
    int a=180;
    printf("八进制= %o\n",a);
    printf("十六进制= %x\n",a);
    printf("十六进制= %X\n",a);
}
```

运行结果为:

八进制= 264
十六进制= b4
十六进制= B6

(3) 输出一个字符。

使用格式%c 输出。一个字符既可以作为字符输出,也可以作为整数(该字符对应的

ASCII 码)输出;反之,一个整数,只要它在 0~255 范围内,也可以将该整数作为 ASCII 码的相应字符输出。

【例 3.6】 输出字符。

```
void main()
{
    char c='M';
    int j=81;
    printf("%c,%d\n",c,c);
    printf("%c,%d \n",j,j);
}
```

运行结果为:

M,77
Q,81

(4) 输出字符串。

【例 3.7】 使用格式%s 输出字符串。

```
main()
{
    printf("%s%s\n","CHINA"," IS A GREAT COUNTRY!");
}
```

运行结果为:

CHINA IS A GREAT COUNTRY!

输出的字符串不包括引号。

3. printf 函数的附加格式说明字符

在格式说明中,%和格式字符之间可以带有附加格式说明字符(又称修饰符),如表 3.2 所示。

表 3.2　printf 函数的附加格式说明字符(修饰符)

字　　符	说　　明
字母 l	用于长整型整数,可加在类型字符 d、i、o、x、u 前面;用于双精度实数,可加在 f、e、g 前面
m(代表一个正整数)	数据输出的最小宽度,右对齐方式,空出的左端补空格
n(代表一个正整数)	对实数,输出 n 位小数;对字符串,从左端截取 n 个字符输出
—	输出的数字或字符在域内向左靠
♯	加在格式字符 o、x 前面,使系统输出八进制的前缀 0 和十六进制的前缀 0x
数字 0	输出数值时在左面不使用的空位置补 0

对于附加格式说明字符(修饰符),重点说明下面几种情况。

(1) %md 表示输出十进制整数的最小宽度为 m 位,即输出字段的宽度至少占 m 列,右对齐,数据少于 m 位则在左端补空格(或 0)使之达到 m 位;数据超过 m 位则 m 不起作用,按数据的实际位数输出。数据前要补 0,则在 m 前面加个 0。

例如:若 k=18,p=31689,则

```
printf("%6d",k);          输出结果为:　　　18
printf("%06d",k);         输出结果为:000018
```

```
printf("%4d",p);                  输出结果为：31689
```

类似地还有%mc、%mo、%mu、%ms 等。

(2) 字母 l。在输出 d、i、o、u、x 等整型数据时，在前面加上字母 l 表示输出的是一个长整型数据。

【例 3.8】 输出数据时，修饰符——字母 l 的应用。

```
main()
{
    long  a=245978;
    printf("a=%ld,a=%d\n",a,a);
}
```

运行结果为：

a=245978,a=-16166

前一个数据是正确的，后一个数据是错误的。因为 245 978 已经超出整型数据的范围-32 767～32 768，必须要用长整型数据格式输出。

(3) %m.nf 表示输出数据为小数形式，m 为总宽度（包括小数点），n 为小数部分的位数。小数长度不够则补 0，小数部分超过 n 位，则 n+1 位向 n 位四舍五入；整个数据小于 m 位左补空格，超过 m 位，则 m 不起作用，按数据的实际位数输出。

例如：若 x=123.45,y=123.456,z=−123.45，则

```
printf("x=%10.4f",x);             输出结果为：x=⎵⎵123.4500
printf("y=%10.2f",y);             输出结果为：y=⎵⎵⎵⎵123.46
printf("z=%4.2f",z);              输出结果为：z=-123.45
```

(4) %m.ns 表示输出数据为字符串形式，m 是总宽度，但当实际位数超过时，多余者将被删除，n 表示只取字符串中左端的 n 位，n＜m 时，左边补空格；n＞m 时，m 自动取 n 值，保证 n 位字段的正常输出。例如：

```
printf("%7.3s", "12345" );        输出结果为：⎵⎵⎵⎵123
printf("%5.7s", "12345678");      输出结果为：1234567
```

不过，在程序中用得较多的形式还是%s，使用该格式输出时，按实际内容输出。例如：

```
printf("%s", "12345");            输出结果为 12345
printf("%s", "12345678");         输出结果为 12345678
```

(5) -表示左对齐格式，若没有则为右对齐格式。例如：

```
printf("%-5d", 12);               输出结果为 12⎵⎵⎵
printf("%-5s", "1243");           输出结果为 1243⎵
printf("%-7.3s", "12345" );       输出结果为 123⎵⎵⎵⎵
printf("%-5.7s", "12345678");     输出结果为 1234567
printf("%-5.7s", "123456");       输出结果为 123456⎵
printf("%-10.2f",123.456);        输出结果为 123.46⎵⎵⎵⎵
```

4. 使用 printf 函数时的注意事项

(1) 在格式控制字符串中，格式说明与输出表列中的参数个数应该相同。若格式说明的个数少于参数的个数，多余的参数不予输出；若格式说明的个数多于参数的个数，则多余的参数将输出不定值或零值。

(2) 在格式控制字符串中，格式说明与输出表列中的参数从左到右在类型上必须一一匹配。若不匹配将导致数据不能正确输出（输出数据的类型由格式说明确定），这时，系统并

不报错。例如：

【例 3.9】 格式说明与输出表列不匹配的情况。

```
main()
{
    char c='M';
    int j=81;
    printf("%d\n",c);
    printf("%c \n",j);
}
```

运行结果为：

77
Q

（3）在格式控制字符串中，可以包含任意的合法字符（包括转义字符），这些字符在输出时将原样输出。

（4）若想输出字符"％"，则需在格式说明中用连续的两个"％"表示，例如：

`printf("%f%% \n",25.3);`

输出结果为：

25.300000%

3.3.2　格式输入函数——scanf 函数

1. scanf 函数的一般格式

scanf 函数的一般格式如下：

scanf(格式控制字符串,地址表列);

例如：

`scanf("%d,%f",&a, &b);`

说明：

（1）格式控制字符串必须用双引号括起来。格式控制字符串由两类不同的内容组成。

第一类是普通字符。输入数据时，必须在对应位置上原样输入。

第二类是格式说明。scanf 函数中的格式说明与 printf 函数类似，由"％"和格式字符组成（也可以在其中间加入修饰符），如％d 等。它指定要输入的数据的格式。

（2）地址表列是接收输入数据的变量的存储单元地址，或字符串的首地址。变量的地址由"&"加变量名组成，如上例中的 &a 和 &b，scanf 函数的作用是将从键盘输入的数据存入变量地址中。地址表列中地址的个数超过一个时用逗号分隔。地址表列和格式说明在个数和类型上要一一匹配。

如：

`scanf("%d,%f",&a, &b);`

若从键盘输入：

7,12.345↙

则 7 存入变量 a 的地址中(a 得到 7),12.345 存入变量 b 的地址中(b 得到 12.345)。

2. scanf 函数的格式字符和附加格式说明字符

scanf 函数中的格式字符如表 3.3 所示。scanf 函数的附加格式说明字符(修饰符)如表 3.4 所示。

表 3.3 scanf 函数的格式字符

输入类型	格式字符	说明
整型数据	d,i	输入带符号的十进制整数
	o	输入无符号的八进制整数(可以带前缀 0,也可以不带)
	u	输入无符号的十进制整数
	x,X	输入无符号的十六进制整数(可以带前缀 0x 或 0X,也可以不带),大小写作用相同
字符型数据	c	输入一个字符
	s	输入一个字符串,将字符串送到一个字符数组中。输入时以非空白字符开始,以第一个空白字符结束。字符串以串结束标志'\0'作为其最后一个字符
实型数据	f	以小数形式或指数形式输入实数
	e,E,g,G	与 f 作用相同,e 与 f、g 可以互相替换(大小写作用相同)

表 3.4 scanf 函数的附加格式说明字符(修饰符)

字符	说明
字母 l	用于输入长整型数据(可用%ld,%lo,%lx,%lu)以及 double 型数据(可用%lf 或%le)
h	用于输入短整型数据(可用%hd,%ho,%hx)
域宽 m(代表一个正整数)	指定输入数据所占的宽度(列数)
*	表示本输入项在读入后不赋给相应的变量

说明:

(1) 若多个格式控制字符中无分隔符,从键盘输入数据(不是字符型数据)时,可用隐含分隔符隔开。隐含分隔符有空格(一个或多个)、Enter 键、Tab 键。

例如,假设 a、b、c 为整型变量,要使它们分别得到值 30、40、50。使用以下输入语句:

scanf("%d%d%d",&a,&b,&c);

键盘输入数据的格式:

①   30␣40␣50↙
②   30↙
    40␣50↙
③   30␣40↙
    50↙
④   30(按 Tab 键)40↙
    50↙
⑤   30↙
    40↙
    50↙

注意:其中空格"␣"可以是一个也可以是若干个。

(2) 若在格式控制字符串中有其他字符(如逗号等),则在输入数据时,要在相应位置原样输入这些字符。如:

① `scanf("%d,%d",&a,&b);`

可从键盘输入:

30,40↙

注意:","必须在对应位置上原样输入;若不输入",",则是错误的。

如输入:

10⌴20↙ 或 10:20↙

均是错误的。

② 若有以下输入语句:

`scanf("a=%d,b=%d",&a,&b);`

在输入时必须为:

a=10,b=20↙

而输入:

10⌴20↙ 或 a=10⌴b=20↙

是错误的。

(3) 关于输入字符型数据时,转义字符和隐含分隔符的使用问题。

① 字符和字符之间不能使用转义字符和隐含分隔符。在用"%c"输入多个字符型数据时,数据之间不可以使用转义字符和隐含分隔符(空格、Enter 键、Tab 键),因为系统此时会把转义字符、隐含分隔符作为有效字符型数据送给字符变量。例如:

`scanf("%c%c",&x,&y);`

使 x 得到 a,y 得到 b。若输入:

ab↙

则正确。

若输入:

a⌴b↙

则不正确。此时,x 得到 a,y 得到⌴。

② 数字和字符之间能不能使用转义字符和隐含分隔符,要视情况而定。例如:

`scanf("%d%c",&x,&y);`

使 x 得到 68,y 得到 b。若输入:

68b↙

则正确。若输入:

68⌴b↙

则不正确。此时,x 得到 68,y 得到⌴。

`scanf("%c%d",&x,&y);`

使 x 得到 b,y 得到 68。输入:

b␣68↙ 或 b68↙

都正确。为保险起见,字符和字符之间、数字和字符之间不要使用转义字符和隐含分隔符。

(4) 如果指定了输入数据的宽度,系统将自动按此宽度截取所需的数据。例如:

scanf("%3d%3d%2d",&a,&b,&c);

输入:

12345678↙

则 123 赋给 a,456 赋给 b,78 赋给 c。

但是,在输入实数时,不能规定小数位。例如:

scanf("%10.4f",&p);

是错误的。

(5) 一个格式说明中出现"*"时,表示读入该类型的数据不赋给某个变量(相当于跳过该数据)。

【例 3.10】 "*"的使用。

```
main( )
{
   int a,b;
   scanf("%3d% * 2d%4d",&a,&b);
   printf("a=%d,b=%d\n",a,b);
}
```

视频

输入:

987654321↙

则变量 a 得到 987,65 跳过,变量 b 得到 4321。运行结果为:

a=987, b=4321

(6) 输入数据时,遇到下述情况认为该数据结束。

① 遇到空格、Enter 键或 Tab 键。

② 按指定的宽度结束,例如%4d,只取 4 列。

③ 遇到非法输入。例如:

scanf("%d%c%f",&a,&b,&c);

若输入:

5678p345o.79↙   (o 是字母,不是数字 0)

则变量 a 得到 5678,变量 b 得到字符 p,变量 c 得到 345(没有得到应该得到的 3450.79)。字母 o 在这里非法。

(7) 若有确定数据的最大位数的修饰符 m,当输入数据的位数少于 m 时,程序等待输入,直到满足要求或遇到非法字符为止;当输入数据位数多于 m 时,多余数据将作为下一个数据读入其他变量。例如:

scanf("%3d%3d",&a,&b);

输入:

12345↙　　　　　(输入数据的位数少于 3+3 位)

则变量 a 得到 123，变量 b 得到 45(遇 Enter 键)。若输入

1␣2345↙

则变量 a 得到 1(遇空格)而不是 12、102 或 123，变量 b 得到 234。例如：

scanf("%3d%3d%3d",&a,&b,&c);

输入：

1234␣6789↙　　　(输入数据 1234 的位数 4 多于 a 要求的 3 位)

则变量 a 得到 123，后面的 4 读入 a 的后一变量 b(b 读入 4 后遇空格结束)，变量 b 得到 4，变量 c 得到 678。

(8) 当一行内输入的数据个数小于格式控制字符串的个数时，光标会出现在下一行，等待用户继续输入。C 语言允许在一行内输入的数据个数大于格式控制字符串的个数，这时会把多余的数据留给后面的 scanf 函数使用。

(9) 输入长整型数据和 double 型数据时，在%和格式字符之间加 l，如%ld、%lf 等。

3. 使用 scanf 函数时的注意事项

(1) scanf 函数中地址表列使用的是变量的地址而不是变量名。例如 scanf("%d%d",x,y);是错误的。

(2) scanf 函数没有计算功能，输入的数据只能是常量，而不能是表达式。

(3) 在格式控制字符串中不要使用转义字符，如\n。

(4) 格式说明和地址表列在类型上要一一匹配。若不匹配，系统并不报错，但不可能得到正确的结果。

(5) 格式说明和地址表列在个数上要相同。若格式说明的个数少于地址表列的个数，则 scanf 函数结束输入，多余的地址表列并没得到新数据；若格式说明的个数多于地址表列的个数，则 scanf 函数等待输入。

3.3.3　字符输出函数——putchar 函数

putchar 函数的作用是向屏幕(显示器)输出一个字符。

putchar 函数的一般调用格式如下：

putchar(c);

它将 c 输出到屏幕上。c 既可以是常量，也可以是字符变量、整型变量或表达式。

【例 3.11】　字符数据的输出。

```
# include <stdio.h>
main()
{
    char a='y', b='e', c='s';      /*字符变量*/
    putchar(a); putchar(b); putchar(c);
    putchar('\n');                  /*转义字符,换行*/

    putchar('P');                   /*字符常量*/
    putchar(81);                    /*整型常量,ASCII 码值为 81 的字符 Q*/
    putchar('\333');                /* ASCII 码用八进制表示为 333(十进制表示为 219)的字符■*/
```

```
    putchar('K'+2);              /*表达式,即输出字符 M */
}
```
运行结果为:

yes
PQ■M

3.3.4 字符输入函数——getchar 函数

getchar 函数的作用是接收从键盘输入的一个字符。当程序执行到 getchar 函数时,将等待用户从键盘输入一个字符。

其一般调用格式如下:

getchar( );

注意:括号( )中间无参数。getchar 函数只接收一个字符。

【**例 3.12**】 从键盘输入一个字符,把它存入字符型变量 x 中,并输出。

```
# include <stdio.h>
main( )
{
  char x;
  x=getchar( );
  putchar(x);                 /*用 putchar 函数输出*/
}
```

输入:

y↙

运行结果为:

y

说明:getchar 函数得到的字符可以赋给一个字符变量或整型变量,也可以不赋给任何变量,而作为表达式的一部分。

【**例 3.13**】 从键盘输入一个字符,不赋给任何变量。

```
# include <stdio.h>
main( )
{
  putchar(getchar( ));
}
```

输入:

9↙

运行结果为:

9

在这里,9 是一个字符。

语句 putchar(getchar( ));用 printf("%c",getchar( ));代替也可以。

3.4　C 语句概述

C 语言的语句分为 5 类,分别为复合语句、空语句、表达式语句、控制语句和函数调用语句。

下面重点介绍复合语句、空语句和表达式语句,简单介绍控制语句和函数调用语句。控制语句和函数调用语句在后续章节再重点学习。

3.4.1　复合语句

C 语言把由一对花括号({ })括起来的一组语句称为复合语句。

例如:

```
{
   t=a;
   a=b;
   b=t;
}
```

一个复合语句在语法上可以看作一个整体。在程序中,凡是单个语句能够出现的地方复合语句都可以出现。

复合语句作为一个整体又可以出现在其他复合语句的内部,并且复合语句中也可以定义变量,但所定义的变量仅在本复合语句中有效。

例如:

```
main()
{  char c;
   …
   {  double x;
      …
      {  double  y;
         scanf("%lf",&y);
         printf("x+y=%lf",x+y);
      }
      …
   }
   …
}
```

3.4.2　空语句

在程序设计中,特别是在复杂程序的调试过程中,往往需要加一个或若干个空语句来表示存在某个或某些语句。

所谓空语句,就是一个不含其他内容而仅含分号的语句。

例如:

```
main( )
{
    …
    ;                              /*空语句*/
    …
}
```

注意：对空语句的使用一定要慎重，因为随意加分号极易导致逻辑上的错误。

3.4.3 表达式语句

任何一个表达式的后面加上一个分号就构成了表达式语句。例如：

x+y

是表达式，而

x+y;

是表达式语句。

最典型的是由一个赋值表达式加分号构成一个赋值语句。例如：

x=80

是赋值表达式，而

x=80;

是赋值语句。

3.4.4 控制语句

用来实现一定的控制功能的语句称为控制语句。C语言中有9种控制语句：

(1) if…else…   条件语句。
(2) switch   多分支选择语句。
(3) while…   循环语句。
(4) do…while   循环语句。
(5) for…   循环语句。
(6) break   中止执行 switch 或循环语句。
(7) goto   转向语句。
(8) continue   结束本次循环语句。
(9) return   函数返回语句。

3.4.5 函数调用语句

由函数调用加分号构成了函数调用语句。例如：

```
printf("请输入 a,b 的值:");
add(a,b);
```

是两个函数调用语句(函数调用语句将在第7章中大量使用)。

科学素质拓展——安常处顺,顺应自然,随遇而安,不负韶华。

《庄子.养生主》:"适来,夫子时也;适去,夫子顺也。安时而处顺,哀乐不能入也。"意思是一个人偶然来到世间,这是他顺时而生;偶然离去了,这是他顺时而死。安于时运而顺应自然,一切哀乐之情就不能进入心怀。后以"安常处顺"指习惯于正常生活,处于顺利境遇中。

"顺应自然,随遇而安"是中国传统文化中的一种重要的生活哲学观念。它强调人们应该顺应自然,不去过分计较,能够安然自在地应对生活的各种变化。从儒家、道家和马克思主义哲学等不同的角度来解读"随遇而安",可以更深刻地理解其内涵。

在儒家看来,"顺应自然,随遇而安"需要人们根据自己的生活情境和社会环境,选择适合自己的生活方式,同时也要认真对待自己的人生,积极面对生活中的各种挑战。

在道家看来,"顺应自然,随遇而安"需要人们通过修炼自己的内心,放下执着和烦恼,平静地面对生活中的各种变化和困难。同时,也需要人们以宽广的心态来看待生活,顺应自然,不为外物所动,始终保持内心的平静与安宁。

在马克思主义哲学看来,"顺应自然,随遇而安"需要人们以开放的心态面对生活,接纳事物的发展和环境的变化,不断地修正自己的观念和行为方式,实现自身的成长和进化,从困境和挫折中寻找启示和智慧,从而更好地理解万事万物的内在规律,遵循事物发展的规律,到相应的时间就做相应的事情。比如小时候是读书识字的年龄,就要认真读书,错过识字的年龄,以后难以弥补,正所谓少壮不努力,老大徒伤悲。

希望我们每个人就如丰子恺在《不宠无惊过一生》中写道的:"不乱于心,不困于情。不畏将来,不念过往。如此,安好。"以梦为马,享受生命馈赠,不负韶华。

3.5 应用举例

【例 3.14】 编写一个程序,分别输入一个八进制、十进制和十六进制数,将这 3 个数相加,以十进制的形式输出。

分析:
(1) 首先定义变量,用来保存输入的数据及运算结果。
(2) 输入八进制、十进制和十六进制数。
(3) 对数据求和。
(4) 输出结果(数据输出)。

程序如下:

```c
main()
{
    int a,b,c,d;
    printf("请输入八进制、十进制、十六进制数据: \n");
    scanf("%o%d%x",&a,&b,&c);
    d=a+b+c;
    printf("输入的三个数据为: %o   %d   %x \n",a,b,c);
    printf("对应的十进制数为:%d   %d   %d \n",a,b,c);     /*以十进制输出这 3 个数*/
    printf("sum=%d \n",d);
}
```

程序执行：

请输入八进制、十进制、十六进制数据：
12␣34␣7a↙   //键盘输入数据
输入的三个数据为：12　34　7a
对应的十进制数为：10　34　122
sum=164

【例 3.15】 从键盘输入一个大写字母，把它转换为小写字母后输出。

分析：

(1) 数据输入、输出类似于例 3.14。

(2) 本题的关键是清楚字母大小写的转换规则。查附录 A 可知，小写字母在大写字母之后，且同一个字母的 ASCII 码值小写比大写大 32，若大写字母用变量 c1 表示，小写字母用变量 c2 表示，则 c2＝c1＋32，这是一种方式；另一种方式是 c2＝c1 +'a' −'A'，请考虑这是为什么？

视频

程序如下：

```
main()
{
   char c1,c2;
   scanf("%c",&c1);
   c2=c1+'a'-'A';            /* 'a'-'A'为同一个小写字母和大写字母的ASCII 码之差 */
   printf("Upper=%c,Lower=%c",c1,c2);
}
```

运行结果为：

D↙
Upper=D,Lower=d

请思考：如果从键盘输入一小写字母，把它转换为大写字母后输出，程序如何编写？

【例 3.16】 输入三角形的三条边长，求三角形的面积（假设输入的三条边能构成三角形）。

分析：

(1) 首先要明确三角形面积的计算公式。从数学中知道，假设三条边用 a、b、c 表示，三角形面积的计算公式如下：

$$s=(a+b+c)/2$$
$$area=\sqrt{s(s-a)(s-b)(s-c)}$$

(2) 为 a、b、c 输入值（假设输入的三条边能构成三角形）。

(3) C 语言开平方可以使用系统提供的数学函数 sqrt。

程序如下：

```
# include <stdio.h>
# include <math.h>
void  main()
{
   float a,b,c,s,area;
   scanf("%f,%f,%f",&a,&b,&c);
   s=(a+b+c)/2;
   area=sqrt(s*(s-a)*(s-b)*(s-c));
   printf("a= %6.2f,b=%6.2f,c=%6.2f\n",a,b,c);
   printf("area=%6.2f\n",area);
```

}
运行结果为：

```
3,4,6↙                          //假如输入的数据为 3、4、6
a=  3.00, b=  4.00, c=  6.00
area=  5.33
```

sqrt 函数的原型在 math.h 头文件中。因此必须在程序头部使用文件包含命令 #include "math.h" 或 #include <math.h>。

请思考：area=sqrt(s*(s－a)*(s－b)*(s－c));可以写成 area=sqrt(s(s－a)(s－b)(s－c));吗？

习 题 3

一、选择题

1. 下述哪一个不是结构化程序基本结构？（   ）
   A. 顺序　　　　　　B. 选择　　　　　　C. 循环　　　　　　D. 嵌套

2. 组成 C 语句的一个必不可少的符号是（   ）。
   A. 逗号　　　　　　B. 引号　　　　　　C. 冒号　　　　　　D. 分号

3. 下述是 C 语言中有关变量定义的几个说法,正确的是（   ）。
   A. 变量可以不定义直接使用
   B. 一个说明语句只能定义一个变量
   C. 几个不同类型的变量可在同一语句中定义
   D. 变量可以在定义时进行初始化

4. 以下所列语句中,合法的语句是（   ）。
   A. a=1,b=2　　　　B. ++a;　　　　C. a=a+1=5　　　　D. y=int(a);

5. 与 x * = y + z 等价的赋值表达式是（   ）。
   A. x = y + z   B. x = x * y + z
   B. x = x * (y + z)   D. x = x + y * z

6. 使用语句 scanf("x=%f,y=%f",&x,&y);输入变量 x、y 的值(□代表空格),正确的输入是（   ）。
   A. 1.25,2.4   B. 1.25□2.4
   C. x=1.25,y=2.4   D. x=1.25□y=2.4

7. 已知字母 A 的 ASCII 码是 65,以下程序的执行结果是（   ）。

```
#include<stdio.h>
main()
{
  char c1='A',C2='Y';
  printf("%d,%d\n",c1,c2);
}
```

　　A. A,Y　　　　　　B. 65,65　　　　　C. 65,90　　　　　D. 65,89

二、给出运行结果题

1. 给出下列程序段的输出结果。

(1) int a=1, b=2;
    printf("a=%d%%,b=%d\n",a,b);
(2) int a=-1;
    printf("%d,%u",a,a);
(3) int x=10;
    printf("x=%d,x=%#x\n",x,x);
(4) int d=389;
    printf("*%-07d*\n",d);
(5) double y=123.456789;
    printf("y=%8.6f,y=%8.2f,y=%14.8f,y=%14.8lf\n",y,y,y,y);

2. 分析下列程序,并给出运行结果。

```
(1) main()
    {
      int a,b;
      float f;
      scanf("%d,%d",&a,&b);              /*输入1和2*/
      f=a/b;
      printf("F=%f",f);
    }
(2) main()
    {
      int sum,pad;
      sum=pad=5;
      pad=sum++;
      pad++;
      ++pad;
      printf("%d\n",pad);
    }
```

三、改错题

指出下面程序中的错误并改正。

```
main()
{
  float b;
  char c;
  int d;
  scanf("%c%d%c%f",a,b,c,d);
  printf("a+b+c+d=%f\n", a+b+c+d);
}
```

四、编程题

1. 编写程序,输入实数 a 和 b 的值,求其和并输出。

2. 编写程序,将输入的小写字母转换为大写字母后输出。

3. 编写程序,输入某个学生 3 门功课的成绩,求出它们的和及平均成绩。要求平均成绩保留小数点后 1 位。

4. 输入圆的半径,求圆的面积和周长。

5. 输入两个正整数,求它们相除所得的商,商的整数部分、小数部分及余数。例如 21 除以 2,其商为 10.5,商的整数部分为 10,小数部分为 0.5,余数为 1。

第 4 章

选择结构程序设计

从选择的权利谈起——

人类无时无刻不在做出选择,就像当下这一刻,你可以选择认真学习,也可以选择游玩潇洒。但是,无论你做出什么选择,你都需要为这个选择而造成的结果负责。今天的选择是因,才造成了明天的结果。比如,你选择认真听讲,好好学习,才有以后取得好成绩的果;同样,如果你游玩偷懒,以后就可能不及格甚至无法毕业。有时候,即使是父母逼迫你做出某个选择,比如你想学文科,可是父母逼迫你学理科,其结果也是你在承受,因为这是你的人生。

俗话说:"所有偷过的懒,都会变成打脸的巴掌。"如果不想挨巴掌,就要学会如何做出更好的选择并为自己的人生负责任。

第 3 章讲解了顺序结构的程序,只能按照语句先后顺序处理问题,虽然能解决计算、输出等问题,但不能做判断再选择。在很多情况下,需要根据不同的前提条件做出选择,即从给定的两种或多种操作选择其一,这就要求程序本身具有完备的条件判断和选择能力。从流程图角度看,选择结构是一种双分支或多分支结构,从主观角度看,它是一种能执行选择权利的结构。因此选择结构也称分支结构。

在程序设计中,选择结构根据给定的条件判断选择哪一条分支,从而执行相应的语句。在使用选择结构时,关键在于进行条件判断,要用条件表达式来描述条件,条件表达式可以是关系运算表达式或者逻辑运算表达式。本章介绍选择结构程序设计,主要内容包括关系运算、逻辑运算、if 语句、switch 语句等。

4.1 关系运算符和关系表达式

关系运算也叫比较运算。在程序中经常用来比较两个量的大小关系,以决定程序下一步的走向。比较两个量的运算符称为关系运算符。

4.1.1 关系运算符及其优先顺序

C 语言中的关系运算符共有 6 种,它们是:

```
<        小于
<=       小于或等于
>        大于
>=       大于或等于
==       等于
!=       不等于
```

以上关系运算符都是双目运算符，具有"自左至右"的结合性。

关于优先次序：

（1）以上运算符中前 4 种运算符的优先级相同，后 2 种的优先级相同，且前 4 种的优先级高于后 2 种。

（2）关系运算符的优先级低于算术运算符（＋、－、＊、/、％）。

（3）关系运算符的优先级高于赋值运算符（＝）。优先级次序如图 4.1 所示。

例如：

```
c<a+b        等价于 c<(a+b)
a<b==c       等价于 (a<b)==c
a==b<c       等价于 a==(b<c)
a=b>c        等价于 a=(b>c)
```

算术运算符（高）

关系运算符

赋值运算符（低）

图 4.1 优先级的高低 1

这里需要注意的是，不要把关系运算符"＝＝"和赋值运算符"＝"混淆。其中，"＝＝"是关系运算符，仅用于比较操作，不进行赋值运算，而"＝"是赋值运算符，主要用于赋值操作。

4.1.2 关系表达式

由关系运算符将两个表达式连接起来的有意义的式子称为关系表达式。例如，u＞v、x＋y＜＝z、a－b＞＝9.8、a!＝b＋c 等都是合法的关系表达式。

关系表达式的值是一个逻辑值，即"真"或"假"。C 语言编译系统在给出表达式运算结果时，以 1 表示"真"，以 0 表示"假"。例如，关系表达式－7.8＜＝5 为"真"，其表达式的值（运算结果）为 1；关系表达式 6＞18 为"假"，其表达式的值为 0。

可以将关系表达式的运算结果（0 或 1）赋给一个整型变量或一个字符型变量。例如，当整型变量 x＝100，y＝200 时，下面的赋值语句将 1 赋给整型变量 c：

```
c=x<y;
```

需要注意的是，在判断两个浮点数 a、b 是否相等时，由于存储上的误差，有可能得出错误的结果，因此 a、b 相等一般不写为 a＝＝b，而写为：

```
fabs(a-b)<1e-5 或 fabs(a-b)<1e-6
```

其中，fabs 是求绝对值的函数。

4.2 逻辑运算符和逻辑表达式

关系运算只能解决简单的逻辑问题,例如:

a<=5.0

但对复杂的逻辑问题,例如:

-10<x<10

却无能为力。对该问题只能用逻辑运算来解决,例如,上式可表示为:

-10<x && x<10

4.2.1 逻辑运算符及其优先顺序

C 语言提供了如下 3 种逻辑运算符:

&&   逻辑与
|| 逻辑或
!   逻辑非

&& 和 || 结合性"自左至右",! 结合性"自右至左"。

&& 和 || 是双目运算符,有两个操作数(运算对象),如(a<b)&&(x>y)、(a<b)||(x>y)。! 是单目运算符,有一个操作数,如!(a<b)。

上述运算符的运算规则如下。

a&&b 当 a、b 都为"真"时,则 a&&b 为"真",其他情况运算结果都为"假"。

a||b 只有当 a、b 都为"假"时,运算结果才为"假",其他情况运算结果都为"真"。

!a 当 a 为"真"时,运算结果为假,当 a 为"假"时,运算结果为"真"。

表 4.1 给出了上述三种逻辑运算的真值表。用它表示 a 和 b 为不同组合时,各种逻辑运算所得到的值。其中 a、b 是两个操作数。

表 4.1 逻辑运算的真值表

a	b	!a	!b	a && b	a || b
真	真	假	假	真	真
真	假	假	真	假	真
假	真	真	假	假	真
假	假	真	真	假	假

优先级别:

(1) ! 高于 &&,&& 高于 ||。

(2) 优先级由高到低依次为!、算术运算符、关系运算符、&&、||、赋值运算符,如图 4.2 所示。

例如:

!(高)
算术运算符
关系运算符
&&
||
赋值运算符(低)

图 4.2 优先级的高低 2

```
a<b&&x>y         等价于(a<b)&&(x>y)
a==b||x==y       等价于(a==b)||(x==y)
!a||a>b          等价于(!a)||(a>b)
```

4.2.2 逻辑表达式

用逻辑运算符将关系表达式或逻辑量连接起来的有意义的式子称为逻辑表达式。

逻辑表达式的值是一个逻辑值,即"真"或"假"。C语言编译系统在给出逻辑运算结果时,以1表示"真",以0表示"假";但在判断一个量(运算量,例如表达式)是否为"真"时,以非0表示"真"(即将一个非0的数值作为"真"),以0表示"假"。例如,在逻辑表达式(3+5)&&(6-6)中,3+5是8,为非0,作为"真",6-6是0,作为"假"。表达式(3+5)&&(6-6)的左端为"真",右端为"假",根据运算规则或表4.1,(3+5)&&(6-6)为"假",其值(运算结果)为0。

可以将逻辑表达式的运算结果(0或1)赋给整型变量或字符型变量。例如,当a=1,b=2,c=3,d=3时,下面的赋值语句是将1赋给整型变量f:

```
f=(a<=b)&&(c<=d);
```

注意:

(1) 在一个 && 表达式中,若 && 的左端为0,则不必再计算其右端。例如:

```
0 && a ==0
```

(2) 在一个 || 表达式中,若 || 的左端为1,则不必再计算其右端。例如:

```
1|| a == 1
```

4.3 if 语 句

C语言有两种选择语句:①if语句,用来实现双分支结构;②switch语句,用来实现多分支结构。本节介绍if语句。if语句有3种格式,分别是if语句、if…else语句、else…if语句。另外还有if语句的嵌套。

4.3.1 if 语句与单分支结构

单分支结构的if语句的语法格式如下:

if(表达式) 语句

其中"语句"可以是一条语句,也可以是多条语句,如果是多条语句,需要用花括号"{ }"括起来,成为复合语句。

其执行过程为:首先计算if后面圆括号中**表达式**的值,如果**表达式**的值为非零("真"),则执行其后的**语句**,然后去执行if语句后的下一条语句。如果表达式的值为零("假"),则跳过if语句,直接执行if语句后的下一条语句。

流程图和 N-S 图如图 4.3 所示。

(a) 流程图　　　　　　　　　　(b) N-S流程图
图 4.3　if 语句与单分支结构的流程图和 N-S 图

【例 4.1】 比较两个不相等的整数的大小，将较大的输出。

分析：

(1) 本题从哪里开始考虑呢？两个不相等的整数 a 和 b，只有 a>b 和 a<b 两种情况。

(2) 本题要求输出较大的整数，用单分支结构（即 if 语句）就能实现。如何实现呢？if 语句如何书写？是不是"if(a<b)…"或"if(a>b)…"？

(3) 本题需要先输入，再比较，后输出，要注意输入之前必须先定义变量。

程序如下：

```
main( )
{
   int a=100,b=268, max;
   max=a;
   if(a<b) max=b;
   printf("The maxnum=%d \n",max);
}
```

运行结果为：

The maxnum=268

请思考：

(1) printf 语句中 The maxnum= 的作用。

(2) 画出描述算法的流程图或 N-S 图。

4.3.2　if…else 语句与双分支结构

双分支结构的 if…else 语句的语法格式如下：

if(表达式) 语句 1
else　语句 2

其执行过程为：首先计算 if 后面圆括号中**表达式**的值，如果**表达式**的值为非零（"真"），则执行其后的**语句 1**，否则执行**语句 2**，然后去执行 if 语句的下一条语句。

流程图和 N-S 图如图 4.4 所示。

【例 4.2】 任意输入两个不相等的整数，比较它们的大小，将较大的数输出。

分析：

(1) 本题目除了使用单分支结构（即 if 语句）实现外，还可以使用双分支结构（即 if…else 语句）实现。

(a) 流程图   (b) N-S 流程图
图 4.4   if…else 语句与双分支结构的流程图和 N-S 图

（2）本题是哪两个分支呢？一个分支是表达式为真，另一个分支是表达式为假。表达式是什么？具体如何书写呢？请自己写出来。然后看下面的程序：

```
main( )
{
   int a,b,max ;
   scanf("%d%d",&a,&b);
   if(a>b)
      max=a;
   else
      max=b;
   printf("The maxnum= %d\n",max);
}
```

某次运行结果为：

```
85  208↙
The maxnum= 208
```

请思考：

（1）输入 a 和 b 的数值时，输入 85,208↙ 对不对？

（2）画出描述算法的流程图或 N-S 图。

4.3.3   else…if 语句与多分支结构

else…if 语句又称多分支 if…else 语句，其语法格式如下：

if(表达式 1) 语句 1
  else if(表达式 2) 语句 2
    else if(表达式 3) 语句 3
      …
        else if(表达式 n) 语句 n
          else   语句 n+1

其执行过程为：按从上到下的次序逐个进行判断，一旦发现表达式值为非 0（"真"），就执行与它有关的语句，并跳过其他剩余的语句结束本 if 语句，若逐一判断却没有一个表达式值为非 0（真），则执行最后一个 else 语句。假如没有最后的 else 语句，那么，将什么也不执行。

流程图和 N-S 图如图 4.5 所示。

这里需要注意的是：

（1）在 else…if 语句中，程序每运行一次，仅有一个分支的语句能得到执行。

（2）各个表达式所表示的条件必须是互相排斥的，也就是说，只有表达式 1 为零（"假"）

(a) 流程图

(b) N–S图

图 4.5　else…if 语句与多分支结构流程图和 N-S 图

时才会判断表达式 2,只有表达式 2 为零("假")时才会判断表达式 3,其余以此类推,只有所有表达式都为零("假")时才执行最后的 else 语句。

视频

【例 4.3】 输入一个学生成绩,当成绩≥90.0 时,打印"Very Good!";当 80.0≤成绩＜90.0 时,打印"Good!";当 60.0≤成绩＜80.0 时,打印"Pass!";当成绩＜60.0 时,打印"Fail!"。

分析:

显然,这是一个多分支结构,需要使用 else…if 语句。请思考本题的 else…if 语句如何书写?请写出来。

程序如下:

```
main( )
{
   float score;
   printf("please input score: ");
   scanf ("%f",&score);
   if(score>=90 )   printf ("Very Good!\n");
      else if (score>=80)   printf("Good!\n");
         else if(score>=60)   printf("Pass!\n");
            else   printf("Fail !\n");
}
```

第一次运行结果为：

please input score:85.0↙
Good!

第二次运行结果为：

please input score:40.5↙
Fail !

else…if 语句也可以用多个 if 语句代替。如例 4.3 的程序可以用多个 if 语句改写：

```
main( )
{
  float   score;
  printf("please input score: ");
  scanf("%f",&score);
  if (score>=90)    printf("Very Good!\n");
  if (score>=80 &&score<90)    printf("Good!\n");
  if (score>=60&&score<80)    printf("Pass!\n");
  if(score<60)    printf("Fail !\n");
}
```

请思考：

(1) 程序中语句 printf("please input score：")；的作用。

(2) 画出描述算法的流程图或 N-S 图。

4.3.4　if…else 语句的嵌套与分支的嵌套结构

在 if…else 语句中还包含 if 语句或 if…else 语句，称为嵌套 if…else 语句。其一般格式如下：

if(表达式 1)
　if(表达式 2) 语句 1
　else 语句 2
else
　if(表达式 3) 语句 3
　else 语句 4

它有多种变形的形式。下面是其中的几种。

(1) if…else 语句嵌套在 if 子句中：

if(表达式 1)
　if(表达式 2) 语句 1
　else 语句 2
else 语句 3

(2) if…else 语句嵌套在 else 子句中：

if(表达式 1) 语句 1
else
　if(表达式 2) 语句 2
　else 语句 3

(3) if 语句嵌套在 if 子句中：

if(表达式 1)
　{if(表达式 2) 语句 1}

else 语句 2

（4）if 语句嵌套在 else 子句中：

if(表达式 1) 语句 1
else
　　{if(表达式 2) 语句 2}

（5）多层嵌套：

if(表达式 1)
　　if(表达式 2)
　　　　if(表达式 3) 语句 3
　　　　else 语句 4
　　else 语句 2
else 语句 1

在这些嵌套结构中，一定要注意 if 与 else 的配对关系，即从最内层开始，else 总是与它上面最近的未配对的 if 配对。如果 if 与 else 数目不一样，为了实现程序完成的功能，可以使用"{ }"确定配对关系。例如：

if(表达式 1)
　　{ if(表达式 2) 语句 1 }
else 语句 2

这里的 else 与 if(表达式 1)配对。

如果去掉"{ }"，成为：

if(表达式 1)
　　if(表达式 2) 语句 1
else 语句 2

则 else 与 if(表达式 2) 配对，因为 else 与 if(表达式 2)而不是与 if(表达式 1) 最近。

注意：为了使嵌套的层次清晰，建议把程序的书写格式写成如上面所示的锯齿状（缩进左对齐）层次格式。

【**例 4.4**】 将例 4.3 用 if…else 语句的嵌套来实现。

编写程序时，必须先定义变量，这要养成习惯。定义变量后，才是输入，中间处理，数据输出这些步骤。

```
main( )
{
  float score;
  printf("please input score: ");
  scanf("%f",&score);
  if(score>=80)
    if(score>=90) printf("Very Good! \n");
    else   printf("Good! \n");
  else
    if(score>=60) printf("Pass! \n");
    else   printf("Fail !\n");
}
```

第一次运行结果为：

please input score:85↙
Good!

第二次运行结果为：

```
please input score:95↙
Very Good!
```

【例 4.5】 编写程序,通过输入 x 的值,计算单位阶跃函数 y 的值。

$$y = \begin{cases} -1 & (x<0) \\ 0 & (x=0) \\ 1 & (x>0) \end{cases}$$

程序如下:

```
int main()
{
    float x,y;
    printf("please input x:\n");
    scanf("%f",&x);
    if(x==0)
        y=0;
    else
        if(y>0) y = 1;
            else y=-1;
    printf("y=%-4.0f\n",y);
    return 0;
}
```

图 4.6　例 4.5 的流程图

运行结果为:

```
please input x:
4
y=1
```

4.4　条件表达式构成的选择结构

4.4.1　条件运算符

条件运算符"? :"是 C 语言特有的运算符,也是唯一的三目运算符,即运算对象有三个。条件运算符的结合方向是"自右至左"。

条件运算符的优先级高于赋值运算符,而低于关系运算符和算术运算符。

4.4.2　条件表达式与双分支结构

用条件运算符将表达式连接起来的有意义的式子称为条件表达式。其一般格式如下:

表达式 1 ? 表达式 2 : 表达式 3

其含义是:先求表达式 1 的值,如果为真(非零),则求表达式 2 的值,并把表达式 2 的值作为整个表达式的值;如果表达式 1 的值为假(零),则求表达式 3 的值,并把表达式 3 的值作为整个表达式的值。

流程图和 N-S 图如图 4.7 所示。

例如:

图 4.7　表达式与两分支结构的流程图和 N-S 图

```
x=10;
y=x>9 ? 20 : 30;
```

在上述的第二个语句中,条件运算符优先于赋值运算符,=的优先级低,后执行=,所以 y=后面的内容是条件表达式,条件表达式要先执行,表达式 1 即 x>9,因为 x 为 10,所以条件为真,因此取表达式 2 的值 20 作为条件表达式的值并赋给 y。因此 y=x>9 ? 20 : 30;相当于 y=(x>9 ? 20 : 30);。

条件运算符结合性为自右至左,例如:

y=a>b? a:c>d ? c:d;相当于 y=a>b? a:(c>d? c:d);

这也表明可以嵌套,即条件表达式中某个表达式可以是另一个条件表达式。

条件表达式中表达式 1、表达式 2、表达式 3 的类型可以不同。例如:

x>y? 3 : 5.8

该条件表达式中表达式 2、表达式 3 的类型不同,一个是整型,另一个是实型。此时表达式的值的类型取二者中较高的类型——实型。如果 x≤y,则条件表达式的值为 5.8;如果 x>y,则条件表达式的值应为 3,由于 5.8 是实型,比整型高,所以将 3 转换成实型值 3.0。

【例 4.6】 给出下列程序的执行结果。

```
main( )
{
  int x=100,y=200;
  printf("%d \n", (x>y)?x:y);
}
```

运行结果为:

200

请思考:

(1) 这个程序的功能是什么?

(2) 如果是求 3 个数的最大值,程序该如何修改?

4.5　switch 语 句

4.5.1　break 语句

break 语句的格式如下:

```
break;
```
break 语句的功能是:在 switch 语句中,终止并跳出 switch 语句;在循环语句中,终止并跳出循环体。

break 语句不能单独使用,只能与 switch 语句和循环语句结合使用。

switch 语句通常总是和 break 语句配合使用,以使 switch 语句真正起到分支的作用。

4.5.2　switch 语句与多分支结构

if 语句和 if…else 语句常解决双分支问题,即在两个分支中选择其中一路执行。虽然可以通过 if…else 语句的嵌套和 else…if 语句来实现多路选择的目的,但这样做的结果使得 if…else 语句的嵌套层次太多,降低了程序的可读性。C 语言中的 switch 多分支结构,提供了更方便地进行多路选择的功能。

1. switch 语句的不常用格式(无 break)

switch 语句的不常用格式如下:

```
switch(表达式)
{
  case 常量表达式 1:语句 1
  case 常量表达式 2:语句 2
  …
  case 常量表达式 n:语句 n
  default:语句 n+1
}
```

流程图和 N-S 图如图 4.8 所示。

switch 语句的执行过程为:switch 语句把表达式的值同多个 case 语句后的常量进行相同性检查,找到相等的 case 常量,则执行该常量冒号后的语句,并从这个入口一直执行下面所有冒号后的语句,直到 switch 语句结束。如果执行一个或几个冒号后的语句就要跳出 switch 语句,则可以在跳出处使用 break 语句。如果 switch 语句找不到与表达式的值匹配的 case 常量,则执行 default 后面的语句直到结束。default 是任选项,如果没有该语句,则在所有配对都失败时,什么也不执行。

使用 switch 语句时应注意以下几个问题。

(1) switch 后面括号内表达式的数据类型应当与 case 后面常量表达式的数据类型一致。

(2) switch 后面括号内表达式的值和 case 后面常量表达式的值,可以为任何类型,但常用的是整型、字符型或枚举型。

(3) 同一个 switch 语句中的所有 case 后面的常量表达式的值都必须互不相同,否则就会出现矛盾的情况。

(4) switch 语句中的 case 和 default 的出现次序是任意的。也就是说,default 也可以位于 case 的前面,且 case 的次序不要求按常量表达式的顺序排列。

(5) switch 语句中的"case 常量表达式"部分,只起标号作用,而不进行条件判断。所以,在执行完某个 case 后面的语句后,将自动转到该语句后面的语句去执行,直到遇到 switch 语句的右花括号或 break 语句为止。例如:

(a) 流程图

(b) N-S流程图

图 4.8 switch 语句(无 break)流程图和 N-S 图

```
switch(n)
{
  case 1: a=100;
  case 2: a=200;
}
```

当 n＝1 时,将连续执行下面两条语句:

a=100;
a=200;

所以,在执行完一个 case 分支后,一般应跳出 switch 语句,转到下一条语句执行。这样一来,可在一个 case 结束后、下一个 case 开始前插入一个 break 语句,一旦执行到 break 语句,将立即跳出 switch 语句。例如:

```
switch(n)
{
  case 1: a=100;   break;
  caes 2: a=200;   break;
}
```

执行 a=100；或 a=200；后将跳出 switch 语句。

(6) 每个 case 的后面可以是一条语句，也可以是多条语句。

(7) 多个 case 语句的后面可以共用一组执行语句。例如：

```
switch(n)
{
  case 1:
  case 2: a=100; break;
  …
}
```

它表示当 n=1 或 n=2 时，都执行下列两条语句：

```
a=100;
break;
```

2. switch 语句的常用格式(有 break)

switch 语句的常用格式是指每一个入口的语句后都有一个 break 语句。其格式如下：

switch(表达式)
{
  case 常量表达式 1：语句 1; break;
  case 常量表达式 2：语句 2; break;
  …
  case 常量表达式 n：语句 n; break;
  default：语句 n+1
}

流程图和 N-S 图如图 4.9 所示。其执行过程是每当执行对应的一个入口中的语句后，都跳出 switch 语句。

(a) 流程图

(b) N-S 图

图 4.9　switch 语句(有 break)与多分支结构的流程图和 N-S 图

【例 4.7】 编写一个可由用户输入简单表达式的程序(如 3.4+196.7)，形式如下：

number1　operator　number2

该程序要计算该表达式并以两位小数显示结果(其中要识别的运算符 operator 为加、减、乘或除)。

分析:

(1) 这是一个很实际的问题。相当于编写一个程序,用于核对事先做出的加、减、乘、除运算的结果是否正确。如何编写呢?

(2) 这个题目有 5 个分支(比加、减、乘、除 4 个分支多 1 个,为什么?),用 switch 语句很方便。当然也可以使用 if…else 或 else…if 等完成,但不如用 switch 简洁明了。

程序如下:

```
#include <stdio.h>
main( )
{
  float number1,number2;
  char operator;
  printf("Input your expression:\n");
  scanf("%f%c%f",&number1,&operator,&number2);
  switch(operator)
  {
    case '+':  printf("%.2f\n",number1+number2); break;
    case '-':  printf("%.2f \n",number1-number2); break;
    case '*':  printf("%.2f \n",number1*number2); break;
    case '/':  if(number2==0.0)
                    printf("Division by zero. \n");
               else
                    printf("%.2f\n",number1/number2);
               break;
    default:   printf("Unknown operrator. \n");
  }
}
```

第一次运行结果为:

```
Input your expression:
123.5+59.3↙
182.80
```

第二次运行结果为:

```
Input your expression:
198.7/0↙
Division by zero.
```

第三次运行结果为:

```
Input your expression:
125&28↙
Unknown operator.
```

请思考:画出描述算法的流程图或 N-S 图。

4.6　goto 语句和标号

goto 语句为无条件转向语句,程序中使用 goto 语句时要求和标号配合,其一般格式如下:

goto 标号;

程序中需有一句:

标号:语句

其中,标号用标识符表示,其命名规则与变量名相同,即由字母、数字和下画线组成,其中第一个字符必须是字母或下画线,不能是数字。更不能用整数作为标号。例如:

```
goto label;
```

是合法的,而

```
goto 1000;
```

是非法的。

goto 语句的功能是:把程序控制转移到标号处,使程序从指定标号处的语句继续执行。

【例 4.8】 编写程序,计算 $1+2+3+\cdots+10$。

```
main()
{
   int a=1,sum=0;
   LOOP:
   if(a<=10)
   {
      sum=sum+a;
      a=a+1;
      goto LOOP;
   }
   printf("sum=%d\n",sum);
}
```

当执行 goto LOOP;后,程序转移到标号 LOOP 处继续执行。

C 语言规定,goto 语句的使用范围仅局限于函数内部,不允许在一个函数中使用 goto 语句把程序控制转移到其他函数之内。

这里需要强调指出的是,滥用 goto 语句将使程序流程无规律,可读性差,因此,结构化的程序设计方法应有限制地使用 goto 语句。

4.7 应 用 举 例

【例 4.9】 从键盘输入 4 个整数,分别存入变量 a、b、c、d 中,通过比较按从大到小的顺序输出。

分析:

对 4 个整数比较大小,4 个整数的大小关系比较复杂。需采取什么思路呢？是否可以这样做:先通过比较将最大的数存入变量 a,再通过比较将次大的数存入变量 b,然后通过比较将次小的数存入变量 c,最小的数存入变量 d。

程序如下:

```
main()
{
   int a,b,c,d,temp;
```

```
    scanf("%d%d%d%d",&a,&b,&c,&d);
    if(a<b)
      { temp=a;a=b;b=temp; }
    if(a<c)
      { temp=a;a=c;c=temp; }
    if(a<d)
      { temp=a;a=d;d=temp; }
    if(b<c)
      { temp=b;b=c;c=temp; }
    if(b<d)
      { temp=b;b=d;d=temp; }
    if(c<d)
      { temp=c;c=d;d=temp; }
    printf("%d,%d,%d,%d\n",a,b,c,d);
}
```

第一次运行结果为：

2 6 8 4↙
8,6,4,2

第二次运行结果：

500 987 300 588↙
987,588,500,300

请思考：
(1) 画出描述算法的流程图或 N-S 图。
(2) 还有其他的编程方法吗？

【例 4.10】 任意输入一个非零整数，判断其正负和奇偶性。

分析：

本题的关键是：整数的奇偶性如何表达？能被 2 整除的是偶数，不能被 2 整除的是奇数。用 C 语言的什么运算符表达？自然应该想到求余运算符％。若整数用变量 num 表示，则当 num％2==0 时，num 是偶数，当 num％2==1 时，num 是奇数。

程序如下：

```
main()
{
  int num;
  printf("Please input a int number: ");
  scanf("%d",&num);
  if(num>0)
  {
    if(num%2==1)
      printf("%d is a positive odd. \n",num);
    else
      printf("%d is a positive even. \n",num);
  }
  else
  {
    if(num%2==0)
      printf("%d is a negative even. \n",num);
    else
      printf("%d is a negative odd. \n",num);
  }
```

}

程序的两次运行结果为:

```
Please input a int number:11↙
11 is a positive odd.
Please input a int number:-12↙
-12 is a negative even.
```

请思考:本题还有其他编程方法吗?

【例 4.11】 输入一个字符,判断是字母、数字还是特殊字符。

分析:

是字母如何表达?是数字如何表达?这是关键。请写出其表达式。

程序如下:

```c
#include <stdio.h>
main()
{
   char ch;
   printf("Please input a character:");
   ch=getchar();
   if((ch>='a' && ch<='z') || (ch>='A' && ch<='Z'))
      printf("It is a alpha!\n");
   else if(ch>='0' &&  ch<='9')
       printf("It is a number!\n");
      else
       printf("It is a special character!\n");
}
```

第一次运行结果为:

```
Please input a character:e↙
It is a alpha!
```

第二次运行结果为:

```
Please input a character:$↙
It is a special character!
```

【例 4.12】 从键盘输入年号和月号,求这一年的这一月共有多少天。

分析:

(1) 这个问题需要考虑闰年问题,因为二月份的天数与闰年有关。闰年的判断依据是:若某年能被 4 整除,但不能被 100 整除,则这一年是闰年;若某年能被 400 整除,则这一年也是闰年。请考虑:闰年如何表达?

(2) 本题 13 个分支(比 1 年 12 个月共需 12 个分支多 1),编程可使用的多分支结构有哪些? else…if、if…else 的嵌套和 switch 使用哪一个最为简洁?是 switch 吗?

视频

程序如下:

```c
#include <stdio.h>
main()
{
   int year, month, days;
   printf("Input year and month: ");
   scanf("%d%d",&year,&month);
   switch(month)
```

```
       {
         case 1:
         case 3:
         case 5:
         case 7:
         case 8:
         case 10:
         case 12:   days=31;   break;
         case 4:
         case 6:
         case 9:
         case 11:   days=30;   break;
         case 2:
            if(year%4==0 && year%100!=0 || year%400==0)   days=29;
            else   days=28;
            break;
         default:   printf("Data error! ");   break;
       }
       printf("Days=%d",days);
    }
```

第一次运行结果为：

Input year and month:2000   2✓
Days=29

第二次运行结果为：

Input year and month:2007   2✓
Days=28

第三次运行结果为：

Input year and month:2008   9✓
Days=30

请思考：

（1）本题用来判断闰年的表达式是 year％4==0 && year％100!=0 || year％400==0，用来判断非闰年的表达式是什么？

（2）画出描述算法的流程图或 N-S 图。

科学素养拓展——选择大于努力

  有一位知名作家在接受采访时，讲过他小时候经历的一件让他终生难忘的事情。他的家乡不怎么种水果。所以，小时候为了解馋，他经常和一群同龄的孩子，去村子后面的小山上采摘野果子。因为树太大，分叉太多，他们几个孩子爬着爬着，就有了不同的选择，也有了不同的收获：有的孩子爬到了主树干的最高处，看上去威风凛凛，就像一个统帅；有的孩子则小心翼翼地趴伏在比较小的树杈上，待了一会儿，就往下缩了；有的孩子则停留在树杈之间……等到从树上下来的时候，孩子们的收获也不一样，有的边吃边拿，有的只摘到两三个果子，还有的一个都没有摘到。

  当时，他只觉得这件事有趣，但进入社会多年后才发现，这件事与人生的历程极其相似。尽管是相同的起点，也付出了差不多程度的努力，但因为做出不同的选择，人生的收获却完全不同！

  我们每个人的一生，都会面对许多选择，正是这些选择造就了当下的我们。至于中间付出的努力也很重要,但重要性小于关键时刻的选择。假如选择错了,那努力的效果就会大打折扣,如果选择了错误的人生道路,更是南辕北辙,让人最终付出惨痛的代价!

习 题 4

一、填空题

1. 若 x、y、z 都是整型变量,且 x=1、y=2、z=3,求以下表达式的值。

(1) x&&y&&z　　　　　　　　_____

(2) x>=y　　　　　　　　　　_____

(3) x||y+z&&x　　　　　　　_____

(4) ！((x<y)&&！z||1)　　　_____

2. 给出下列表达式的值(设 a、b、c、x 为某个具体的整数)。

(1) 1<2 && 7<8　　　　　　　_____

(2) 1<2 && 7>8　　　　　　　_____

(3) ！(3<=8)　　　　　　　　_____

(4) 1||2>5　　　　　　　　　_____

(5) 3||a+b||x*x　　　　　　_____

(6) (3<-8.5)&&a&&b&&x　　　_____

二、给出运行结果题

1. 给出下列简单程序的运行结果。

(1)
```c
main( )
  { int x=200,y=-10, z=300;
    if(x<y)
     if(y<0)   z=-z;
    else   z+=10;
    printf("%d \n",z);
  }
```

(2)
```c
main( )
  { int a=8,b=9,t;
    t=a;
    if(a<b) t=b;
    t*=t;
    printf("%d \n",t);
  }
```

2. 分析下列程序,给出运行结果。

(1) 分别输入-0.85、0 和 9。

```c
#include <stdio.h>
main( )
{
  float x;
  int y;
  scanf("%f",&x);
  if(x<0)
    y=-1;
  else
```

```
    if(x>0)
       y=1;
    else
       y=0;
  printf("y=%d\n",y);
}
```

(2) 分别输入 100、54、95、89、76 和 68。

```
#include <stdio.h>
main()
{
  int score;
  char grade;
  scanf("%d",&score);
  grade=(score==100)? 'A':(score<60)? 'E':3-(score-60)/10+'A';
  printf("Grade=%c",grade);
}
```

三、编程题

下列题目请先确定算法,画出流程图或 N-S 图,再据此编写程序。

1. 输入三个整数,按由小到大的顺序输出。

2. 从键盘输入一个字符,判断此字符属于下面哪一种。

(1) 字母(a~z,A~Z);

(2) 数字字符(0~9);

(3) 空格符;

(4) 其他字符。

显示相应的提示信息。

3. 编写程序,要求从键盘输入 x 的值,输出 y 的值。

y 与 x 有如下函数关系:

$$y=\begin{cases} \dfrac{1}{x+1} & -5 \leqslant x<0, x \neq -1 \\ \dfrac{1}{(x+2)^2} & \text{当 } 0 \leqslant x<5 \text{ 时} \\ \dfrac{1}{(x+4)^3} & 5 \leqslant x<10 \end{cases}$$

4. 从键盘输入一个月号(1~12),自动显示该月号的英文名称。

5. 编写程序,输入邮件的目的区域编码和重量,计算并输出快递费。快递费按邮件重量计算,由起重费用、续重费用两部分构成:首重 1 千克按首重资费计算(不足 1 千克,按 1 千克计算),超过首重的重量,按千克(不足 1 千克,按 1 千克计算)收取续重费;计算结果保留 2 位小数(资费精确到分)。程序中所有浮点数的数据类型均为 float。

0 区	1 区	2 区	3 区	4 区
省内	临近省区	500 千米以内	1000 千米以内	1500 千米外
山东	江、浙、沪	京、津、冀	黑、吉、辽	新疆、西藏
首重 6 元,续重 3 元/千克	首重 8 元,续重 4 元/千克	首重 10 元,续重 5 元/千克	首重 12 元,续重 6.5 元/千克	首重 15 元,续重 10 元/千克

提示：续重部分不足1千克，按1千克计算。因此，如包裹重量为2.3千克：1千克算首重，剩余的1.3千克算续重，不足1千克按1千克计算，1.3千克折合续重为2千克。

输入重量应大于0、区域编号不能超出0～4。

6. 求方程 $ax^2+bx+c=0$ 的根。a、b、c从键盘输入，要考虑各种情况。

7. 设计一个判断输入年份是否为闰年的程序。

8. 输入三角形的三条边长，求三角形的面积。要求检查输入的三条边能否构成三角形。

第 5 章

循环结构程序设计

从 1+2+3+…+100 求和谈起——

高斯从小家境贫寒,他的父亲是一家杂货铺里的算账先生。高斯小时候,父亲就经常给他讲自己在工作中积累的一些简便算法。高斯聪明而且用心,对这些算法,不仅仅快速理解,而且还能举一反三,灵活运用,从小培养了对数学的浓厚兴趣。可是,在高斯上小学的时候,他的数学老师白尔脱先生总觉得农村小孩都不会学习也不爱学习,自然也不认真讲课,还经常无缘无故地训斥学生。

有一天,白尔脱心情不太好,就黑着脸,在黑板上列出题目:1+2+3+…+100=? 说:"现在你们自己算这道题,谁算完就回家吃饭,算不完不许回家。"吓得同学们赶紧拿出练习本,开始计算。白尔脱人呢? 却坐到一旁,悠闲自在地看起小说。可他两页还没有看完,小高斯就高高地举起手,说:"老师,我算完了。"

谁知白尔脱不耐烦地挥挥手,"算完了? 这么快能算对吗? 再算算看吧!"

"老师,不会错的,我都检查过了,还验算了一遍。"高斯站起来,理直气壮地对老师说。

白尔脱走到高斯座位前,看到他的结果竟然是正确的,不禁大吃一惊,答案确实是"5050"。高斯讲述了一下他的计算过程:1+100=101,2+99=101,……,49+52=101,50+51=101,一共有 50 对 101 的数目,所以答案正好是 50×101=5050。

从这件事情以后,白尔脱一下子改变了对农村学生的偏见,慢慢发现高斯的数学天赋,还经常对高斯进行个别辅导。高斯也不负期望,对数学的兴趣越来越浓,造诣越来越深,17 岁时就发现了数论中的二次互反律。

高斯采用了巧妙方法进行了计算。如果用计算机编程实现,就可以使用循环结构。实际生活中的许多问题属于循环结构,例如,假期—学习—假期—学习的循环,上课—下课—上课—下课的循环,人日出而作,日落而息,周而复始;求有规律的数列之和,求阶乘,求全班某门课的平均成绩,求素数,等等,而计算机最擅长的也正是重复操作,表现到程序上就是循环的结构,大多数应用程序中的重复操作都有一定规律,因此都会包含循环结构。计算机比起人类的优势,就是不知疲倦,可以反复循环。也正因如此,机器把人类从重复烦琐的劳动中解放出来。那么如果编程实现这道题,会是怎么样呢?

本章介绍循环结构的有关问题,主要包括 while 语句、do…while 语句、for 语句、continue 语句及其具体应用。

这样,程序设计的三种基本结构——顺序结构、选择结构和循环结构就都介绍了。这三种结构是结构化程序设计的基本结构,是复杂程序的基本构成单元。大家需要通过示例,全面理解三种基本结构,弄清楚它们的应用场合、结构特点、区别联系、编程技巧等,以求熟练掌握有关内容,达到本课程的学习目标。

5.1 while 语句与用 while 语句构成的循环结构

5.1.1 while 语句

while 语句的一般语法格式如下:

while(表达式)循环体

说明:

(1) while 语句用来实现"当型"循环结构,while 语句构成的循环也称"当型"循环。while 是 C 语言的关键字。"当型"的意思是"当"条件满足时。

(2) while 后面括号中的表达式可以是 C 语言中任意合法的表达式,用以控制循环体是否执行。

(3) 若循环体由多个语句组成,应用花括号括起来,组成复合语句。

5.1.2 while 构成的循环结构

while 循环的执行过程如下。

(1) 计算 while 后表达式的值,当值为非零(条件满足,"真")时,执行步骤(2);当值为零(条件不满足,"假")时,退出循环。

(2) 执行循环体。

(3) 执行步骤(1)。

流程图和 N-S 图如图 5.1 所示。

(a) 流程图　　　　　　　(b) N-S图

图 5.1　while 语句与用 while 语句构成的循环结构的流程图和 N-S 图

使用 while 语句时,需注意如下问题。

(1) while 语句是先判断表达式的值,当值为非零(条件满足,"真")时,执行循环体中的语句,如果表达式的值一开始就为零,则循环体一次也不执行。

(2) while 后圆括号中表达式的值决定了循环体是否执行,因此,循环体中应该有使表达式的值变为零的语句,否则,循环将无限制地执行下去,即死循环。一般在嵌入式系统中经常要用到无限循环。因为设备一上电就要一直工作。

视频

【例 5.1】 试求 1+2+3+…+10 的值。

分析:

(1) 本题是一个累加的问题,需要重复进行 10 次加法运算,显然可以用循环结构。而所累加的数从 1 到 10 是有规律的:后一个数比前一个数增 1,可在循环中定义一个整型变量 i 作为计数器,初始值为 1,每循环一次 i 加 1,当 i 的值超过 10 时结束循环。

(2) 对累加和,可定义一个变量 sum,初始值为 0,每循环一次,把 i 的值加到 sum 中,当循环结束时,sum 中的值即为所求的结果。

流程图和 N-S 图如图 5.2 所示。

图 5.2 例 5.1 的流程图和 N-S 图

程序如下:

```
main()
{
    int i=1,sum=0;
    while (i<=10)
    {
        sum=sum+i;
        i++;
    }
    printf("sum=%d\n",sum);
}
```

运行结果为:

sum=55

说明:

(1) 本程序循环体中包括两个语句,因此,用"{}"括起来。

(2) sum 为累加和,应在循环前赋初值,其初值应为零。

(3) 循环体中的 i++ 使得 i 的值不断增加,以便最终导致 i>10 而退出循环。

(4) 循环变量 i 的初值与循环体中改变其值语句的位置应相适应。请思考:若以下面的程序段代替例 5.1 中的循环体,会出现什么结果?

```
while (i<=10)
{
```

```
    i++;
    sum=sum+i;
}
```

思考：你能否用 while 循环编程实现小高斯遇到的问题 1＋2＋3＋…＋100＝？

5.2 do…while 语句与用 do…while 语句构成的循环结构

5.2.1 do…while 语句

do…while 语句的一般格式如下：

do
循环体
while(表达式);

说明：

(1) do…while 语句用来实现直到型循环结构，do…while 语句构成的循环也称为直到型循环。直到型的意思是直到条件不满足为止。

(2) while 后面括号中的表达式，可以是 C 语言中任意合法的表达式，用以控制循环体是否执行。

(3) do 和 while 是 C 语言的关键字，do…while 是一个整体，必须联合使用。

(4) do…while 语句以 do 开始，以 while 结束，while 后的";"不可省，以此表明 do…while 是一个语句。

(5) 循环体由多个语句组成时，应用"{}"把循环体括起来。

5.2.2 do…while 构成的循环结构

do…while 循环的执行过程如下。

(1) 执行 do 后面的循环体。

(2) 计算 while 后括号中表达式的值，当值为非零（条件满足，"真"）时，执行(1)；当值为零（条件不满足，"假"）时，退出 do…while 循环。

流程图和 N-S 图如图 5.3 所示。

使用 do…while 语句时，需注意如下问题。

(1) do…while 语句是先执行循环体，再判断表达式的值。因此，无论开始表达式的值是非零还是零，循环体都要首先被执行一次，这是同 while 语句的最大区别。

(2) 在循环体中同样应该有使表达式的值逐步变为零的语句，否则将成为死循环。

(3) C 语言中 do…while 语句是在表达式为非零（为"真"）时执行循环体。

【例 5.2】 试用 do…while 语句计算 1＋1/2＋1/4＋…＋1/50 的值。

分析：

(1) 该题也是一个累加和问题，需要重复进行多次加法运算；而各累加项分母的变化是

(a) 流程图　　　　　　　　(b) N-S图

图 5.3　用 do…while 语句构成的循环结构的流程图和 N-S 图

有规律的,其递推关系是后一项的分母比前一项增 2,因此,可用循环结构实现。

(2) 可设置一实型变量 sum,初始值为 0,累加和放在变量 sum 中。

流程图和 N-S 图如图 5.4 所示。

(a) 流程图　　　　　　　　(b) N-S图

图 5.4　例 5.2 的流程图和 N-S 图

程序如下:

```
main( )
{
  int i;
  float sum;
  sum=1.0;
  i=2;
  do
  { sum+=1.0/i;
    i+=2;
  }while (i<=50);
  printf("sum=%f\n",sum);
}
```

运行结果为:

sum=2.907979

请思考:

(1) sum 的初值应与 i 的初值相对应,思考 sum 的初值是否可为零。

(2) sum+=1.0/i;语句中为什么要使用 1.0 而不是 1。

思考：你能否用 do…while 循环编程实现小高斯遇到问题 1＋2＋3＋…＋100＝?

5.3　for 语句与用 for 语句构成的循环结构

5.3.1　for 语句

for 语句的一般格式如下：

for(表达式 1;表达式 2;表达式 3) 循环体

说明：

(1) for 是 C 语言的关键字。

(2) for 后括号中的三个表达式用";"分隔,它们可以是 C 语言中任意合法的表达式,主要用于循环控制。

(3) 循环体若由多条语句构成,应用"{ }"把它们括起来,组成复合语句。

5.3.2　for 语句构成的循环结构

for 循环的流程图和 N-S 图如图 5.5 所示。

(a) 流程图　　　　(b) N-S 图

图 5.5　for 语句与用 for 语句构成的循环结构的流程图和 N-S 图

for 循环的执行过程如下。

(1) 计算表达式 1。

(2) 计算表达式 2,若其值为非零(条件满足,"真")时,执行步骤(3);若其值为零(条件不满足,"假")时,执行步骤(5)。

(3) 执行一次循环体。

(4) 计算表达式 3,转向步骤(2)。

(5) 结束循环。

使用 for 语句时,需注意如下问题。

(1) for 语句中的表达式 1 可省略,可在循环之前为循环变量赋初值,但其后的";"不能省。

(2) for 语句中的表达式 2 也可省略,但其后的";"不能省,此时应另设法使循环可以正常结束,否则将是死循环。例如:

```
for(i=1; ;i++) sum=sum+1;
```

相当于:

```
i=1;
while(1)
{
   sum=sum+1;
   i++;
}
```

(3) for 语句中的表达式 3 同样可省略,但应另设法使循环可以正常结束。例如:

```
for(i=1; i<=10;)
{
   sum=sum+1;
   i++;
}
```

(4) 表达式 1 和表达式 3 可同时省略,只有表达式 2。例如:

```
for(; i<=10;)
{
   sum=sum+1;
   i++;
}
```

相当于:

```
while (i<=10)
{
   sum=sum+1;
   i++;
}
```

(5) 三个表达式都可省略。例如:

```
for (; ;) 循环体
```

相当于:

```
while (1) 循环体
```

(6) 表达式 1 可以是设置循环变量初值的赋值语句,也可以是与设置循环变量无关的其他语句。例如:

```
for(sum=0;j<=10;j++) sum=sum+j;           /*j 为循环控制变量*/
```

(7) 表达式 1 和表达式 3 可以是简单的表达式,也可以是逗号表达式。例如:

```
for (sum=0,j=1;j<=10;j++) sum=sum+j;
```

(8) 在逗号表达式内按自左至右的顺序求值,整个逗号表达式的值等于最右边表达式的值。例如:

```
for (j=1;j<=100;j++,j++) sum=sum+j;
```

相当于:

```
for(j=1;j<=100;j=j+2) sum=sum+j;
```

【例 5.3】 计算 $10!=1\times2\times3\times\cdots\times10$ 的值。

分析：

（1）本题中包含了多个乘法运算，因此需要用循环实现；各乘数的规律是后一个数比前一个数增 1，并且初值为 1，终值为 10，循环次数容易确定，因此用 for 语句较适合。

（2）最后的乘积放入变量 m 中，并且 m 的初值应为 1。

（3）变量 m 应定义为 long 型，而不是 int 型。int 型最大值为 32 767，$1\times2\times3\times\cdots\times10$ 的值早已超过它。

流程图和 N-S 图如图 5.6 所示。

(a) 流程图　　　　　(b) N-S 图

图 5.6　例 5.3 的流程图和 N-S 图

程序如下：

```
main ( )
{
   int i; long m;
   m=1;
   for(i=1;i<=10;i++)
      m=m*i;
   printf("m=%ld\n",m);
}
```

运行结果为：

m=3628800

请思考：

（1）如果计算 $1\times2\times3\times\cdots\times100$ 的值，修改这个程序能达到目的吗？

（2）例 5.1 和例 5.2 的问题也可以用 for 语句完成，请分析并实现。

思考：你能否用 for 循环编程实现小高斯遇到的问题 $1+2+3+\cdots+100=$？

5.4　三种循环的比较和嵌套

5.4.1　三种循环的比较

(1) 一种循环可以解决的问题,使用另外两种循环同样可以解决,只是方便程度不同而已。三种循环的关系如下：while 循环修改循环控制条件后相当于 do…while 循环,for 循环省略表达式 1 和表达式 3 后相当于 while 循环。

(2) for 循环和 while 循环是先判断条件是否为真,再执行循环体,因此,可出现循环一次也不执行的情况；do…while 语句是先执行循环体,再判断条件是否为真,因此,循环体至少执行一次。

(3) while 循环和 do…while 循环的表达式只有一个,只起控制循环的作用；for 循环有三个条件表达式,除控制循环外,还可以赋初值和使循环变量的值改变。

(4) 用 while 和 do…while 循环时,循环变量初始化的操作应在 while 和 do…while 语句之前完成,而 for 语句可以在表达式 1 中实现循环变量的初始化。

(5) while 循环和 do…while 循环一般用于循环次数不定的情况,for 循环一般用于循环次数事先已知的情况。do…while 循环一般用于至少需要执行一次循环的情况。

5.4.2　三种循环的嵌套

如果在一个循环体中,又包含了另外一个完整的循环,称为循环的嵌套。内循环中还可以再嵌套循环,这是多重循环。

三种循环语句可以自身嵌套,也可以相互嵌套。应当注意,嵌套不能出现交叉,必须保证每一个循环结构的完整性。

实际应用中,复杂的循环程序往往是多重循环,应仔细分析题目,先确定整体框架即外循环,再确定内循环,必要时可先适当减少循环次数,手工写出具体每次的操作结果,容易发现其循环规律。这也符合结构化程序设计自顶向下,逐步细化的特点。

下面几种都是合法的嵌套形式。
(1) 外循环为 while 结构,内循环也是 while 结构。
```
while( )
{
   while( )
   {…}
}
```
(2) 外循环为 do…while 结构,内循环也是 do…while 结构。
```
do
{
   …
   do
   {
```

```
  …
  }while( );
}while( );
```

(3) 外循环为 for 结构,内循环也是 for 结构。

```
for(; ;)
{
  for(; ;)
  {…}
}
```

(4) 外循环为 while 结构,内循环是 do…while 结构。

```
while( )
{
  …
  do
  {
    …
  }while( );
}
```

(5) 外循环为 for 结构,内循环是 while 结构。

```
for(; ;)
{
  …
  while( )
  {…}
  …
}
```

(6) 外循环为 do…while 结构,内循环是 for 结构。

```
do
{
  …
  for(; ;)
  {…}
  …
} while( );
```

【例 5.4】 for 结构内嵌套 for 结构。编程打印以下图形。

```
123456789
23456789
3456789
456789
56789
6789
789
89
9
```

视频

分析:

(1) 本题目用一重循环无法实现,需要使用二重循环的嵌套结构。外循环控制打印哪一行(第 1 行、第 2 行、…、第 9 行),内循环控制打印某 1 行数字,从数字 i 打印到数字 9。

(2) 本题目循环次数事先已知,用 for 循环比较合适。

其 N-S 图如图 5.7 所示。
程序如下：

```c
main()
{
    int i,j;
    for(i=1;i<=9;i++)
    {   for(j=i;j<=9;j++) printf("%d",j);
        printf("\n");
    }
}
```

定义变量i, j
for(i=1; i<=9; i++)

（图 5.7 例 5.4 的 N-S 图）

请思考：如何打印出如下图形？

```
1
12
123
1234
12345
123456
1234567
12345678
123456789
```

科学素养拓展——体验循环的奇迹

古时候有一个行路人，肚子饿极了就买了一个烧饼吃，吃后觉得不顶事，又买了一个吃，但肚子还是饿。于是再买再吃，一连吃了 6 个。感觉还不太饱，又买了一个，这个烧饼只吃了一半就很饱了。这时他十分懊恼，狠狠地打了自己一个耳光，并自责道："我是多么不会过日子的人呀！先前 6 个烧饼都被我白白地浪费啦！早知道这半个烧饼就能吃饱，我为什么要吃那 6 个呢？"

饥汉由饿到饱是量变和质变的统一。饥汉的变化首先是从量变开始的，经过过的积累而达到质变。饥汉没有吃了一个又一个的量变，就不会发生吃第七个时的质变。质变是量变的结果。可见，一切事物的变化发展，首先都是从量变开始的，没有量变和循环做准备，就不会有质变发生，量变是质变的基本必要条件。量变通过循环积累到一定程度时，必然会引起质变。因此，质变是量变的必然发展结果。不要小瞧一点一滴，我们每个人都要日积月累，坚持成长进步，体验循环带来的质的飞跃，体验量变引起质变的魅力。

宋·欧阳修《归田录·卖油翁》中记载：乃取一葫芦置于地，以钱覆其口，徐以杓酌油沥之，自钱孔入，而钱不湿。因曰："我亦无他，惟手熟尔。"后人引出熟能生巧的成语。这里卖油翁倒油滴油不沾，都源于他勤学苦练和反复实践，可见通过循环，能够实现量变引起的质变，给人类带来各种奇迹。

5.5 循环结构中的 break 语句和 continue 语句

5.5.1 循环结构中的 break 语句

break 语句在第 4 章中已经用到过，它使流程跳出 switch 语句，继续执行 switch 语句下面的语句。break 语句除可用于 switch 语句外,还可用于循环体中,用来跳出循环体,提前结束循环,继续执行该循环体之后的语句。

break 语句的一般格式如下:

break;

说明:

(1) break 语句只能用于 switch 语句和循环语句中。

(2) 如上所述,当执行循环体遇到 break 语句时,立即跳出本循环,继续执行该循环之后的语句。例如:

```
for( )
{
   for( )
   {…
      break;
      …
   }
   …
}
```

(3) break 语句在循环内的 switch 语句中时,它只跳出 switch 语句。例如:

```
while ( )
{…
   switch(…)
   {…
      case…:
         …;
         break;
      case…
         …
   }
   …
}
```

(4) break 语句在 switch 语句中的循环内时,它只跳出循环语句。例如:

```
…
switch(…)
{
   case …:
      …;
   case …:
   for(…)
   {…
      break;
      …
   }
}
```

【例 5.5】 求半径 r 是 1,2,3,…,10 的球的体积,直到体积 volume 大于 1000 为止。

分析:

(1) 求球的体积不一定一直计算到 r=10。只要计算到体积 volume 大于 1000 即停止。

(2) 循环次数最多为 10 次。次数事先已知,适合用 for 循环。

其 N-S 图如图 5.8 所示。
程序如下：

```c
main ( )
{
    int r;
    float volume,PI;
    PI=3.1416;
    for(r=1;r<=10;r++)
    {   volume =4.0/3.0*PI*r*r*r;
        if(volume>1000) break;
        printf("volume =%f\n", volume);
    }
}
```

定义变量r, PI, volume	
for(r=1; r<=10; r++)	
volume=4/3×PI×r³	
volume>1000	
用break结束循环	打印volume

图 5.8 例 5.5 的 N-S 图

运行结果为：

volume = 4.189333
volume = 33.514668
volume = 113.112000
volume = 268.117340
volume = 523.666687
volume = 904.895996

请思考：程序中的 4.0/3.0 能否改成 4/3？

5.5.2 continue 语句

continue 语句的一般格式如下：

continue;

说明：

(1) 当执行到 continue 语句时，终止本次循环，即跳过循环体中尚未执行的语句，接着进行下一次是否执行循环的判断。对 while 循环和 do…while 循环来讲，不执行 continue 之后的语句，而转去求解表达式的值；对 for 循环来讲，不执行 continue 之后的语句，而转去求解表达式 3。

(2) continue 语句只能出现在循环体中。

(3) break 语句和 continue 语句的区别是：continue 语句只结束本次循环，而不是终止整个循环的执行；而 break 语句则是结束整个循环过程，不再判断执行循环的条件是否成立。如果有以下两个循环语句：

```
a. while(表达式 1)              b. while(表达式 1)
   { …                            { …
     if(表达式 2) break;            if(表达式 2) continue;
     …                              …
   }                              }
```

则流程图如图 5.9 所示。

【例 5.6】 从键盘输入 5 个字符，统计其中小写字母字符的个数。

分析：

(1) 输入和判断某个字符是不是小写字母的方法是相同的，因此，可使用循环结构。

(a) 含有break语句的流程图　　(b) 含有continue语句的流程图

图 5.9　含有 break 语句和 continue 语句的流程图

(2) 循环次数是固定的,因此,可使用 for 循环。

程序如下:

```
#include "stdio.h"
main( )
{
    int sum, j;
    char ch;
    sum=0;
    for(j=1;j<=5;j++)
    {   ch=getchar( );
        if (ch<'a'||ch>'z')
        continue;
        sum++;
    }
    printf("sum=%d\n",sum);
}
```

说明:

本程序中,当输入的符号不是 26 个小写字母之一,将不执行 continue 之后的 sum++ 语句,而开始新一轮循环;若是 26 个小写字母之一,则执行 sum++语句。

请思考:

(1) 本程序应该用什么样的格式输入 5 个字符?

(2) 参考图 5.9 画出描述算法的流程图或 N-S 图。

5.6　应 用 举 例

【例 5.7】 计算 $\pi/4=1-1/3+1/5-1/7+\cdots$,直到最后一项的绝对值小于 10^{-5}。

分析:

(1) 本题内含多个加法运算,且每一项的分母变化是有规律的,因此,可使用循环结构。

(2) 循环次数是不固定的,因此,可使用 while 循环。

表示算法的 N-S 图如图 5.10 所示。

程序如下：

```
#include "math.h"
main()
{
    int s;
    float n,t,m;
    t=1;n=1.0;s=1;m=0;
    while((fabs(t))>=1e-5)
    {   m=m+t;
        n=n+2;
        s=-s;
        t=s/n;
    }
    printf("pi/4=%10.6f\n",m);
}
```

图 5.10　例 5.7 的 N-S 图

运行结果为：

pi/4=0.785394

请思考：程序中不加入#include"math.h"是否可行？

视频

【例 5.8】　我国古代数学家张丘建在《算经》中提出了著名的"百钱百鸡问题"："鸡翁一,值钱五;鸡母一,值钱三;鸡雏三,值钱一;百钱买百鸡,翁、母、雏各几何?"意思是说：一只公鸡卖 5 枚钱,一只母鸡卖 3 枚钱,三只小鸡卖 1 枚钱,用 100 枚钱买 100 只鸡,能买到公鸡、母鸡、小鸡各多少只?

分析：

(1) 这是一个不定方程问题。有 3 个未知数,2 个方程：设公鸡、母鸡、小鸡数分别为 i、j、k,则有 i+j+k=100,i*5+j*3+k/3=100。需要让计算机去一一测试是否符合条件,找出所有可能的答案。由于价格的限制,如果只是一种鸡,则公鸡最多为 19 只(由于共 100 只鸡的限制,不能等于 20 只),母鸡最多 33 只,小鸡最多 99 只。

(2) 这里用到的是穷举算法。穷举算法的基本思想是：对问题的所有可能答案一一测试,直到找到正确答案或测试完全部可能的答案。

算法的 N-S 图如图 5.11 所示。

图 5.11　例 5.8 的 N-S 图

程序如下：

```c
main()
{
   int i,j,k;
   for(i=1;i<=19;i++)
     for(j=1;j<=33;j++)
       for(k=3;k<=99;k=k+3)
       {  if((i+j+k==100)&&(i*5+j*3+k/3==100))
             printf("i=%d,j=%d,k=%d\n",i,j,k);
       }
}
```

运行结果为：

i=4,j=18,k=78
i=8,j=11,k=81
i=12,j=4,k=84

请思考：

(1) 上面的程序改成下面的程序对不对？

```c
main()
{
   int i,j,k;
   for(i=1;i<=19;i++)
     for(j=1;j<=33;j++)
       for(k=1;k<=99;k++)                          /*此行改动*/
       {  if((i+j+k==100)&&(i*5+j*3+k/3==100))
             printf("i=%d,j=%d,k=%d\n",i,j,k);
       }
}
```

(2) 改成下面的程序对不对？

```c
main()
{
   int i,j,k;
   for(i=1;i<=19;i++)
     for(j=1;j<=33;j++)
       {  k=100-i-j;                               /*此行改动*/
          if(i*5+j*3+k/3.0==100)                   /*此行改动*/
             printf("i=%d,j=%d,k=%d\n",i,j,k);
       }
}
```

【例 5.9】 求 Fibonacci 数列：1,1,2,3,5,8,13,…的前 40 项。

本题来自于一个有趣的古典数学问题：有一对兔子，从出生后的第 3 个月起每个月都生一对兔子。小兔子长到第 3 个月又生一对兔子。如果生下的所有兔子都能成活，且所有的兔子都不会因年龄大而老死，问每个月的兔子总数为多少？

分析：

(1) 此数列的规律是第 1、2 项都是 1，从第 3 项开始，都是其前两项之和，并且有固定循环次数，因此可以用 for 循环实现。

(2) 这里用到的是什么算法呢？是迭代算法。迭代算法的基本思想是：不断地用新值取代变量的旧值，或由旧值递推出变量的新值。

第 5 章 循环结构程序设计

算法的 N-S 图如图 5.12 所示。

图 5.12 例 5.9 的 N-S 图

程序如下：

```
main()
{
  long int f1,f2;
  int i;
  f1=1;f2=1;
  for(i=1;i<=20;i++)
  {
    printf("%12ld  %12ld  ",f1,f2);          /*每次输出两项*/
    if(i%2==0)  printf("\n");
    f1=f1+f2;
    f2=f2+f1;                                 /*求出两项*/
  }
}
```

运行结果为：

1	1	2	3
5	8	13	21
34	55	89	144
233	377	610	987
1597	2584	4181	6765
10946	17711	28657	46368
75025	121393	196418	317811
514229	832040	1346269	2178309
3524578	5702887	9227465	14930352
24157817	39088169	63245986	102334155

请思考：

(1) 语句 if(i%2==0)printf("\n");的作用是什么？

(2) 程序中为什么是 for(i=1;i<=20;i++)，而不是 for(i=1;i<=40;i++)？

【例 5.10】 打印出如下图形。

```
* * * * * * * *
 * * * * * * * *
  * * * * * * * *
   * * * * * * * *
```

分析:

(1) 每一行中的"*"重复出现了8次,可以用for循环结构;整个图形共有4行,需要控制第1行,还是第2～4行,也可以用for循环结构。因此,要用for循环嵌套for循环(两重循环)实现。

(2) 打印图形除"*"外,还有空格,第1～4行分别有0,1,2,3个空格。

算法的N-S图如图5.13所示。

程序如下:

```
main()
{
  int k,i,j;
  for(i=0;i<=3;i++)     /*控制是打印第几行*/
  {
    for(k=1;k<=i;k++)printf(" ");
      for(j=0;j<=7;j++)printf("*");
    printf("\n");
  }
}
```

定义变量k, i, j
for(k=1; k<=i; k++)
for(i=0; i<=3; i++)
打印k个空格
for(j=0; j<=7; j++)
打印"*"
换行

图 5.13　例 5.10 的 N-S 图

【**例 5.11**】 判断输入的正整数是否为素数。

分析:

(1) 要判断一个数是不是素数,首先要知道什么是素数。回忆一下数学知识,什么是素数? 即只能被自身和1整除的正整数是素数。1既不是素数,也不是合数;2是最小的素数,也是唯一是偶数的素数。

(2) 判断一个正整数 m 是否为素数有多种方法。

方法1:让 m 依次被 $2,3,\cdots,m-1$ 除,如果 m 不能被 $2\sim m-1$ 中的任何一个整数整除,则 m 是素数。

方法2:让 m 依次被 $2,3,\cdots,m/2$ 除,如果 m 不能被 $2\sim m/2$ 中的任何一个整数整除,则 m 是素数。不必判断 m 能否被 $m/2\sim m-1$ 中的整数整除,因为当 n 为介于 $m/2$ 和 m 之间的整数($m>n>m/2$)时,有 $m/m<m/n<m/(m/2)$,即 $1<m/n<2$,m/n 为小数而非整数,所以 m 只被除到 $m/2$ 即可。

方法3:让 m 依次被 $2,3,\cdots,\sqrt{m}$ 除,如果 m 不能被 $2\sim\sqrt{m}$ 中的任意一个整数整除,则 m 为素数。不必判断 m 能否被 $\sqrt{m}\sim m-1$ 中的整数整除,因为 m 如果能分解为两个因子相乘,则必有一个因子小于或等于 $\sqrt{m}$,另一个因子大于或等于 $\sqrt{m}$,若 m 不能被 $2\sim\sqrt{m}$ 中的任意一个整数整除,则也不能被 $\sqrt{m}\sim m-1$ 中的任意一个整数整除,所以 m 只被除到 $\sqrt{m}$ 即可。

其中最后一种方法判断速度最快,因此本题采用最后一种方法。

(3) 判断一个整数是不是素数,由于需要一次一次地做除法,所以要使用循环。由于循环次数已知,所以要使用for循环。

算法的N-S图如图5.14所示。

程序如下:

```
#include "math.h"
main()
```

第 5 章　循环结构程序设计

```
{
    int m,k,j;
    scanf("%d",&m);
    k=sqrt(m);
    for(j=2;j<=k;j++)
        if(m%j==0)   break;
    if(j>k)
        printf("%d is a prime number.\n",m);
    else
        printf("%d is not a prime number.\n",m);
}
```

某一次运行结果为：

11 ↙
11 is a prime number.

某二次运行结果为：

25 ↙
25 is not a prime number.

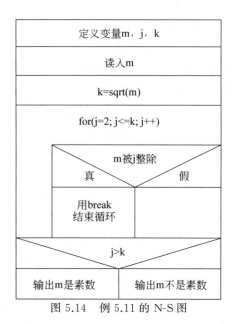

图 5.14 例 5.11 的 N-S 图

请思考：程序中的 j＞k 是否可以改成 j＞＝k＋1？

【例 5.12】 乘法口诀是中国古代筹算中进行乘法、除法、开方等运算的基本计算规则，沿用至今已有两千多年，九九乘法表也是小学算术的基本功。分析：

怎么用程序简单地输出全表呢？对于其中的一个式子，例如"4×7＝28"，观察到第一个因数"4"是该式所处的列数，另一个因数"7"是该式所处的行数，而"28"就是式子列数与行数的乘积。这个表在输出前，我们就应该知道这些式子是一行一行进行输出的，这样，我们就需要一个 for 循环：

```
for(i=1;i<=9;i++){
                                      //每一行的内容
    printf("\n");                     //输完一行后进行换行
}
```

对每一行的内容我们要如何输出？对于行数，我们可以借助上面代码中的 i 来表示行数；那列数怎么来获得呢？在每一行中，每输出一个式子，其中的一个因数就会进行累加，这就是列数。我们可以在每一行的输出中设置一个变量 j 来表示当前的列数，并且这个 j 我们发现是从 1 累加到 i 为止，这一行才算是输完了。

每输完一个式子要再输出一个制表符（"\t"）以隔开，达到工整美观的效果。

这样，对于每一行的式子，我们就可以这样输出：

```
for(j=1;j<=i;j++)                     //j 从 1 累加到 i
    printf("%d×%d=%d\t",i,j,i*j);
```

综上所述，我们就得到了整个代码：

```
#include<stdio.h>
int main()
{
    int i,j;
    for(i=1;i<=9;i++)
    {
        for(j=1;j<=i;j++)
```

```
            printf("%d×%d=%d\t",j,i,i*j);
        printf("\n");
    }
    return 0;
}
```

九九乘法表如图 5.15 所示。

1×1=1								
1×2=2	2×2=4							
1×3=3	2×3=6	3×3=9						
1×4=4	2×4=8	3×4=12	4×4=16					
1×5=5	2×5=10	3×5=15	4×5=20	5×5=25				
1×6=6	2×6=12	3×6=18	4×6=24	5×6=30	6×6=36			
1×7=7	2×7=14	3×7=21	4×7=28	5×7=35	6×7=42	7×7=49		
1×8=8	2×8=16	3×8=24	4×8=32	5×8=40	6×8=48	7×8=56	8×8=64	
1×9=9	2×9=18	3×9=27	4×9=36	5×9=45	6×9=54	7×9=63	8×9=72	9×9=81

图 5.15　九九乘法表

输出结果为：

```
1×1=1
1×2=2   2×2=4
1×3=3   2×3=6   3×3=9
1×4=4   2×4=8   3×4=12  4×4=16
1×5=5   2×5=10  3×5=15  4×5=20  5×5=25
1×6=6   2×6=12  3×6=18  4×6=24  5×6=30  6×6=36
1×7=7   2×7=14  3×7=21  4×7=28  5×7=35  6×7=42  7×7=49
1×8=8   2×8=16  3×8=24  4×8=32  5×8=40  6×8=48  7×8=56  8×8=64
1×9=9   2×9=18  3×9=27  4×9=36  5×9=45  6×9=54  7×9=63  8×9=72  9×9=81
```

习 题 5

一、给出运行结果题

(1)
```
main( )
{
  int m,n,j;
  for(j=2;j<=8;j++,j++)
    {  n=1;
       for(m=j;m<=8;m++) n+=m;
    }
  printf("%d\n",n);
}
```

(2)
```
main( )
```

```
{
  int x=20;
  for(;x>0;x--)
    if(x%3==0)
    {  printf("%4d",--x);
       continue;
    }
}
```

(3)
```
main( )
{
  int j;
  for(j=1;j<=9;j++)
  {  if(j%3)
       printf("&");
     else
       continue;
     printf("^");
  }
  printf("!\n");
}
```

二、编程题

下列题目请先确定算法,画出流程图或 N-S 图,再据此编写程序。

1. 输出能同时被 3 和 5 整除的所有三位数。

2. 编写程序,计算 e 的近似值:e≈1+1/1! +1/2! +1/3! +…+1/n!

(1) 用 for 循环,计算前 15 项。

(2) 用 while 循环,计算到最后一项小于 10^{-5}。

3. 编程输出 2000—3000 年间的闰年。

提示:符合下述条件之一的都是闰年。

(1) 年号能被 4 整除而不能被 100 整除。

(2) 年号能被 400 整除。

4. 编写三个程序,输出以下三组图形。

5. 求 sum(n)=x+xx+xxx+…+xx…x 的值,最后一项包含 n 个 x,x 为一个数字,n 由键盘输入,x 和 n 的值在 1~9 之间。如 sum(5)=1+11+111+1111+11111。

6. 输入 10 名学生 5 门课的成绩,计算并输出每个学生的平均成绩。

7. 统计由键盘输入的 20 个字符中,算术运算符 +、-、*、/、% 分别有多少个。

8. 求满足 abc+cba=1554 的 a、b、c 值。a、b、c 分别是前一个数的百位数、十位数和个位数。

9. 用迭代法求 $x=\sqrt{a}$。迭代公式为 $x=(x_0+a/x_0)/2$,当 $|x_0-x|<$ EPSILON 时,x 即为所求,初值取 a/2。

提示:令初值 x=a/2,再 $x_0=x$,$x=(x_0+a/x_0)/2$,判断。循环体为 $x_0=x$,$x=(x_0+a/x_0)/2$。

10. 换钱问题:把 1 张 100 元的人民币兑换成 5 元、2 元和 1 元的纸币(每种都要有)共 50 张,问有哪几种兑换方案? 如果兑换成 50 元、20 元、10 元、5 元、2 元和 1 元的纸币(每种都要有),不限制兑换成的张数,问有哪几种兑换方案?

11. 爱因斯坦的数学题:设有一阶梯,若每步跨 2 阶,最后剩 1 阶;每步跨 3 阶,最后剩 2 阶;每步跨 5 阶,最后剩 4 阶;每步跨 6 阶,最后剩 5 阶;每步跨 7 阶,最后 1 阶都不剩。问共有多少阶?

12. 百马百担问题:100 匹马驮 100 担货,大马驮 3 担,中马驮 2 担,两匹小马驮 1 担,要求 1 次全驮完,问大、中、小马各若干?

13. 韩信点兵:有兵一队,若五人排成一行,则末行一人;六人排成一行,则末行五人;七人排成一行,则末行四人;十一人排成一行,则末行十人,求兵数。

14. 三色球问题:若一个口袋中放有 12 个球,其中有 3 个红球,3 个白球,6 个黑球,从中任取 8 个,问共有多少种不同的颜色搭配?

15. 麦粒问题(印度国王的奖励):传说古代有个叫舍罕的印度国王,因为喜欢下他的宰相西萨·班达依尔发明的国际象棋,决定奖赏宰相。国王问宰相想要什么,宰相对国王说:"陛下,请您在这个棋盘的第一个格子里赏给我 1 粒麦子,在第二个格子里给 2 粒,第三个给 4 粒,以后每一个格子都比前一个多 1 倍,请您将这个棋盘上的 64 个格子全部摆满。"国王一听,认为这区区赏金,微不足道,当即让人扛来一袋麦子,但很快用光了,再扛来一袋还不够,以至于源源不断地扛来。国王发现,如果按此方法摆下去,摆到第 64 格,即使拿出全印度的粮食也兑现不了自己的承诺。请编程计算一下国王应给宰相多少粒小麦。按 1 吨小麦 3.038×10^7 粒计算。目前世界年产小麦约 59 000 万吨,相当于世界多少年的小麦产量?

16. 最大公约数和最小公倍数问题:求两个正整数 m、n 的最大公约数和最小公倍数。
提示:用欧几里得算法(辗转相除法):
第 1 步:输入 m、n;
第 2 步:令 x=m,y=n;
第 3 步:令 r=x%y;
第 4 步:令 x=y,y=r;
第 5 步:重复第 3、4 步,直到 y==0 为止;
第 6 步:此时,x 就是 m、n 的最大公约数 gcd;
第 7 步:最小公倍数 gld=m*n/gcd。
算法的 N-S 图如图 5.16 所示。

17. 勾股数问题:满足 $x^2+y^2=z^2$ 的正整数 x、y、z 称为勾股数。求 x、y、z 均小于 100 的所有勾股数。

图 5.16 编程题 16 的 N-S 图

18. 猴子吃桃问题：猴子第一天摘了若干桃子，当即吃了一半，还不解馋，又多吃了一个；第二天，吃剩下的桃子的一半，还不过瘾，又多吃了一个；以后每天都吃前一天剩下的一半多一个，到第 10 天想再吃时，只剩下一个桃子了。问第一天共摘了多少个桃子？

19. 哥德巴赫猜想问题：德国数学家哥德巴赫（Goldbach）在 1725 年写给欧拉（Euler）的信中提出了以下猜想：任何大于 2 的偶数，均可表示为两个素数之和（俗称为 1+1）。近三个世纪了，这一猜想既未被证明，也未被推翻（即未找到反例）。请编写一个程序，在有限范围内（例如 4～1 000 000）验证哥德巴赫猜想成立。请注意：这只是有限的验证，不能作为对哥德巴赫猜想的证明。

20. 素数问题：求 100～300 间的所有素数。

21. 有 A、B、C 三人，每人说了一句话。

A 说："B 在说谎。"

B 说："C 在说谎。"

C 说："A 和 B 都在说谎。"

问 A、B、C 三人谁在说谎，谁在说真话？

第 6 章

数组与字符串

C语言除使用整型、实型、字符型等基本类型的数据之外,还使用数组类型、结构体类型、共用体类型等构造类型的数据。本章介绍的数组在程序设计中是十分有用的,利用数组可以批量处理数据并且反映出数据间的内在联系,即它们具有相同的属性,例如同一个学生名下的多门成绩,某门课某个班各个同学的成绩。许多问题,例如,大数列排序、矩阵相乘、字符串处理等,若采用简单变量定义,则需要大量不同名字的变量,并且变量在内存中是随机存放的,对于这种情况,较好的办法就是使用数组。

6.1 一 维 数 组

数组是一些具有相同类型的数的集合,它是由某一种类型的数据(如整型、实型、结构体等)按照一定的顺序组成的。数组用一个统一的数组名标识这组数据,用下标表示数组中元素的序号。数组必须先定义,后使用。

6.1.1 一维数组的定义

在 C 语言中,一维数组的定义格式如下:

类型名　数组名[常量表达式]；

其中,类型名可以是 int、char 或 float 等,表明每个数组元素所共有的数据类型。

例如,用于存放 5 个元素的一维数组可定义为:

int a[5];

这里,int 是类型名(整型),a 是数组的名称,5 表明这个数组有 5 个元素。

在定义数组时,需要明确下面几点。

(1) 数组名的命名规则与变量的命名规则相同,遵从标识符的命名规则。

(2) 方括号是 C 语言表示数组特有的形式,不能用其他的括号(例如圆括号、花括号)代替。加一个下标就是一维数组。

(3) 常量表达式表示元素的个数,即数组长度,它不能是变量(可以是常量或符号常量)。即 C 语言不允许对数组的大小进行动态定义。

例如下面是不允许的：

```
int n;
scanf("%d",&n);
int a[n];
```

（4）常量表达式（元素个数）必须是正整数，如 a[-1]是不合法的。

（5）C 语言规定数组的下标必须从 0 开始，最后一个元素的下标是方括号内的数减去 1（请考虑为什么？）。上面定义的数组 a 有 5 个元素，它们是 a[0]、a[1]、a[2]、a[3]、a[4]。这里最大下标的数组元素是 a[4]，而不是 a[5]。a[5]的值是未知的。

（6）一维数组名（例如上面的数组名 a）还代表着该数组在内存中所占据空间的首地址，也就是代表着第一个元素 a[0]的地址。该数组的所有元素在内存中占有连续的存储单元，如图 6.1 所示。

使用函数 sizeof(a)可以计算数组 a 占用的字节数，sizeof(a)/sizeof(int)可以计算数组 a 的元素个数。

（7）相同类型的多个数组可在一个类型名后定义，它们之间用逗号隔开。例如

图 6.1　数组 a 的存储

```
double  a[10], array[31], t[100];
```

定义了 3 个双精度型数组，数组名分别为 a、array、t，各包含 10、31、100 个元素。显然，用一个数组就可以定义 100 个 double 型变量，更方便快捷。

6.1.2　一维数组的初始化

在定义数组时使数组元素得到初值，称为数组的初始化。

数组的初始化有以下几种情况。

（1）对数组的全部元素赋初值。

在定义数组时，可将全部元素的数值依次放在一对花括号内，各数值间用逗号隔开。例如：

```
int a[5]={10,20,30,40,50};
```

这将把 10、20、30、40、50 分别赋给 a[0]、a[1]、a[2]、a[3]、a[4]。

数组中存储的数据如图 6.1 所示，5 个整型数组元素占 10 字节的存储空间。

（2）对数组前面的部分元素赋初值。

给数组前面的部分元素赋初值，可在一对花括号内写上这些元素的初值。如：

```
int a[5]={10,20};
```

这将把 10、20 分别赋给 a[0]、a[1]。对于未赋初值的 a[2]、a[3]、a[4]系统将自动赋初值 0。

（3）对数组的全部元素赋初值时可省略元素个数。

在对数组的全部元素赋初值时，可以省略元素的个数。可写成：

```
int a[ ]={10,20,30,40,50};
```

这时系统会根据花括号内的数值个数自动定义数组的长度。但给数组前面的部分元素赋初值时,数组元素的个数不能省略。

(4) 使数组的全部元素都为 0。

如果要使一个数组的全部元素都为 0,可写成:

　　int a[10]={ 0,0,0,0,0,0,0,0,0,0};

或

　　int a[10]={ 0 };

或者直接 int a[10]不初始化。

6.1.3　一维数组的引用

数组定义后,即可引用。数组元素的引用格式如下:

数组名[下标]

下标可以是整常数或整型表达式,其起始值为 0。例如有定义:

　　int a[5]={10,20,30,40,50};

则 a[0]、a[1]、a[i+j]都是 a 数组的引用,分别表示 a 数组中的第 1、2、i+j+1 个元素,i+j+1 最大为 4。

在 C 语言中,不允许一次引用整个数组,而只能逐个引用各个数组元素。一般使用 for 循环对数组进行遍历。

6.1.4　一维数组应用举例

【**例 6.1**】　将两个都具有 5 个元素的一维整型数组中的对应元素相乘(第 1 个元素与第 1 个元素相乘,第 2 个元素与第 2 个元素相乘,以此类推),然后在屏幕上输出。第 1 个数组的元素的值分别是 1、2、3、4、5,第 2 个数组的元素的值分别是 −1、−2、−3、4、5。

视频

分析:

(1) 程序设计可以使用顺序结构、选择结构和循环结构三种基本结构。本题使用哪种结构?

(2) 本题多次相乘,是否使用循环结构? 能使用选择结构吗? 不能,这里无选择因素。使用顺序结构行不行? 可以,但这样的话,程序就变得冗长而不简洁了,设想一下,如果两个数组都具有 5000 个元素,就需要写 5000 个顺序结构的求积语句,显然是不现实的,也不符合计算机操作的特点:计算机擅长做重复的工作,因此我们要使用循环结构。

程序如下:

```c
#include "stdio.h"
main( )
{
   int i;
   int a[ ]={1,2,3,4,5};
   int b[ ]={-1,-2,-3,4,5};
   int c[5];
```

第 6 章　数组与字符串

```
    for (i=0;i<5;i++)   c[i]=a[i]*b[i];
    for (i=0;i<5;i++)   printf("%d\t",c[i]);
}
```

运行结果为：

```
-1      -4      -9      16      25
```

【例 6.2】 对 10 个数组元素 a[0],a[1],a[2],…,a[9]进行排序（由小到大）。10 个数组元素均为整数。

分析：

(1) 排序的方法很多，有冒泡法、比较交换法、选择法、插入法、希尔法等。本例介绍冒泡法排序。

(2) 冒泡法排序的基本做法是：对 n 个数，将相邻两个数 a[0]和 a[1]比较，大者放在 a[1]中，小者放在 a[0]中；再将 a[1]和 a[2]比较，大者放在 a[2]中，小者放在 a[1]中；以此类推，直到 a[n−2]和 a[n−1]比较出来，大者放在 a[n−1]中，小者放在 a[n−2]中。此时最大的数已放到最后一个位置。这是第一轮的比较。下面再进行第二轮比较，第 n 个数固定不动，将余下的前面的 n−1 个元素也按照同样步骤两两比较，将 n−1 个元素中最大的数放在 a[n−2]中。如此进行 n−1 轮，所有的数就排序完毕。10 个数要进行 9 轮。算法的N-S 图如图 6.2 所示。

图 6.2 冒泡法排序的 N-S 图

程序 1 如下：

```
main()
{
  int i,j,t;
  int a[10];
  printf("Enter 10 numbers: \n");
  for (i=0;i<=9;i++) scanf("%d",&a[i]);
  printf("\n");
  for (j=0;j<9;j++)
    for (i=0;i<9-j;i++)
      if (a[i]>a[i+1])
      { t=a[i];
        a[i]=a[i+1];
        a[i+1]=t;
```

```
    }
    printf("The results :\n");
    for (i=0;i<=9;i++)  printf("%d   ",a[i]);
}
```

运行结果为：

```
Enter 10 numbers:
9↙
8↙
-23↙
5↙
0↙
1↙
2↙
6↙
99↙
3↙
The results :
-23   0   1   2   3   5   6   8   9   99
```

请思考：

(1) 对上述程序 1 改动 2 行，变成下面的程序 2。这个程序正确吗？

程序 2 如下：

```
main( )
{
    int i,j,t;
    int a[10];
    printf("Enter 10 numbers: \n");
    for (i=0;i<=9;i++) scanf("%d",&a[i]);
    printf("\n");
    for (j=1;j<=9;j++)                        /*此行改动*/
      for (i=0;i<=9-j;i++)                    /*此行改动*/
        if (a[i]>a[i+1])
        {   t=a[i];
            a[i]=a[i+1];
            a[i+1]=t;
        }
    printf("The results :\n");
    for (i=0;i<=9;i++) printf("%d   ",a[i]);
}
```

(2) 将程序 1 改为下面的程序 3，它是否正确？

程序 3 如下：

```
main( )
{
    int i,j,t;
    int a[11];                                /*此行改动*/
    printf("Enter 10 numbers: \n");
    for (i=1;i<=10;i++) scanf("%d",&a[i]);    /*此行改动*/
    printf("\n");
    for (j=1;j<=9;j++)                        /*此行改动*/
      for (i=1;i<=10-j;i++)                   /*此行改动*/
        if (a[i]>a[i+1])
        {   t=a[i];
```

```
            a[i]=a[i+1];
            a[i+1]=t;
         }
    printf("The results :\n");
    for (i=1;i<=10;i++) printf("%d  ",a[i]);         /* 此行改动 */
}
```

【例 6.3】 用选择法对 10 个数组元素 a[0],a[1],a[2],…,a[9]进行排序(由小到大)。10 个数组元素均为整数。

分析:

选择法的基本做法是:从所有元素中选择一个最小元素放在 a[0]中(即将最小元素 a[p]与 a[0]交换),作为第一轮;再从 a[1]开始到最后的各元素中选择一个最小元素,放在 a[1]中;以此类推。n 个数要比较 n−1 轮。在第一轮中比较 n−1 次,第二轮中比较 n−2 次,……,第 i 轮中比较 n−i 次。每一轮只进行一次数据交换,比冒泡法的交换次数少。

程序如下:

```
main()
{
    int i,j,p,t;
    int a[10]={99,88,77,66,33,925,-68,-125,3,100};
    for (i=0;i<9;i++)
    { p=i;
       for (j=i+1;j<10;j++)
          if (a[j]<a[p])p=j;
       if (p!=i)
       {  t=a[p];
          a[p]=a[i];
          a[i]=t;
       }
    }
    printf("The results :\n");
    for (i=0;i<=9;i++) printf("%d  ",a[i]);
}
```

运行结果为:

```
The results : -125   -68   -3   33   66   77   88   99   925
```

视频

【例 6.4】 定义一个具有 20 个元素的数组,各数组元素依次为 10,20,30,…,200,然后按每行 10 个数顺序输出,再按每行 10 个数逆序输出。

分析:想一想,顺序结构、选择结构和循环结构这三种基本结构,哪种结构适合于本题? 为什么?

程序如下:

```
main()
{
    int i,k=10,a[20];
    for (i=0;i<20;k=k+10,i++)    a[i]=k;
    printf ("\n Output1: \n");
    for (i=0;i<20;i++)
    {  printf("%5d ",a[i]);
       if ((i+1)%10==0)   printf("\n");
    }
    printf("\n Output2: \n");
```

```
    for (i=19;i>=0;i--)
    {  printf("%5d ",a[i]);
       if (i%10==0)   printf("\n");
    }
    printf("\n");
}
```

运行结果为：

```
Output1:
  10    20    30    40    50    60    70    80    90   100
 110   120   130   140   150   160   170   180   190   200
Output2:
 200   190   180   170   160   150   140   130   120   110
 100    90    80    70    60    50    40    30    20    10
```

请思考：还有没有实现逆序输出的其他方法？

【例 6.5】 求所有的水仙花数，将各个水仙花数存放到一个数组中并在屏幕上打印出来。所谓水仙花数是指一个三位正整数，它各位数字的立方之和等于此正整数。例如，153 是一个水仙花数，因为 $153=1^3+5^3+3^3$。

分析：

(1) 使用穷举法，测试所有的三位正整数。

(2) 测试的次数固定，适合于使用 for 循环。

(3) 设这个三位正整数为 u，则：

百位上的数为 a＝u/100；

十位上的数为 b＝u/10-a＊10；

个位上的数为 c＝u-a＊100-b＊10。

程序如下：

```
main()
{
  int a,b,c,x[999],u, i=0,j;
  printf("The result is : \n");
  for (u=100;u<1000;u++)
  {  a=u/100;                                    /*百位上的数*/
     b=u/10-a*10;                                /*十位上的数*/
     c=u-a*100-b*10;                             /*个位上的数*/
     if (a*100+b*10+c==a*a*a+b*b*b+c*c*c)
     {  x[i]=u;
        i++;
     }
  }
  for (j=0;j<i;j++)
     printf("%8d",x[j]);
}
```

运行结果为：

```
The result is :
     153     370     371     407
```

【例 6.6】 把一个十进制正整数转换为 n 进制数，设 n＜10。

分析：

(1) 十进制正整数转换为 n 进制数的方法是多次除以 n,直到商为 0,每次所得的余数逆序排列(最后一个余数在最前面,最先得到的余数在最后面)就得到所要求的 n 进制数。

(2) 各步相除所得的余数放到一个数组中。

程序如下:

```
main( )
{
   int i=0,first,n,j,result[20];
   printf("Input number converted : \n");
   scanf("%d",&first);
   printf("Input n : \n");
   scanf("%d",&n);
   do
   {  i++;
      result[i]=first%n;
      first=first/n;
   }while (first!=0);
   printf("The result is : ");
   for (j=i;j>=1;j--)
      printf("%d  ",result[j]);
}
```

第一次运行结果为:

```
Input number converted :
96↙
Input n :
8↙
The result is :1   4   0
```

第二次运行结果为:

```
Input number converted :
68↙
Input n :
7↙
The result is :1   2   5
```

【例 6.7】 用顺序查找法查找给定的一个有 10 个整数的数组 a 中是否有某个整数。要求数组 a 的各元素的数值在定义数组时初始化,要查找的数用 scanf 函数输入。

```
main( )
{
   int x, i, a [10]={3,6,9,7,2,5,-63,71,0,46};
   printf("Enter the number x:");
   scanf("%d",&x);
   for (i=0;i<10;i++)
     if (x==a[i])
     {   printf("YES! It is a[%d].\n",i);
         break;
     }
   if (i==10)
     printf("No!\n");
}
```

第一次运行结果为:

Enter the number x: 5↙

```
YES! It is a[5].
```
第二次运行结果为：
```
Enter the number x: 66↙
No!
```

6.2 二维数组

6.2.1 二维数组的定义

一维数组有一个下标，二维数组有两个下标。在 C 语言中，二维数组的定义格式如下：

类型名　数组名[常量表达式] [常量表达式]；

其中，类型名可以是 int、char 或 float 等，表明每个数组元素所共有的数据类型。

注意：必须使用两个方括号。左边的常量表达式表示数组的行数，称为行下标，右边的常量表达式表示数组的列数，称为列下标。行数与列数之积是二维数组的元素个数。二维数组也被称为矩阵，把二维数组写成行和列的排列形式，有助于形象化理解二维数据的逻辑结构。

例如

```
float a [3] [4];
```

表示 a 是二维数组，有 3 行 4 列，共有 3×4＝12 个数组元素，数组元素都是 float 型，12 表明这个数组有 12 个元素。

图 6.3　二维数组的存储顺序

在定义二维数组时，需要明确下面几点。

(1) C 语言规定二维数组的两个下标都必须从 0 开始，最后一个元素的下标是方括号内的数减去 1。上面定义的数组 a 的最后一个元素是 a[2][3]。

(2) 二维数组名同样代表着该数组的首地址，即代表着第一个元素 a[0] [0]的地址。

(3) 二维数组的所有元素在内存中占有连续的存储单元。并且二维数组的各元素是按行存储的，即先存储第 0 行的元素，再存储第 1 行的元素，……在同一行中，先存储第 0 列的元素，再存储第 1 列的元素，……上面定义的数组 a 的存储顺序为(见图 6.3)：

```
a[0][0],a[0][1],a[0][2],a[0][3],a[1][0],a[1][1],
a[1][2],a[1][3],a[2][0],a[2][1],a[2][2],a[2][3]
```

(4) 相同类型的一维数组和二维数组可在一个类型名后定义，它们之间用逗号隔开。
例如：

```
double  a[10][20],t[31], d[100][30];
```

定义了一个双精度型一维数组和两个双精度型二维数组,数组 a、t、d 分别有 200、31、3000 个元素。

6.2.2 二维数组的初始化

二维数组的初始化是在定义二维数组的同时,使数组元素得到初值。

二维数组的初始化有以下几种情况。

(1) 对二维数组的全部元素赋初值。

在定义数组时,可将全部元素的数值依次放在一对花括号内,各数值间用逗号隔开。例如:

```
int a[2] [3]={1,2,3,4,5,10};
```

这将把 1、2、3、4、5、10 分别赋给 a[0] [0]、a[0] [1]、a[0] [2]、a[1] [0]、a[1] [1]、a[1] [2]。

对二维数组的全部元素赋初值,也可将每一行的元素的数值用一对花括号括起来,这种形式更为直观,不易出错。例如:

```
int a[2] [3]={{1,2,3},{4,5,10}};
```

(2) 对二维数组的部分元素赋初值。

给二维数组前面的部分元素赋初值,可在一对花括号内写上这些元素的初值。例如:

```
int a[2] [3]={1,2};
```

这将把 1、2 分别赋给 a[0] [0]、a[0] [1],其余的将自动赋初值 0。

也可对各行的前面的元素赋初值。例如:

```
int a[2] [3]={{1,2},{4}};
```

还可对前面的一部分行的前面的元素赋初值。例如:

```
int a[5] [3]={{1,2},{4}};
```

(3) 对数组的全部元素赋初值时可省略行下标。

在对数组的全部元素赋初值时,可以省略第一维的长度——行下标,但第二维的列下标不能省。例如可写成:

```
int a[ ][3]={1,2,3,4,5,10};
```

这时系统会根据花括号内的数值个数自动算出数组第一维的长度。

注意不能写成:

```
int a[2 ][ ]={1,2,3,4,5,10};
```

在按行为数组的部分元素赋初值时,也可以省略第一维的长度。例如:

```
int a[ ] [3]={{1,2},{4}};
```

6.2.3 二维数组的引用

二维数组定义后,引用格式如下:

数组名[下标] [下标]

下标可以是整常数或整型表达式,其起始值都为 0。例如,a[0][1]表示引用二维数组 a 的第 0 行第 1 列的元素。

从二维数组各元素的下标可以计算出某一个数组元素在数组中的顺序号。设一个 m×n 的二维数组 a,a[0][0]是第 0 个元素,则 a[i][j]是第 i×n+j 个元素。

从键盘为二维数组元素输入数值,需使用两重循环,一行一行地输入。例如:

```
for (i=0;i<2; i++)
  for (j=0;j<3;j++)
    scanf ("%d",&a[i][j]);
```

6.2.4 二维数组应用举例

【例 6.8】 从键盘给一个 3×4 的二维数组赋以数值,将其最大值以及最大值所在的行号和列号找出、打印出来。

分析:

编程思路:设定变量记录最大值及最大值所在的行号和列号(开始时认为最大值是第一个数组元素的值,行号和列号为 0,0),每个数组元素与记录最大值的变量比较,一旦数组元素大于该变量,则将此元素的值赋给该变量,并记录相应的行号和列号。

算法的 N-S 图如图 6.4 所示。

图 6.4 寻找二维数组最大值及其行号和列号的 N-S 图

程序如下:

```
main()
{
  int i,j,max,row,colum;
  int a[3][4];
  for (i=0;i<3; i++)
    for (j=0;j<4;j++)
      scanf ("%d",&a[i][j]);
  max=a[0][0];
  row=0;
  colum=0;
  for (i=0; i<3; i++)
```

```
      for (j=0;j<4;j++)
        if (max<a[i][j])
        {  max=a[i][j];
           row=i;
           colum=j;
        }
    printf("Max is %d,row=%d,colum=%d\n",max,row,colum);
}
```

运行结果为：

```
1 2 3 4 5 6 7 8 9 0 11 12
Max is 12,row=2,colum=3
```

【例 6.9】 求 n×n 矩阵 a 的上三角形元素之积。其中矩阵的行数、列数和全部元素值均由键盘输入，编程时取 n≤10。上三角形元素如图 6.5 所示。

分析：

本题的关键是如何表达上三角形元素，即数组元素的下标从什么数变化到什么数？设 3×3 矩阵，第 1 行的 3 个数，行标为 0，列标为 0、1、2；第 2 行的右边 2 个数，行标为 1，列标为 1、2；第 3 行的右边 1 个数，行标为 2，

图 6.5 3×3 矩阵的上三角形元素

列标为 2。是什么规律？行标 i 从 0～n−1，列标 j 从 i～n−1。

程序如下：

```
main( )
{
    int i,j,n;
    long u=1;
    int a[10][10];
    printf("Enter n (n<=10): \n");
    scanf("%d",&n);
    printf("Enter the data on each line for the array: \n");
    for (i=0;i<n;i++)
      for (j=0;j<n;j++)
        scanf("%d",&a[i][j]);
    for (i=0;i<n;i++)
      for (j=i;j<n;j++)
        u*=a[i][j];
    printf("The result is : %ld \n",u);
}
```

运行结果为：

```
Enter n (n<=10):
3
Enter the data on each line for the array:
1  3  5  7  9  -2  -4  -6  -8
The result is : 2160
```

请思考：画出描述算法的流程图或 N-S 图。

【例 6.10】 求 3×3 矩阵的主对角线上的元素之和，以及另一条对角线上的元素之和。按行排，矩阵各元素的值分别是 35、4、5、10、20、30、−9、−8、−7。主对角线上的元素以及

另一条对角线上的元素如图 6.6 所示。

分析：

本题与例 6.9 一样，仍然是找数组元素的下标的变化规律。请自己找一找。

程序如下：

```
main( )
{
  int a[3][3]={{35,4,5},{10,20,30},{-9,-8,-7}};
  int i,j,sum1=0,sum2=0;
  for (i=0;i<3;i++)
    for (j=0;j<3;j++)
      if (i==j) sum1=sum1+a[i][j];
  for (i=0;i<3;i++)
    for (j=0;j<3;j++)
      if ((i+j)==2) sum2=sum2+a[i][j];
  printf("sum1=%d,sum2=%d\n",sum1,sum2);
}
```

图 6.6 3×3 矩阵的对角线

运行结果为：

sum1=48,sum2=16

【例 6.11】 检查一个给定的 4×4 二维数组是否对称（主对角线两边的元素沿主对角线对应相等称为对称）。按行排，二维数组的各个元素分别是 6、7、8、9、7、1、0、4、8、0、2、5、9、4、5、3。

分析：

对称如何表达？是 a[i][j] = a[j][i]吗？

程序如下：

```
main( )
{
  int i, j,yesno=0;
  int a [4] [4]={6,7,8,9,7,1,0,4,8,0,2,5,9,4,5,3};
  for (i=0;i<4;i++)
    for (j=i+1;j<4;j++)
    if (a[i][j]!= a [j][i])
    {  yesno=1;
       break;
    }
  if (yesno==1)  printf("No!\n");
  else  printf("Yes!\n");
}
```

运行结果为：

Yes!

6.3 多维数组

多维数组的定义、初始化和引用与二维数组类似。多维数组有多个下标，几维就有几个下标。多维数组的定义格式如下：

类型名　数组名[常量表达式] [常量表达式]…[常量表达式]；

例如

```
int a[2][4][3];
```

定义了一个整型三维数组 a，它有 2×4×3＝24 个元素。

　　例如在颜色模型中，最常见的是 RGB 色彩模式，也就是红(Red)、绿(Green)、蓝(Blue)色彩模式。它有 R、G、B 三个色彩通道，每个取值范围都是 0～255，每个像素都由红绿蓝三种颜色叠加而成，从而得到各种各样的颜色。例如，一个 2*4 像素的纯色图像，每个像素由 R=200,G=100,B=150 三种分量构成：

R 通道：

200 200 200 200

200 200 200 200

G 通道：

100 100 100 100

100 100 100 100

B 通道：

150 150 150 150

150 150 150 150

三个分量叠加后，也就是实际存储的像素，构成一个三维数组 a[2][4][3]：

```
int a[2][4][3]={
       {
       {200,100,150},{200,100,150},{200,100,150},{200,100,150}
       },
       {
       {200,100,150},{200,100,150},{200,100,150},{200,100,150}
       }
    }
```

　　注意观察以上三维数组，每个元素均是一个 RGB 3 分量叠加的一维数组，总体分为 2 行，每行 4 个 RGB 元素，花括号形成了 3 层嵌套。

　　多维数组基本的定义是以数组作为元素构成的数组，二维数组的数组元素是一维数组，三维数组的数组元素是一个二维数组，以此类推。也就是说，多维数组用的是一个嵌套的定义。

　　在多维数组中，数组元素在内存中的存放顺序是：最左边的下标变化最慢，越靠右的下标变化越快，最右边的下标变化最快。

　　在对数组的全部元素赋初值时，可以省略第一维的长度——行下标，但其他维的下标不能省。例如可写成：

```
int a[ ][2][3]={1,2,3,4,5,6,7,8,9,10,11,12};
```

这时系统会根据花括号内的数值个数自动算出数组第一维的长度是 2。

　　【例 6.12】　定义一个 2×3×2 的三维数组，顺序赋值(设各数组元素的数值是相应的下标之和加 2)，求各元素的乘积。要求在屏幕上打印出各元素的值和乘积。

　　分析：注意数组初始化要先从最外围开始。

```
main( )
{
  int i,j,k;
  float u=1.0;
  int a[2][3][2];
  for (i=0;i<2;i++)
    for (j=0;j<3;j++)
      for (k=0;k<2;k++)
      { a[i][j][k]=i+j+k+2;
        printf("a[%1d][%1d][%1d]=%d \n", i,j,k,a[i][j][k]);
      }
  for (i=0;i<2;i++)
    for (j=0;j<3;j++)
      for (k=0;k<2;k++)
        u*=a[i][j][k];
  printf("The result is : %f\n",u);
}
```

运行结果为：

```
a[0][0][0]=2
a[0][0][1]=3
a[0][1][0]=3
a[0][1][1]=4
a[0][2][0]=4
a[0][2][1]=5
a[1][0][0]=3
a[1][0][1]=4
a[1][1][0]=4
a[1][1][1]=5
a[1][2][0]=5
a[1][2][1]=6
The result is : 10368000.000000
```

6.4 字符数组和字符串

在第 2 章中，简要介绍了字符串常量，即字符串常量的表示形式（如"Great"）、字符串的长度（即组成字符串的字符个数，如"Great"的长度为 5）、字符串存储时占的内存字节数（即字符串的长度＋1，如"Great"为 6 字节）、字符串的结束标志（'\0'——ASCII 码值为 0 的字符）等，但没有提及相应的变量类型——字符串变量。

事实上，C 语言没有字符串类型，也无法设置字符串变量。字符串的一系列处理完全依赖于字符数组。字符数组是数组元素为字符型元素的数组。

下面通过字符数组介绍字符串的存储方法、字符串的输入与输出、字符串处理函数以及字符串数组等内容。

6.4.1 字符数组的定义

字符数组的定义方法与前面介绍的数组类似。定义格式如下：

```
char 数组名[常量表达式];                    /* 一维字符数组 */
char 数组名[常量表达式][常量表达式];        /* 二维字符数组 */
```

例如:

```
char c[4];
char str[3][10];
```

6.4.2 字符数组的赋值——字符串的存储方法

字符数组的赋值,即字符串的存储(将字符串赋值给字符数组,字符数组存储字符串)有两种方法:一种是字符数组初始化;另一种是定义字符数组后再赋值。

1. 字符数组初始化

在定义字符数组的同时指定字符串初值。有以下两种初始化的方法。

(1)将字符串的字符逐个地赋给字符数组的元素。

例如:

```
char c[4]={'m', 'a', 'n'};
```

这将把字符'm'、'a'、'n'分别赋给c[0]、c[1]、c[2],如图6.7所示。'\0'是系统自动加上的,作为字符串结束标志(如果是c[3]而不是c[4],则系统不会加上'\0')。

有了结束标志'\0',字符数组的长度就显得不那么重要了。在程序中往往依靠检测结束标志'\0'来判断字符串是否结束,而不是根据数组长度来决定字符串长度。当然,在定义字符数组时,应使字符数组的长度大于数组要保存的字符串的实际长度。例如对于字符串 char src="hello"的遍历,可使用 while 循环检测结束标志'\0':

图6.7 数组c的存储

```
while (src[i] != '\0')
    {   printf("%c", src[i]);
        i++;
    }
```

说明:

① 如果花括号中提供的初值个数(即字符个数)大于数组长度,则按语法错误处理;如果初值个数小于数组长度,则只将这些字符赋给数组中前面的元素,其余的元素系统自动定为空字符(即'\0'),如图6.7所示;如果二者相等,这些字符将赋给数组中的元素,而空字符(即'\0')放到了该数组之后的存储单元中(这有可能破坏其他数据区或程序本身,是危险的)。

② 与前类似,在对字符数组的全部元素赋初值时,可以省略元素的个数。可写成:

```
char a[ ]={'C', 'h', 'i','n','a'};
```

(2)给字符数组直接赋字符串常量。

例如:

```
char strg1[10]={ "Program c"};或 char strg1[10]= "Program c";
```

系统会将字符串"Program c"的字符逐个地赋给字符数组的元素,并自动在最后一个字符后加入一个'\0'字符作为字符串的结束标志(赋值时花括号可省略)。数组 strg1 的内容如图 6.8 所示。

2. 定义字符数组后再赋值

例如:

```
char strg1[12];
strg1[0]='P';
strg1[1]='r';
strg1[2]='o';
….
strg1[9]= '\0';
```

说明:

① 不可以用赋值语句给字符数组整体赋字符串常量。

② 企图用简单的赋值语句,将一个字符数组中保存的字符串赋值给另一个字符数组的做法也是非法的。

strg1[0]	P
strg1[1]	r
strg1[2]	o
strg1[3]	g
strg1[4]	r
strg1[5]	a
strg1[6]	m
strg1[7]	
strg1[8]	c
strg1[9]	\0

图 6.8 字符数组 strg1 的存储

例如:

```
char strg1[10];
char strg2[10];
strg1="Program c";                /* 不合法,违反了说明① */
strg2=strg1;                      /* 不合法,违反了说明② */
```

另外,在程序中还可利用字符串复制函数,将字符串赋值给字符型数组或将一数组保存的字符串赋值给另一个数组。

6.4.3 字符串的输入

字符串的输入既可以利用 3.3.2 节讲解的 scanf 函数来实现,也可利用专门的字符串输入函数 gets 来实现。

1. 利用 scanf 函数实现字符串的整体输入

scanf 函数调用格式如下:

scanf("%s",str_addr)

其中,str_addr 是地址值(注意前面不能加"&"),可以是字符数组名、字符指针(见第 9 章)或字符数组元素的地址。输入的字符依次放入以这一地址为起点的存储单元,系统会自动在末尾加'\0'。例如:

```
char strg1[12];
scanf ("%s",strg1);
```

程序执行以上语句时,会等待用户输入字符串,若输入:

Program↵

系统会将输入的字符串"Program"赋给数组 strg1,并自动在有效字符之后加入结束标志'\0'。

说明:

(1) 用%s 格式符输入字符串时,空格和回车符(↵)都作为输入数据的分隔符而不能被读入。例如：执行上面的 scanf 语句时，若输入：

```
Program c↙
```

存入数组 strg1 的是字符串"Program"，而不是"Program c"。

如果要存入"Program c"，应当如此：

```
char strg1[10],strg2[3];
scanf ("%s%s",strg1, strg2);
```

（2）若 str_addr 是字符数组名，则输入字符串的长度应小于字符数组所能容纳的字符个数。

（3）若 str_addr 是数组元素的地址，输入数据将从这一元素开始存放。

2. 利用 gets 函数实现字符串的整体输入

gets 函数调用格式如下：

gets(str_addr)

其中，str_addr 存放字符串的起始地址，可以是字符数组名、字符指针或字符数组元素的地址。

gets 函数克服了 scanf 函数不能完整读入含空格的字符串的缺点，可以从键盘读入字符串的全部字符（包括空格），直到读入一个回车换行符为止。回车换行符不作为字符串内容。系统自动为读入的字符串加上结束标志'\0'。例如：

```
char strg1[12];
gets(strg1);
```

执行以上语句时，若输入：

```
Program c↙
```

字符串"Program c"将被存入字符数组 strg1，数组 strg1 的内容见图 6.8。

6.4.4 字符串的输出

字符串的输出既可以利用 3.3.1 节讲解的 printf 函数，也可利用专门的字符串输出函数 puts 来实现。

1. 利用 printf 函数实现字符串的输出

printf 函数调用格式如下：

printf("%s",str_addr)

其中，str_addr 是地址值。该函数将从这一地址开始，依次输出存储单元中的字符，直到遇到一个结束标志'\0'为止。

【例 6.13】 字符串的输入与输出（使用 printf 函数）。

```
#include "stdio.h"
main()
{
  char strg1[12];
  gets(strg1);
  printf ("%s" , strg1);
  printf("\n");
```

```
    scanf ("%s", strg1);
    printf ("%s", strg1);
}
```

运行结果为：

```
Program c↙
Program c
Program c↙
Program
```

以上程序及其运行结果既验证了 printf 函数输出字符串的功能,也显示了 gets 和 scanf 在功能上的区别(即能否完整读入含空格的字符串)。

2. 利用 puts 函数实现字符串的输出

puts 函数调用格式如下：

puts(str_addr)

其中,str_addr 是存放待输出字符串的起始地址。该函数将从这一地址开始,依次输出存储单元中的字符,直到遇到结束标志'\0'为止,并自动输出一个换行符。

【例 6.14】 字符串的输入与输出(使用 puts 函数)。

```
#include "stdio.h"
main( )
{
    char strg1[12];
    gets(strg1);
    puts(strg1);
}
```

运行结果为：

```
Program c↙
Program c
```

说明：

(1) 使用 gets 和 puts 函数时,程序前面必须出现包含头文件的命令行：

`#include <stdio.h>` 或 `#include "stdio.h"`

(2) gets 和 puts 函数只能输入或输出一个字符串,不能写成如下形式：

gets(str1,str2) 或 puts(str1,str2)

6.4.5 字符串运算函数

C 语言没有提供对字符串进行整体操作的运算符,但可利用与字符串操作有关的库函数实现字符串的复制、连接、比较等运算。在使用这些库函数时,必须在程序前面指定包含头文件"string.h"。

1. 字符串复制函数 strcpy

strcpy 函数的调用格式如下：

strcpy(s1,s2)

此函数用来将字符串 s2 复制到字符数组 s1 中。其中 s1 为字符数组名或字符指针,s2

为一个字符串或保存字符串的字符数组。

【例 6.15】 字符串复制。

```
#include <stdio.h>
#include <string.h>
main( )
{
  char strg1[12];
  char strg2[12];
  gets(strg1);
  strcpy(strg2, "Program c");        /*将字符串"Program c"复制到数组 strg2 中*/
  puts(strg2);
  strcpy(strg2,strg1);               /*将数组 strg1 中的字符串复制到数组 strg2 中*/
  puts(strg2);
}
```

运行结果为：

```
Program↙
Program c
Program
```

说明：

(1) s1 为数组名时，数组应该定义得足够大，其长度不应小于 s2 的长度。

(2) 复制时，连同字符串后面的'\0'一起复制到 s1 中。

2. 字符串连接函数 strcat

strcat 函数的调用格式如下：

strcat(s1,s2)

此函数将字符串 s2(含'\0')连接到 s1 的后面，并自动覆盖字符串 s1 末尾的结束标志'\0'。

【例 6.16】 字符串连接。

```
#include <stdio.h>
#include <string.h>
main( )
{
  char strg1[25]= "Program and";
  char strg2[12]= " Design";
  strcat(strg1,strg2);
  puts(strg1);
}
```

运行结果为：

Program and Design

执行连接操作后，数组 strg1 的内容如图 6.9 所示。

图 6.9　连接后的字符数组 strg1

同样，s1 应有足够大的空间容纳合并后的字符串。

3. 字符串比较函数 strcmp

strcmp 函数的调用格式如下：

strcmp(s1,s2)

此函数用来比较字符串 s1 和 s2 的大小,比较结果由函数值带回。

(1) 若字符串 s1>s2,函数值为一正数。

(2) 若字符串 s1=s2,函数值为 0。

(3) 若字符串 s1<s2,函数值为一负数。

字符串比较的规则是:对两个字符串自左向右逐个字符相比较(按 ASCII 码值大小比较),直到出现不同的字符或遇到'\0'为止。如果全部字符都相同,则认为相等;若出现不相同的字符,则以第一个不相同的字符的比较结果为准。

【例 6.17】 输出两个字符串中较大的字符串。

```
#include <stdio.h>
#include <string.h>
main( )
{
   char strg1[12];
   char strg2[12];
   gets(strg1);
   gets(strg2);
   if (strcmp(strg1,strg2)>0)
     puts(strg1);
   else
     puts(strg2);
}
```

运行结果为:

Program c↙
Progdesign↙
Program c

4. 测试字符串长度函数 strlen

strlen 函数的调用格式如下:

strlen(s)

此函数用来测试字符串的长度(是字符串的实际长度,不包含结束标志'\0',函数返回该长度值。

【例 6.18】 输出字符串的长度。

```
#include <stdio.h>
#include <string.h>
main( )
{
   char strg1[12]="Program";
   printf("%d",strlen(strg1));        /*输出数组 strg1 中字符串的长度*/
}
```

运行结果为:

7

6.4.6 二维字符数组

二维字符数组是存放若干个字符串的数组,又称为字符串数组。

二维字符数组的第一个下标决定了字符串的个数,第二个下标决定了字符串的最大长度。例如:

```
char strg1[4][8];
```

二维字符数组 strg1 最多可存放 4 个字符串,每个字符串的最大有效长度是 7(需保留一个存储单元给字符串结束标志'\0')。

二维字符数组的赋值可以在数组定义的同时实现,例如:

```
char strg1[4][8]={"Program"," c","and","Design"};
```

或

```
char strg1[ ][8]={"Program"," c","and","Design"};
```

也可以在程序执行过程中利用赋值语句及相关的函数实现,例如:

```
char strg1[4][8];
strcpy(strg1[0], "Program");
strcpy(strg1[1], " c");
strcpy(strg1[2], "and");
strcpy(strg1[3], "Design");
```

或

```
char strg1[4][8];
strg1[0][0]= 'P';strg1[0][1]= 'r';…;strg1[0][6]= 'm';strg1[0][7]= '\0';
…
```

二维字符数组 strg1 的内容如图 6.10 所示。

strg1[0]	P	r	o	g	r	a	m	\0
strg1[1]		c	\0				
strg1[2]	a	n	d	\0			
strg1[3]	D	e	s	i	g	n	\0

图 6.10 二维字符数组 strg1 的存储

6.4.7 字符数组和字符串应用举例

【例 6.19】 统计一个字符串中大写字母的个数,并将其中的小写字母转换为大写字母。

分析:

请自己确定编程思路。如何统计?如何转换?

程序如下:

```c
#include <stdio.h>
#include <string.h>
main( )
{
    int i,sum=0;
    char strg1[50];
    printf("\nPlease input the string: ");
    gets(strg1);
    for (i=0;strg1[i]!= '\0';i++)
```

```
    {  if (strg1[i]>='A' && strg1[i]<='Z')
          sum=sum+1;
       else if (strg1[i]>='a' && strg1[i]<='z')
             strg1[i]=strg1[i]-'a'+'A';
    }
    printf("There are %d upper alpha in the string.\n",sum);
    printf("The string become: %s",strg1);
}
```

以上程序对输入的字符串中的每一个字符均进行了判断：若为大写字母，则计数器 sum 加 1；若为小写字母，则利用字符运算将小写字母转换为大写字母。

运行结果为：

```
Please input the string:Program And Design↙
There are 3 upper alpha in the string.
The string become:PROGRAM AND DESIGN
```

由程序可看出：既可以将字符串作为一个整体进行各种操作（如输入、输出等），也可以单独引用字符串中的某个字符并进行相应处理。

【例 6.20】 输入 4 个字符串，将其中最大的字符串打印出来。

```
#include <stdio.h>
#include <string.h>
main()
{
   char strg1[50];
   char strg2[50];
   int i;
   printf("\nplease input 4 strings:\n");
   gets(strg1);
   for (i=0;i<3;i++)
   {  gets(strg2);
      if (strcmp(strg1,strg2)<0)
        strcpy(strg1,strg2);
   }
   printf("the first string is:%s",strg1);
}
```

运行结果为：

```
please input 4 strings:
Program↙
Desing c↙
Process↙
Street↙
the first string is:Street
```

程序利用数组 strg2 接收键盘输入的字符串，并与数组 strg1 中的字符串进行比较，使 strg1 始终保存较大的字符串。当输入完最后一个字符串并进行比较处理后，strg1 中存放的是最大的字符串。

请思考：能否利用二维字符数组完成以上功能？

【例 6.21】 删除一个字符串中的指定字符。

```
#include <stdio.h>
#include <string.h>
main()
```

```
{
    char ch1;
    char strg1[50];
    char temp[50];
    int i,j=0;
    printf("please input the string:\n");
    gets(strg1);
    printf("please input the alphabet:");
    ch1=getchar( );
    for (i=0;strg1[i]!='\0';i++)
      if (strg1[i]!=ch1)
      {  temp[j]=strg1[i];
         j++;
      }
    temp[j]='\0';
    strcpy(strg1,temp);
    puts(strg1);
}
```

运行结果为：

```
please input the string:
program c and design ↙
please input the alphabet:r ↙
pogam c and design
```

程序利用 temp 依次存放所有非删除字符,并在这些字符的最后加入字符串结束标志 '\0'。最后,temp 存放的是删除指定字符后的字符串,利用字符串处理函数 strcpy 将 temp 中字符串复制到 strg1 中。这样通过间接的方法,删除了 strg1 中字符串的指定字符。

习 题 6

一、选择题

1. 若有定义：int a[10];则对 a 数组元素正确引用的是(　　)。

　　A. a[10]　　　　B. a[3.5]　　　　C. a(5)　　　　D. a[10-10]

2. 若有定义：int a[3][4]={0};则下面叙述正确的是(　　)。

　　A. 只有元素 a[0][0]可得到初值 0

　　B. 此定义不正确

　　C. 数组 a 中各元素都可得到初值,但其值不一定为 0

　　D. 数组 a 中每个元素均可得到初值 0

3. 二维数组 int a[4][4]前 5 个元素的排列次序为(　　)。

　　A. a[0][0] a[1][1] a[2][2] a[3][3] a[4][4]

　　B. a[0][0] a[0][1] a[0][2] a[0][3] a[1][0]

　　C. a[0][0] a[1][0] a[2][0] a[3][0] a[0][1]

　　D. a[0] a[0][0] a[0][0][0] a[0][0][0][0] a[0][0][0][0][0]

4. 有两个字符数组 a、b,则以下正确的输入语句是(　　)。

　　A. gets(a,b);　　　　　　　　　B. scanf("%s%s",a,b);

C. scanf("%s%s",&a,&b); D. gets("a"),gets("b");

5. 判断字符串 s1 是否大于字符串 s2,应当使用(　　)。

A. if(s1>s2) B. if(strcmp(s1,s2))

C. if(strcmp(s2,s1)>0) D. if(strcmp(s1,s2)>0)

二、给出运行结果题

(1)
```c
main( )
{
    int i,j,a[3][4]={1,2,3,4,5,6,7,8,9,10,11,12};
    for(i=0;i<3;i++)
      for(j=0;j<4;j++)
        if(i==2-j)
          printf("%d",a[i][j]);
}
```

(2)
```c
main( )
{
    int i,a[4]={1,2,3,4};
    for(i=0;i<4;i++)
      if(a[i]%2!=0)
        a[i]--;
      else
        a[i]++;
    for(i=0;i<4;i++)
      if(a[i]%2==0)
        printf("%d",i);
}
```

(3)
```c
main( )
{
    char c[]="0123456789";
    int i;
    for(i=0;c[i]!='\0';i++)
      printf("%d",c[i]-'9');
}
```

(4)
```c
main( )
{
    char s[ ]="abcdefg";
    int i;
    for(i=1;i<7;i+=2)
      printf("%c",s[i]);
}
```

(5)
```c
main( )
{
    int i,a[7]={1,2,3,4,5,6,7};
    for(i=2;i<7;i++,i++)
```

```
        a[0]+=a[i];
    printf("%d",a[0]);
}
```

三、编程题

1. 将某数组中的数列首尾颠倒存放。如果该数列为 100,99,36,68,9;则要求按 9,68,36,99,100 存放并输出。

2. 输入一个 n×n 矩阵各元素的值,求出两条对角线元素各自的乘积。

3. 找出一个二维数组中的鞍点,即该位置上的元素在该行上最大,在该列上最小。也可能没有鞍点。

4. 用循环结构求一 4×6 矩阵所有靠外侧的元素之和。

5. 将字符数组 a 中的下标为单号(1,3,5,…)的元素赋给另一个字符数组 b,然后输出 a 和 b。

6. 不调用库函数 strcpy,将 char 型数组 s1 中的字符串复制到 char 型数组 s2 中。

7. 从键盘读取一个字符串,统计其中空格的个数。

8. Joseph(围圈循环报数)问题:n 个人按编号顺序 1,2,…,n 逆时针方向围成一圈,从 1 号开始按逆时针方向 1,2,…,m 报数,凡报 m 者出圈。问最后剩下的一个未出圈者的最初编号是多少?

第 7 章

函 数

7.1 概 述

第 1 章简单讲解了结构化(模块化)程序设计的设计方法——"模块化"和"自顶向下、逐步细化"。

把程序划分为若干个程序模块,每一个模块实现一个特定的功能。在 C 语言中,函数用于完成各模块功能。所以 C 语言程序设计的主要任务是函数的编写。

前面各章所编写的 C 语言程序示例仅编写以 main 开头的主函数,在程序中调用库函(例如用于输入和输出的库函数——scanf、printf、getchar、putchar、gets、puts 等),并没有涉及其他函数。main 函数是由用户编写的,而 scanf、printf、getchar、putchar、gets、puts 是由 C 语言提供的,用户只要学会正确的调用方法就行。

一个 C 语言程序可由一个主函数和若干个函数构成。由主函数调用其他函数,其他函数也可相互调用。同一个函数可以被一个或多个函数调用任意多次。C 语言程序是从 main 函数开始执行的,即从程序的 main 函数中第一个花括号开始,依次执行后面的语句,直到 main 函数的最后的花括号为止。其他函数只有在执行 main 函数的过程中被调用时才执行。

本章将着重阐述函数的定义及调用,并介绍数组作为函数参数的使用方法以及常用的库函数。

【例 7.1】 求三个实数平均值的函数。

```
float average3(float a,float b,float c)        /*定义函数*/
{
   float aver;
   aver=(a+b+c)/3.0;
   return(aver);
}

main()                                          /*主函数*/
{
   float x,y,z,ave;
   scanf("%f%f%f",&x,&y,&z);
   ave=average3(x,y,z);                         /*在表达式中调用函数 average3*/
   printf("average=%f\n",ave);                  /*调用库函数 printf*/
}
```

本程序有两个函数：主函数 main 和函数 average3。main 函数中调用自定义函数 average3、库函数 scanf 和 printf。

7.2 函数的定义

7.2.1 有参函数定义的一般格式

有参函数定义格式如下：

函数类型 函数名(类型名 形式参数 1,类型名 形式参数 2,…)   /*函数头*/
{   /*两个大花括号之间为函数体*/
    声明部分
    语句部分
}

例 7.1 中 average3 函数的定义：

```
float average3(float a,float b,float c)         /*定义函数*/
                                                /*两个大花括号之间为函数体*/
{
   float aver;
   aver=(a+b+c)/3.0;
   return(aver);
}
```

(1) 函数的数据类型是返回值的数据类型。

函数返回值的数据类型有 int、float、double 型等。对无返回值的函数,函数类型应定义为 void 类型(空类型)。

(2) 函数名和形式参数都是用户命名的标识符。

在同一程序中函数名必须唯一；形式参数名只要在同一函数中唯一即可,不同函数中的变量可以同名。

(3) 函数定义的外部性。

C 语言规定,函数之间不能嵌套,即不能在一个函数的内部再定义函数。

(4) 若在函数头省略了返回值的类型名,C 语言默认函数返回值的类型为 int 型。

例如,下面程序中的函数 sum3 的返回值类型就是 int 型：

```
sum3(int a,int b,int c)
{
   return(a+b+c);
}

main( )
{
   int x,y,z;
   scanf("%d%d%d",&x,&y,&z);
   printf("sum(%d,%d,%d)=%d\n, ",x,y,z,sum3(x,y,z));
}
```

(5) 函数参数的个数根据具体功能需求而定。

(6) 在函数体中除形参外用到的其他变量必须在声明部分进行定义。

在函数体中局部变量(形参及除形参外用到的其他变量)(如例 7.1 中的 aver)只在函数被调用时才临时开辟存储单元,当退出函数时这些临时开辟的存储单元会被释放。因此,局部变量只在函数体内部起作用,这就是它们可以与其他函数中的变量名同名的原因。注意同一个函数中的局部变量不能同名。

7.2.2 无参函数定义的一般格式

无参函数定义的一般格式如下:

```
函数类型 函数名( )          /* 函数头,圆括号中没有形参列表 */
{                           /* 两个花括号之间为函数体 */
    声明部分
    语句部分
}
```

【例 7.2】 无参函数示例。

```
void hello( )
{
    printf("Hello! I am designing C program.\n ");
}
```

函数 hello 被调用时输出"Hello! I am designing C program."。

说明:

(1) 无参函数没有形参,但函数体(或者说函数名后的一对圆括号)不能省略。

(2) 该函数无返回值,函数数据类型为 void。

7.2.3 空函数

空函数即函数体为空。其定义格式如下:

```
函数类型 函数名( )          /* 函数头 */
{ }
```

例如:

```
void dummy( ){}
```

函数体是空的。调用此函数时,什么工作也没做。那为什么要定义一个空函数呢?这样做,程序的结构好,以后扩充新的功能更方便。

7.3 函数的返回值

7.3.1 return 语句

return 语句的格式如下:

return(表达式);

或

return 表达式;

该语句的功能有如下两个。

（1）结束 return 语句所在函数的执行，返回到调用该函数的地方，并将表达式的处理结果返回给调用函数。

（2）如果没有表达式，则结束 return 语句所在函数的执行，返回到函数调用处。此时 return 语句的格式为：

return( );

或

return;

7.3.2 函数的返回值

被调函数可以有返回值，也可以没有返回值，而将处理结果在被调函数内部直接输出。所以下面分有返回值和无返回值的函数来阐述。

1. 有返回值的函数

函数执行结果通过 return 语句返回，注意：return 语句只能返回一个值。格式如下：

return (表达式);

或

return 表达式;

说明：

当程序执行到 return 语句时就将 return 语句中表达式的值返回到调用函数。函数的返回值类型与函数首的返回值类型相同。

【例 7.3】 编写求 n! 的函数，并通过 main 函数调用。

分析：

为体现函数模块化的特点，main 函数仅输入整数 n。

求 n! 的程序在例 5.3 中曾经编写过，这里需要修改为函数。请思考函数修改方式及结果返回。

程序如下：

```
long fac(int n)
{
   int i;
   float f=1.0;
   if(n==0||n==1)
      return(1);
   else
   {  for(i=1;i<=n;i++)
        f=f*i;                          /*计算出来是实型*/
      printf("%d!=%f\n",n,f);           /*打印该实型数*/
      return(f);
   }
}
```

```
}
main( )
{
   int n;
   scanf("%d",&n);
   if(n<0)
       printf("Input data error\n");
   else
       printf("%d!=%ld\n ",n,fac(n));        /*返回的是长整型数*/
}
```

运行结果为：

10 ↙
10!=3628800.000000
10!=3628800

虽然 return 语句中的数据为实型，但因函数首处所标明的返回值类型为长整型，所以函数的返回值为长整型。

请思考：如果返回值为 int 型，能否得到正确的结果？

在同一个函数内可以根据需要在多处出现 return 语句。

【例 7.4】 编写函数求值。

$$y=\begin{cases}2x, & \text{当 } x<0.0 \\ 3x, & x\geq 0.0\end{cases} \text{时}$$

只用一个 return 语句：

```
float fun(float x)
{
   float a;
   if(x<0.0)   a=2*x;
   else   a=3*x;
   return(a);
}
```

用两个 return 语句：

```
float abs(float x)
{
   if(x<0.0)   return(2*x);
   else   return(3*x);
}
```

2. 无返回值的函数

return 语句可以不含表达式，作用只是使流程返回到调用函数，并没有确定的函数值。这时 return 语句可以省略，程序的流程就一直执行到函数末尾的"}"，然后返回调用函数，没有确定的函数值返回。

【例 7.5】 编写一个函数，功能为：将 3 个实数按从大到小排序。

```
void select(float a,float b,float c)
{
   float t;
   if(a<b)   { t=a;   a=b;   b=t; }
   if(a<c)   { t=a;   a=c;   c=t; }
```

```
    if(b<c)   { t=a;   a=c;   c=t; }
    printf("%f,%f,%f\n",a,b,c);              /*输出排序结果*/
}
```

函数无返回值,返回值类型为 void,因此,select(float a,float b,float c)前为 void。

如果不使用数组和指针,就只能在函数中用 printf 函数输出最后的结果,不能用 return 语句返回函数的多个结果,因为 return 只能返回一个值。

【例 7.6】 编写一个打印字符串"I am a student."的函数。

```
void prn()
{
    printf("I am a student. ");
}
```

prn( )也是没有返回值的函数。

说明:

既可以用 return 语句返回函数的值(如例 7.3 和例 7.4),也可以在被调函数中用 printf 函数直接输出函数的值(如例 7.5)。例 7.1 可写成:

```
float average3(float a,float b,float c)
{
    float aver;
    aver=(a+b+c)/3.0;
    printf("average=%f\n",aver);             /*输出计算结果*/
}
```

7.4 函数的调用

7.4.1 函数的调用格式

函数调用的一般格式如下:

函数名(实参列表)

个数多于一个时,参数之间用逗号隔开,实参的数据类型应与形参的数据类型一致;函数名应与定义函数时用的函数名一致。

若函数无形参,调用格式如下:

函数名( )

函数名后的一对圆括号不能省略。

对于有返回值的函数和无返回值的函数调用应采用以下两种不同的方式,现进行简单说明。

1. 出现在表达式中

函数功能是求值,并用 return 语句将所求值返回调用函数时,函数调用可作为表达式出现在允许表达式出现的地方。

【例 7.7】 编写求三个数中最大值的函数,并用主函数调用它。

```
float   max3(float a,float b,float c)
```

```
{
  float max;
  max=a;
  if(max<b)   max=b;
  if(max<c)   max=c;
  return(max);
}

main( )
{
  float x,y,z,maximun;
  scanf("%f%f%f",&x,&y,&z);
  maximun=max3(x,y,z);              /*在表达式中调用函数max3*/
  printf("max=%f\n",maximun);
}
```

2. 作为独立语句完成某操作

当C语言中的函数无须返回函数值时,函数的调用可作为独立的语句。对于例7.7,若将函数编写成无返回值的函数,调用方法如下:

```
void max3(float a,float b,float c)
{
  float max;
  max=a;
  if(max<b)   max=b;
  if(max<c)   max=c;
  printf("max=%f\n",max);
}

main( )
{
  float x,y,z;
  scanf("%f%f%f",&x,&y,&z);
  max3(x,y,z);                      /*作为一条独立的语句调用函数max3*/
}
```

7.4.2　函数调用时的语法要求

(1) 函数调用时函数名必须与函数定义时名称完全一致。

(2) 实参可以是表达式,其个数必须与形式参数的个数一致。在类型上应按位置与形参一一对应匹配。如果类型不匹配,C语言编译程序按赋值兼容的规则进行转换,若实参和形参的类型不赋值兼容,通常并不给出出错信息,且程序仍然执行,只是不会得到正确的结果。因此应特别注意实参和形参的数据类型匹配。

7.4.3　调用函数和被调函数之间的数据传递

到目前为止所介绍的C语言函数,调用函数和被调函数之间的数据传递只能通过以下两种方式实现。

1. 实参和形参之间进行数据传递

在C语言中,变量作为函数参数时,实参与形参是按传值方式结合的,称为"传值调用"

或称为"值传递"方式。应特别注意,这种情况只能将实参的值传递给形参,而形参的值不能传递给实参(即函数中对形参变量的操作不会影响到调用函数中的实参变量)。

【例 7.8】 实参和形参之间传值调用。

```
void swap(int x,int y)                    /*函数定义*/
{
   int t;
   t=x,x=y,y=t;
   printf("x=%d,y=%d\n",x,y);
}

main( )
{
   int a=3,b=6;
   swap(a,b);                             /*函数调用*/
   printf("a=%d,b=%d\n",a,b);
}
```

运行结果为:

x=6,y=3
a=3,b=6

这里,swap 函数的功能是交换两个参数的值。但运行结果表明,它只交换了两个形参变量 x 和 y 的值,而没有交换 main 中变量 a 与 b 的值,即 a,b 的值传递给形式参数 x,y,但 x,y 的值却不能传递给 a,b。

2. 通过 return 语句把函数值返回调用函数

【例 7.9】 return 语句把某个函数值返回调用函数。

```
int sum2(int x,int y)
{
   return(x+y);                           /*把函数值返回调用函数*/
}

main( )
{
   int a=1,b=2,sum;
   sum=sum2(a,b);                         /*把实参 a、b 的值传递给形参 x、y*/
   printf("sum=%d\n",sum);
}
```

另外,C 语言的函数之间还可以通过数组、指针、全局变量的方式传递数据。关于这方面的内容后续章节会进行详细讲解。

7.5 函数的声明

(1) 若被调函数的定义放在函数调用之前,则无须进行函数声明。例如:

```
float sum3(float a,float b,float c)       /*函数定义放在函数调用的前面*/
{
   return (a+b+c);
}
```

```
main()
{
    float x,y,z,sum;
    scanf("%f%f%f",&x,&y,&z);
    sum=sum3(x,y,z);
    printf("sum=%f\n",sum);
}
```

(2) 当被调函数的定义放在调用函数之后时,若函数的返回值为 int 型和 char 型,函数声明可以省略,因为凡是未在调用前定义的函数,C 语言编译程序都默认函数的返回值为 int 类型。例如:

```
main()
{
    int sum3(int a,int b,int c);        /* 函数声明,这里可省略 */
    int x,y,z,sum;
    scanf("%d%d%d",&x,&y,&z);
    sum=sum3(x,y,z);                    /* 函数调用 */
    printf("sum=%d\n",sum);
}
int sum3(int a,int b,int c)             /* 函数定义 */
{
    return(a+b+c);
}
```

(3) 对于返回值为其他类型的函数,若把函数的定义放在调用之后,则应在调用之前对函数进行声明。

函数声明的一般格式如下:

类型名 函数名(形参类型 1 参数名 1,形参类型 2 参数名 2,…);

或

类型名 函数名(形参类型 1,形参类型 2,…);

此处的参数名完全是虚设的,它们可以是任意的用户标识符,既不必与函数头中的形参名一致,又可与程序中的任意用户标识符同名,实际上,函数声明时参数名可以省略。函数声明语句中的类型名必须与函数返回值的类型名一致。例如:

```
main()
{
    float sum3(float,float,float);      /* 或 float sum3(float a,float b,float c); */
    float x,y,z,sum;
    scanf("%f%f%f",&x,&y,&z);
    sum=sum3(x,y,z);                    /* 函数调用 */
    printf("sum=%f\n",sum);
}
float sum3(float a,float b,float c)     /* 函数定义 */
{
    return(a+b+c);
}
```

7.6　函数的嵌套调用

C语言的函数定义都是互相平行且独立的,也就是说,在定义函数时,一个函数内不能再定义另一个函数。

C语言不能嵌套定义函数,但可以嵌套调用函数,也就是说,在调用一个函数的过程中,又调用另一个函数。

【例7.10】 编写程序计算 $\sum_{i=0}^{n} i!$ 的值,n为大于或等于0的整数。

```
long fact(int i)                    /* 求 i!的函数 */
{
  int j; long fac=1;
  for(j=1;j<=i;j++)
    fac=fac*j;
  return(fac);
}

long sumfact(int n)                 /* 求 ∑i! 的函数 */
{
  int i; long sum=0;
  for(i=0;i<=n;i++)
    sum=sum+fact(i);                /* 调用 fact 函数 */
  return(sum);
}

main()
{
  int n; long sumfac;
  scanf("%d",&n);
  sumfac=sumfact(n);                /* 在调用 sumfact 函数的过程中又调用 fact 函数 */
  printf("sumfact=%d\n",sumfac);
}
```

运行结果为:

4↙
sumfact=34

例7.10中,主函数调用函数 sumfact,函数 sumfact 又调用了 fact 函数,这就是嵌套调用。

7.7　函数的递归调用

在调用一个函数的过程中直接或间接地调用该函数本身,称为函数的递归调用。C语言的特点之一就是允许函数进行递归调用。

求一个整数的阶乘,可以采用如下公式:

$$n! = \begin{cases} 错误 & n<0 \\ 1 & n=0 \\ n(n-1)! & n>0 \end{cases}$$

公式中 n!=n×(n−1)!
而 (n−1)!=(n−1)×(n−2)!
(n−2)!=(n−2)×(n−3)!
…
1!=1×0!
0!=1

若设 f(n)=n!
则 f(n)=n×f(n−1)
f(n−1)=(n−1)×f(n−2)
f(n−2)=(n−2)×f(n−3)
…
f(1)=1×f(0)
f(0)=1

在求 f(n)的式子中用到了 f(n−1),在 f(n−1)中又用到了 f(n−2),……,以此类推。这种方法定义的函数称为递归函数。在递归函数中直接或间接调用函数本身,为了防止递归调用陷入死循环,在函数内必须设置某种条件,当条件成立时终止自调用过程。本函数的终止条件是 f(0)=1。这样就可以把它代入 1×f(0)中求出 f(1)的值为 1,代入 2×f(1)中,求出 f(2)的值,以此类推,把 f(n−1)的值代入(n−1)×f(n−1)中求出 f(n)的值。

【例 7.11】 用递归调用函数,计算整数的阶乘 fac(n)=n!。

```
#include "stdlib.h"                          /*exit 函数要求*/
main( )
{
  int i;
  long fac(int n);                           /*函数声明*/
  printf("input a number:");
  scanf("%d",&i);
  printf("fac(%d)=%ld\n",i,fac(i));          /*函数调用*/
}

long fac(int n)                              /*函数定义*/
{
  long result;
  if(n<0)
  { printf("data error!");
    exit(0);              /*执行库函数 exit(0),则退出程序的执行状态,返回 DOS 界面*/
  }
  else if(n==0)
      result=1;
    else
      result=n*fac(n-1);
  return(result);
}
```

运行结果为：

input a number:3✓
fac(3)=6

main 函数第一次调用 fac 函数时，n 的值为 3，执行语句 result＝3＊fac(2);，要计算 3 的阶乘需要继续调用 fac 函数求出 2 的阶乘。当 n 为 2 时执行语句 result＝2＊fac(1);，要计算 2 的阶乘需要继续调用 fac 函数求出 1 的阶乘。当 n 为 1 时执行语句 result＝1＊fac(0);，要计算 1 的阶乘还要继续调用 fac 函数求出 0 的阶乘。当 n 为 0 时执行语句 result＝1;，自调用过程结束，然后逐层返回。将 fac(0)的值 1 返回代入表达式 result＝1＊f(0)中求出 fac(1)的值为 1，再返回代入表达式 result＝2＊fac(1)中求出 fac(2)的值为 2，再返回代入表达式 result＝3＊fac(2)中求出 fac(3)的值为 6，再返回到 main 函数中由 printf 函数输出。

上面的操作过程如图 7.1 所示。

图 7.1　fac(3)的递归过程

程序再次运行结果为：

input a number:10✓
fac(10)=3628800

常用 if 语句结束函数递归。本例中，语句 if(n＝＝0) result＝1;是结束递归的条件。

递归和递推是不同的。例 5.3 求 n! 用了递推的方法，即从 1 开始，乘以 2，再乘以 3，……，一直到乘以 n。递推法容易理解，容易实现。其特点是从一个已知的事实出发，按一定的规律推出下一个事实，再从这个新的已知的事实出发，推出下一个新的事实……

7.8　库函数的调用

下面对 C 语言的库函数进行说明。

(1) 为了用户使用方便，每一种 C 语言编译版本都提供了一批由厂家开发编写的函数(库函数)，这就是函数库。应当注意，每一种 C 语言版本的库函数数量、函数名、函数功能是不同的。

(2) 在使用库函数时，往往要用到函数执行时所需的一些信息(例如宏定义、函数声明等)，这些信息分别包含在一些头文件(header file)中，因此在使用库函数时，一般应使用 ♯include 命令将有关的头文件名包括到程序中。例如，使用数学函数时，应使用下面的命令：

```
#include "math.h"
```

或

```
#include <math.h>
```

库函数的调用也分两种方式,即出现在表达式中和作为独立的语句完成某种操作。

【例 7.12】 调用库函数求 a 的绝对值和 a^x 的值 y(a、x、y 都是实数)。

```
#include "math.h"                          /*#include命令不可缺少*/
main()
{
    float a,x,y;
    printf("Input a and x:\n");
    scanf("%f%f",&a,&x);                   /*作为独立语句出现的库函数调用*/
    a=fabs(a);                             /*出现在表达式中的库函数调用*/
    y=pow(a,x);                            /*出现在表达式中的库函数调用*/
    printf("|a|=%f,y=%f\n",a,y);           /*作为独立语句出现的库函数调用*/
}
```

运行结果为:

```
Input a and x:
-2.0    4.0↙
|a|=2.000000,y=16.000000
```

C 语言的库函数请参阅附录 D。

【例 7.13】 随机产生 100 个 0~100 之间的正整数,并统计出 90~100、80~89、70~79、60~69、50~59、40~49、30~39、20~29、10~19、0~9 之间的整数个数。

分析:

(1) 如何产生随机数呢?这需要调用产生随机数的随机函数 rand。由 rand 函数产生的随机数是 0~RAND_MAX 之间的正整数,RAND_MAX 是在头文件 stdlib.h 中定义的符号常量,ANSI C 规定 RAND_MAX 的值不得小于 32 767,Turbo C 2.0 规定的 RAND_MAX 的最大值为 32 767。

(2) rand 函数产生的随机数是 0~32 767 之间的正整数,如何使之成为 0~100 之间的正整数呢?可以用求余运算 rand()%101,rand()%101 的值必定在 0~100 之间。

(3) 由于 RAND_MAX 是在头文件 stdlib.h 中定义的符号常量,因此使用 rand 函数需要包含头文件 stdlib.h。

程序 1 如下:

```
#include "stdio.h"
#include "stdlib.h"                        /*文件包含*/
main()
{
    int i,a;
    int j[10];
    for(i=0;i<10;i++) j[i]=0;
    for(i=0;i<100;i++)
    { a=rand();                            /*调用随机函数rand*/
        a=a%101;
        switch(a/10)
            { case 10:
              case 9: j[9]++; break;
              case 8: j[8]++; break;
              case 7: j[7]++; break;
              case 6: j[6]++; break;
              case 5: j[5]++; break;
              case 4: j[4]++; break;
```

```
            case 3: j[3]++; break;
            case 2: j[2]++; break;
            case 1: j[1]++; break;
            default: j[0]++;
        }
    }
    printf("\n90~100:%d\n80~89:%d\n70~79:%d",j[9],j[8],j[7]);
    printf("\n60~69:%d\n50~59:%d\n40~49:%d",j[6],j[5],j[4]);
    printf("\n30~39:%d\n20~29:%d\n10~19:%d",j[3],j[2],j[1]);
    printf("\n0~9:%d\n",j[0]);
}
```

第一次运行结果为：

90~100:8
80~89:4
70~79:10
60~69:10
50~59:15
40~49:13
30~39:12
20~29:11
10~19:9
0~9:8

第二次运行结果为：

90~100:8
80~89:4
70~79:10
60~69:10
50~59:15
40~49:13
30~39:12
20~29:11
10~19:9
0~9:8

可以发现，两次运行结果是一样的，失去了随机的意义。因为rand函数产生的随机数是伪随机数，for循环多次调用rand函数产生的数是随机的，但是多次运行程序产生的结果却是一样的。如何使多次运行程序产生的结果不一样呢？可以调用srand函数为rand函数提供随机数种子。

程序2如下：

```
#include "stdio.h"
#include "stdlib.h"
main()
{
    int i,a;
    int j[10];
    unsigned int seed;                          /*定义无符号变量seed*/
    printf("Please input seed:",seed);
    scanf("%u",&seed);                          /*输入srand所需的实参*/
    srand(seed);                                /*调用srand函数提供随机数种子*/
        for(i=0;i<10;i++)    j[i]=0;
        for(i=0;i<100;i++)
        {   a=rand();                           /*调用随机函数rand*/
```

```
            a=a%101;
            switch(a/10)
              {  case 10:
                 case 9: j[9]++; break;
                 case 8: j[8]++; break;
                 case 7: j[7]++; break;
                 case 6: j[6]++; break;
                 case 5: j[5]++; break;
                 case 4: j[4]++; break;
                 case 3: j[3]++; break;
                 case 2: j[2]++; break;
                 case 1: j[1]++; break;
                 default: j[0]++;
              }
    }
    printf("90~100:%d\n80~89:%d\n70~79:%d",j[9],j[8],j[7]);
    printf("\n60~69:%d\n50~59:%d\n40~49:%d",j[6],j[5],j[4]);
    printf("\n30~39:%d\n20~29:%d\n10~19:%d",j[3],j[2],j[1]);
    printf("\n0~9:%d\n",j[0]);
}
```

第一次运行结果为：

Please input seed:5 ↙
90~100:7
80~89:10
70~79:15
60~69:15
50~59:10
40~49:5
30~39:6
20~29:7
10~19:12
0~9:13

第二次运行结果为：

Please input seed:8 ↙
90~100:10
80~89:12
70~79:12
60~69:14
50~59:13
40~49:10
30~39:10
20~29:5
10~19:9
0~9:5

第三次运行结果为：

Please input seed:5 ↙
90~100:7
80~89:10
70~79:15
60~69:15
50~59:10
40~49:5
30~39:6

20~29:7
10~19:12
0~9:13

可以发现，第一次运行结果和第二次不同，但与第三次相同，即若输入的 seed 不同，则提供的随机数种子和运行结果也不同，若输入的 seed 相同，则提供的随机数种子和运行结果也相同。如何使每一次的运行结果都不同呢？除令输入的 seed 不同外，还可以用 time 函数使计算机读取当时以秒为单位的时钟值来提供随机数种子。应用 time 函数要包含头文件 time.h。

程序 3 如下：

```
#include "stdio.h"
#include "stdlib.h"
#include "time.h"                    /*文件包含*/
main()
{
   int i,a;
   int j[10];
   for(i=0;i<10;i++) j[i]=0;
   srand(time(NULL));                /*调用srand函数,srand函数的实参为time(NULL)*/
   for(i=0;i<100;i++)
   {  a=rand();
      a=a%101;
      switch(a/10)
      {  case 10:
         case 9: j[9]++; break;
         case 8: j[8]++; break;
         case 7: j[7]++; break;
         case 6: j[6]++; break;
         case 5: j[5]++; break;
         case 4: j[4]++; break;
         case 3: j[3]++; break;
         case 2: j[2]++; break;
         case 1: j[1]++; break;
         default: j[0]++;
      }
   }
   printf("\n90~100:%d\n80~89:%d\n70~79:%d",j[9],j[8],j[7]);
   printf("\n60~69:%d\n50~59:%d\n40~49:%d",j[6],j[5],j[4]);
   printf("\n30~39:%d\n20~29:%d\n10~19:%d",j[3],j[2],j[1]);
   printf("\n0~9:%d\n",j[0]);
}
```

第一次运行结果为：

90~100:11
80~89:13
70~79:8
60~69:11
50~59:9
40~49:12
30~39:8
20~29:15
10~19:7
0~9:6

第二次运行结果为：

```
90~100:10
80~89:14
70~79:12
60~69:7
50~59:8
40~49:6
30~39:8
20~29:17
10~19:9
0~9:9
```

可以发现，各次运行结果都不同。

7.9 数组作函数参数

数组元素可以作函数实参，用法和变量相同，是"值传递"方式；数组名也可以作函数实参和形参，传递的是数组首元素的地址。

7.9.1 数组元素作函数实参

在调用函数时，数组元素可以作实参传递给形参。注意形参和实参的类型应相同。

【例 7.14】 数组元素作函数实参，求数组 3 个元素（实数）的平均值。

```
main()                                        /*主函数*/
{
  float average3(float x,float y,float z);    /*函数声明*/
  int i;
  float ave;
  float a[3];
  printf("Enter 3 numbers: \n");
  for (i=0;i<=2;i++)    scanf("%f",&a[i]);
  ave=average3(a[0],a[1],a[2]);               /*在表达式中调用函数 average3*/
  printf("average=%f\n",ave);                 /*调用库函数 printf*/
}

float average3(float x,float y,float z)       /*函数定义*/
{
  float aver;
  aver=(x+y+z)/3.0;
  return(aver);
}
```

运行结果为：

```
Enter 3 numbers:
2.0  3.0  4.0↙
average=3.000000
```

这种传递方式属于"值传递"方式，只能从实参传递给形参，不能从形参传递给实参。

7.9.2 数组名作函数参数

这时实参数组和形参数组要分别在它们所在的函数中定义。

【例 7.15】 数组名作函数实参,求数组 3 个元素(实数)的平均值。

```
main( )
{
  float average3(float x[3]);
  /*函数声明*/
  int i;
  float ave;
  float a[3];
  printf("Enter 3 numbers: \n");
  for (i=0;i<=2;i++)   scanf("%f",&a[i]);
  ave=average3(a);                          /*在表达式中调用函数 average3*/
  printf("average=%f\n",ave);               /*调用库函数 printf*/
}

float average3(float x[3])                  /*函数定义*/
{
  float aver;
  aver=(x[0]+x[1]+x[2])/3.0;
  return(aver);
}
```

运行结果为:

```
Enter 3 numbers:
-1.5   3.0   -5.5↙
average=-1.333333
```

数组名代表着该数组在内存中所占据空间的首地址,也就是代表着第一个元素的地址。用数组名作实参时,采用的不是"值传递"的方式,而是"地址传递"的方式,即将实参数组的起始地址传递给形参数组,从而使形参数组和实参数组共同占用同一段内存单元,如图 7.2 所示。

a		x
a[0]	−1.5	x[0]
a[1]	3.0	x[1]
a[2]	−5.5	x[2]

图 7.2 数组 a 和数组 x 的存储

如果在函数中,形参数组元素的值改变了,则实参数组元素的值也会改变。

【例 7.16】 数组名作函数实参,交换数组两个元素(实数)的值。

```
main( )
{
  void swap(float u[2]);                    /*函数声明*/
  float a[2]={52.5,30.0};
  printf("(I)%f,%f\n",a[0],a[1]);
  swap(a);                                  /*函数调用*/
  printf("(III)%f,%f\n",a[0],a[1]);
}

void swap(float u[2])                       /*函数定义*/
{
```

```
    float s;
    s=u[0];u[0]=u[1];u[1]=s;
    printf("(II)%f,%f\n",u[0],u[1]);
}
```

运行结果为：

(I)52.500000,30.000000
(II)30.000000,52.500000
(III)30.000000,52.500000

在未调用 swap 函数时，a 数组的情况如图 7.3(a)所示。在调用 swap 函数时，u 数组和 a 数组共同占用同一段内存单元，如图 7.3(b)所示。在 swap 函数中进行数据交换后，u[0] 和 u[1]的数据发生交换，对应 a[0]和 a[1]的数据完成交换，如图 7.3(c)所示。在 swap 函数调用完毕后，u 数组已不存在，而 a 数组仍占用内存单元，如图 7.3(d)所示。在 main 函数中输出 a[0]和 a[1]的值时，a[0]和 a[1]的值已经不是原来的 52.5 和 30.0 了，而是 30.0 和 52.5。

图 7.3　数组 a 和数组 u 的存储变化情况

所以，数组名作函数参数时，形参数组和实参数组共同占用同一内存单元。

说明：

用数组名作实参时，定义实参数组时必须定义数组的长度，而定义形参数组时可以不定义数组的长度。例如，可用 void swap(float u[ ])代替例 7.16 程序中的 void swap(float u[2])。这是因为形参数组并不另外分配内存单元，而是共用实参数组的数据。

7.10　应用举例

【例 7.17】　编写打印整数 1～10 的平方的函数。

分析：

本题使用循环结构。编写函数时，要注意实参和形参的个数和类型要一致。

程序如下：

```
main( )
{
    int square(int n);                          /*函数声明*/
    int i;
    for(i=1;i<=10;i++)
        printf("%d\n",square(i));               /*函数调用*/
}

int square(int n)                               /*函数定义*/
{
    return(n*n);
}
```

运行结果为：

```
1
4
9
16
25
36
49
64
81
100
```

请思考：该程序是每行打印出 1 个数，如果要每行打印 5 个数，程序该如何改动？

【例 7.18】 编写打印如下格式"九九乘法表"的函数。

```
1*1=1
1*2=2   2*2=4
1*3=3   2*3=6    3*3=9
1*4=4   2*4=8    3*4=12   4*4=16
1*5=5   2*5=10   3*5=15   4*5=20   5*5=25
1*6=6   2*6=12   3*6=18   4*6=24   5*6=30   6*6=36
1*7=7   2*7=14   3*7=21   4*7=28   5*7=35   6*7=42   7*7=49
1*8=8   2*8=16   3*8=24   4*8=32   5*8=40   6*8=48   7*8=56   8*8=64
1*9=9   2*9=18   3*9=27   4*9=36   5*9=45   6*9=54   7*9=63   8*9=72   9*9=81
```

分析：

本题仍然使用循环结构。注意算式和算式之间要留空格。

程序如下：

```c
main()
{
  void table();                            /*函数声明*/
  table();                                 /*函数调用*/
}

void table()                               /*函数定义*/
{
  int i,j;
  for(i=1;i<=9;i++)
  {  for(j=1;j<=i;j++)
       printf("%d*%d=%d\t",j,i,j*i);
     printf("\n");
  }
}
```

【例 7.19】 用递归调用把一个正整数 m 转换成字符串，如输入整数 1234，应输出字符串 1 2 3 4。

```c
#include "stdio.h"
main()
{
  void convert(int n);                     /*函数声明*/
  int m;
  printf("input m=");
  scanf("%d",&m);
```

```
    convert(m);                              /*函数调用*/
}
void convert(int n)                          /*函数定义*/
{
    int i;
    char c;
    if((i=n/10)!=0)                          /*结束递归调用的条件是i==0*/
       convert(i);                           /*递归调用*/
    c=n%10+'0';        /*从整数的高位开始分离出每一位数字,并转换成相应的字符*/
    putchar(c);
    putchar('\t');
}
```

运行结果为：

input m=789↙
7 8 9

递归过程如图 7.4 所示。

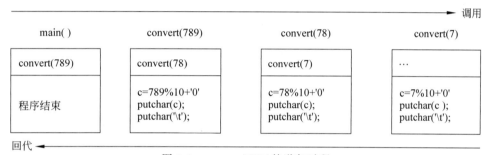

图 7.4 convert(789)的递归过程

在递归调用中每次调用都要产生一组新的变量以保存当前数据,返回时再恢复当前数据,以便从上次调用自身的地方继续执行。C 语言编译程序对函数的递归调用是采用堆栈技术实现的。尽管递归调用一般并不节省存储空间,但程序易于编写及理解,代码比较紧凑,使用递归实现阶乘运算、级数运算及对递归的数据结构效率较高,所以应用较广泛。

习 题 7

一、程序填空题

1. 以下函数用以求 x 的 y 次方,请填空。

```
double fun(double x,int y)
{
    int i;double p=1;
    for(i=1;i_____;i++)
       p=_____;
    return(p);
}
```

2. 以下程序的功能是计算 $s=\sum_{k=0}^{n}k!$。请填空。

```
long fun(int k)
```

```
{
   int i;long s;
   s=_____;
   for(i=1;i<=k;i++)
      s=_____;
   return(s);
}
main( )
{
   long sum;int j,n;
   scanf("%d",&n);
   sum=_____;
   for(j=0;j<=n;j++)
      sum=sum+_____;
   printf("%ld\n",sum);
}
```

3. 以下程序的功能是调用函数 fun 计算 m＝1－2＋3－4＋…＋9－10,并输出结果。请填空。

```
int fun (int n )
{
   int m=0, f=1, i;
   for (i=1; i<=n; i++)
      {  m+=_____;
         f=_____;
      }
   return m;
}
main ( )
{
   printf ("m=%d\n",_____) ;
}
```

二、选择题

1. C 语言规定：简单变量作实参时,它和对应形参之间的数据传递方式是(　　)。

  A. 地址传递　　　　　　　　　　B. 单向值传递
  C. 由实参传给形参,再由形参传回实参　D. 由用户指定传递方式

2. 以下程序存在语法性错误,关于错误原因的正确说法是(　　)。

```
main( )
{
   int A=5, b;
   void p_ch( );
   …
   b=p_ch( A );
   …
}
```

  A. 语句 void p_ch( );有错,它是函数调用语句,不能使用 void 说明
  B. 变量名不能使用大写字母
  C. 函数说明和函数调用语句之间有矛盾
  D. 函数名中不能使用下画线

3. C 语言允许函数值类型的缺省定义,此时该函数值隐含的类型是(　　)。

A. float B. int C. long D. double

4. 如果用数组名作函数的实参,传递给形参的是(　　)。

　　A. 数组的首地址 B. 数组第一个元素的值

　　C. 数组全部元素的值 D. 数组元素的个数

5. 建立函数的目的之一是(　　)。

　　A. 提高程序的执行效率 B. 提高程序的可读性

　　C. 减少程序的篇幅 D. 减少程序文件所占内存

6. 下列符号中可以作为函数名的是(　　)。

　　A. sysf B. ＄bc C. 5ac D. x-a

三、编程题

1. 编写函数 prime(int n)用来判断自变量 n 是否为素数,在主函数中输入正整数 n,输出是否是素数的信息。

2. 编写函数 sum(int n)和相应的主函数,用以求 f(1)＋f(2)＋f(3)＋…＋f(n),这里 $f(x)=x^2+1$。

3. 编写求长方体的体积的函数 volume(float a,float b float c),并调用之。

4. 编写已知球的体积,求球的半径的函数 r(float v),并调用之。

5. 编写函数 fun,其功能为:求两个双精度数的平方根之和作为函数值返回。并用主函数调用之。例如,输入 12 和 20,输出 7.936238。

6. 已知直角三角形的直角边之长,调用数学库函数 sqrt 求出斜边之长。

7. 用递归方法求 n 阶勒让德多项式的值,递归公式如下:

$$p_n(x)=\begin{cases}1 & n=0\\ x & \text{当 }n=1\text{ 时}\\ ((2n-1)x-p_{n-1}(x)-(n-1)p_{n-2}(x))/n & n>1\end{cases}$$

8. 编写一个产生随机简单表达式的程序(如 3.4＋196.7),形式如下:

number1 operator number2

该程序要计算该表达式并以两位小数显示结果。操作数 number1、number2 和运算符 operator 均随机产生,运算符 operator 为加、减、乘或除。可参照例 4.6 和例 7.13。

9. 数组元素作函数参数,对 10 个整数由小到大排序(冒泡法)。

10. 数组名作函数参数,对 n 个整数由小到大排序(选择法)。

第 8 章

对函数的进一步讨论

本章在第 7 章的基础上对与函数有关的问题做进一步的讨论。主要包括：变量的存储属性、函数的存储属性和编译预处理。

8.1 局部变量和全局变量

8.1.1 局部变量

局部变量是在函数内部定义的变量，只在本函数范围内有效，其作用域仅局限于定义变量的函数体内，在此函数之外不能使用这些变量。例如：

```
float f1(int a)          /* 函数 f1 */
{
   int b,c;              a,b,c 的作用域
   …
}
float f2(int x)          /* 函数 f2 */
{
   int y,z;              x,y,z 的作用域
   …
}
main()                   /* 主函数 */
{
   int p,q;              p,q 的作用域
   …
}
```

说明：

(1) f1 函数内定义了 3 个变量，形参 a，变量 b，变量 c 都是局部变量。在 f1 函数的范围内，a、b、c 有效。

(2) 不同函数中可以使用相同名字的变量，它们代表的对象不同，互不影响。例如在 f1 函数内定义了变量 b、c，如果在 f2 函数内也定义了变量 b、c，它们在内存中有不同的单元，互不干扰。

(3) 在复合语句中定义的变量，其作用域仅限于复合语句范围内。例如：

```
main( )
{
   int p,q;
   ...
   {  int r;
      r=p*q+3;     } r 的作用域   } p,q 的作用域
      ...
   }
   ...
}
```

8.1.2 全局变量

全局变量是函数体外定义，为本文件中其他函数所共有的变量，其作用域从定义变量的位置开始，到本文件结束。有时局部变量称为内部变量，全局变量称为外部变量。例如：

```
int m=2,n=6;              /*外部变量*/
float f1(int a)           /*函数 f1*/
{
   int b,c;
   ...
}
int u=3,v=8;              /*外部变量*/
float f2(int x)           /*函数 f2*/
{
   int y,z;
   ...
}
main( )
{
   int p,q;
   ...
}
```

（全局变量 u,v 的作用域；全局变量 m,n 的作用域）

说明：

（1）设置全局变量增加了函数之间数据联系的渠道。由于同一文件中的所有函数都能使用全局变量的值，所以如果在一个函数中改变了全局变量的值，就会影响到其他函数，等效于各个函数之间有直接的传递渠道。

【例 8.1】 输入圆锥的高 h 和底面半径 r，求其体积 v 和底面积 s。

```
float s;                  /*s 为全局变量*/
float vcs(float h,float r)
{
   float v;
   v=3.1416*r*r*h/3.0;
   s=3.1416*r*r;
   return (v);
}

main( )
{
   float volume, height, radius;
   printf("\nInput height and radius:\n");
```

```
    scanf("%f%f ",&height,&radius);
    volume=vcs(height,radius);
    printf("volume=%f,s=%f\n",volume,s);
}
```

运行结果为：

```
50.0  20.5↙
volume=22004.289062, s=1320.257446
```

本程序定义了全局变量 s，用于存放底面积，它的作用域为整个程序。vcs 函数用于求体积和底面积，函数的返回值为体积 v。由于函数的返回值只允许有一个，当返回值多于一个时，可用全局变量。在 vcs 函数中求得的 s 在主函数中依然可用。

(2) 全局变量增加了函数之间数据联系的渠道，既是优点，同时又是缺点。因为：

① 全局变量使其他函数依赖于这些变量，降低函数的独立性，从模块化程序设计的角度来看是不利的。

② 全局变量在整个程序运行期间都占用内存。

③ 使用全局变量，容易因疏忽或使用不当而导致全局变量的值发生意外改变，产生难以查找的错误。

所以尽量不要使用全局变量。

(3) 在同一个文件中，允许全局变量与局部变量同名，在局部变量的作用域内，全局变量不起作用。

8.2 变量的存储属性

8.2.1 变量的存储类型

从变量的作用域(空间)角度来划分，可以分为全局变量和局部变量。

从变量的生存期(存在的时间)来划分，可以分为静态存储方式和动态存储方式。

因此又有了变量的存储方式、存储类型和生存期的概念。

1. 存储方式

存储方式分为静态存储和动态存储。静态存储方式是为程序分配固定的存储空间。动态存储方式是在程序运行期间根据需要动态分配存储空间。

供用户使用的存储空间分为三部分，如图 8.1 所示。

静态存储区用来存放全局变量及静态局部变量；动态存储区用来存放自动变量、函数形参、函数调用时的现场保护和返回地址等。

2. 存储类型

C 语言中的变量有 int、char、float 等数据类型。除此之外，变量还有存储类型。存储类型是变量的存储属性，可分为四类：自动变量、寄存器变量、外部变量和静态变量。类型说明符采用的关键字分别如下。

(1) auto：自动型。

(2) register：寄存器型。

图 8.1 用户区的划分

用户区
程序代码区
静态存储区
动态存储区

（3）extern：外部型。
（4）static：静态型。

auto 型和 register 型都属于动态型。

因此，变量定义的完整格式为：

存储类型　数据类型　变量名[[=初值],…,变量名=[初值]];

局部变量既可以定义成自动型，也可以定义成静态型，即局部变量可以使用的类型有 auto、register 和 static；而全局变量只能是静态型，全局变量可以使用的类型有 static 和 extern。

3. 生存期

生存期是指变量从被建立到被撤销的时间，即变量占用存储空间的时间。

生存期和作用域从时间和空间来描述变量的特性，二者既有联系，又有区别。

8.2.2　局部变量使用的存储类型

如上所述，局部变量可以使用的类型有 auto、register 和 static。下面分别介绍。

1. 自动变量

自动变量是动态变量。定义格式如下：

[auto]　数据类型　变量名[=初量];

（1）在函数内定义，存储类型为 auto 型的变量为自动变量。auto 关键字通常省略。例如：

```
{                              {
  auto int i,j,k;                int i,j,k;
  auto float x;     等价于       float x;
  auto char c;                   char c;
}                              }
```

在前面程序中使用的变量实际上都是省略了 auto 关键字的自动变量。

（2）自动变量是当程序的执行流程进入定义该变量的函数时，系统在内存的动态存储区分配其数据类型所对应的内存空间，开始它的生存期，在从函数返回时，系统就撤销其所占的内存空间，从而结束它的生存期。若程序下次再调用该函数，则自动变量的生存期又开始了，系统重新为它分配内存空间，由于两次分配的内存空间不一定在同一地方，所以前次运算得到的结果本次调用并不会保留，即自动变量的值在函数两次调用期间没有继承性。

【例 8.2】 程序如下：

```
main()
{
  void count(int n);           /*函数声明*/
  int i;
  for (i=1;i<=3;i++)
    count(i);                  /*函数调用*/
}

void count(int n)              /*count 函数定义*/
{
```

```
    int x=0;                    /* x 为自动变量,初值为 0 */
    x++;
    printf("%d:x=%d\n",n,x);
}
```

运行结果为:

```
1:x=1
2:x=1
3:x=1
```

main 函数三次调用 count 函数,每次调用系统都重新为 x 分配内存空间,x 的生存期随着 count 函数的执行开始,随着函数的返回结束,x 的值在 count 函数被两次调用期间未被继承。在整个程序执行期间,x 的定义语句执行了三次。

形参变量可以是自动变量(可以不加 auto 关键字)。由于形参变量与实参变量的作用域与生存期不同,所以两者可以同名。但是它与函数内部定义的自动变量不能同名。

如例 8.2 中 count 函数的形参变量 n 改为 i,与实参变量 i 同名是正确的,但改为 x 与该函数内定义的自动变量 x 重名则是错误的。

(3) 自动变量的作用域特点使得在不同函数内定义的自动变量可以同名。

【例 8.3】 程序如下:

```
void prt()                      /* 函数定义 */
{
    int x=3;                    /* x 的作用域为 prt 函数,在定义的同时进行了初始化 */
    printf("%d\n",x);
}

main()
{
    int x;                      /* x 的作用域为 main 函数 */
    x=1;                        /* 为 x 赋初值 */
    {   int y=2;                /* y 的作用域为分程序 */
        prt();
        printf("%d\n",y);
    }
    printf("%d\n",x);
}
```

main 函数和 prt 函数中定义的自动变量 x 同名,但作用域不同,所以两个自动变量没有任何联系,互不影响。

运行结果为:

```
3
2
1
```

(4) 自动变量在程序设计中使用率较高。在函数中可用来表示中间结果或最后结果,"用时则建,用完即撤",可节省内存空间。

(5) 自动变量如果不赋初值,它的值是一个不确定的值。这是因为自动变量存储单元不确定。

(6) 一般情况下,局部变量都定义为自动变量,且都省略 auto,如前面各章的程序。

2. 寄存器变量

函数内定义的变量以及形参变量如果存储类型采用 register,则是寄存器变量,是动态

变量。定义格式如下:

register 数据类型 变量名[=初量];

寄存器变量与自动变量的生存期与作用域相同,不同之处在于,系统将寄存器变量存放在 CPU 寄存器中,而不放在内存中。由于各种计算机系统的寄存器数目不等,长度不同,寄存器变量的数目受到机器类型的限制,并且其数据类型只能是整型和字符型。因此 C 语言对是否使用寄存器变量不做硬性规定。如果程序中定义了寄存器变量,系统就会努力去实现它,对超出规定数目的寄存器变量系统会自动按自动变量处理,放入内存中。

CPU 可以直接访问寄存器变量,使操作速度加快。寄存器变量通常是那些使用频率较高的变量,如循环次数较多的循环变量大都采用寄存器变量。

值得注意的是,寄存器变量不能进行取地址运算。

【例 8.4】 程序如下:

```
main()
{
  void prt();                /*函数声明*/
  prt();
}

void prt()
{
  register int i,j;
  for(i=1;i<=5;i++)
    for(j=1;j<=i;j++)
      printf(" * ");
  printf("\n");
}
```

请思考并分析程序运行结果。

3. 静态局部变量

在函数内定义的局部变量,若存储类型采用 static,则称为静态局部变量。

定义格式如下:

static 数据类型 变量名[=初量];

(1) 静态局部变量的作用域与自动变量一样,只有在定义它的函数内才可以引用它。两者的根本区别是生存期不同。

自动变量定义是程序执行到该函数生存期开始,函数执行完其生存期结束,若函数被调用两次,自动变量也被定义两次,函数在两次执行期间系统并没有保存自动变量的值。

而静态局部变量的生存期是整个程序执行期间,即静态局部变量是在编译时由编译程序为其在内存的静态区分配其数据类型所要求的内存空间;程序执行时,该变量已经存在,定义静态变量的函数执行时,其定义语句不再执行;若函数被调用两次,函数执行完第一次,该变量的生存期并未结束,这样第二次调用函数时该变量仍然存在,其值就是上次函数执行结束时的值,所以静态局部变量在函数两次执行期间能保存其值,即其值具有继承性。

例如,修改例 8.2 的程序,把 count 函数内的 int x=0;改为 static int x;,使定义的自动变量 x 改为静态局部变量 x,其他内容不变,则修改后的程序执行结果为:

1:x=1

```
2:x=2
3:x=3
```

(2) 对静态局部变量来说，若未进行初始化，则编译时自动赋初值 0（对数值型变量）或空字符（对字符变量）。

(3) 对静态局部变量来说，若进行了初始化，则在编译时赋予初值的，在程序执行期间不再赋予初值。

(4) 静态局部变量具有全局生存期和局部作用域的特点，使得当某个函数中使用的变量需要在多次调用之间保存其值时，可被定义为静态局部变量。

【例 8.5】 求 $s = \sum_{n=1}^{100} n$。

```
main()
{
    int add(int i);              /*函数声明*/
    int n,s;
    for(n=1;n<=100;n++)
        s=add(n);
    printf("%d",s);
}

int add(int i)
{
    static int sum=0;
    sum+=i;
    return(sum);
}
```

请思考并分析程序运行结果。

8.2.3 全局变量使用的存储类型

全局变量只有静态存储方式（没有动态存储方式）。全局变量可以使用的类型有 extern 和 static。

在函数外定义的变量称为外部变量，外部变量为全局变量。外部变量和全局变量是对同一类变量的两种不同角度的提法：全局变量是从它的作用域提出的，外部变量是从它的存储方式提出的，表示了它的生存期。

(1) 所有的外部变量都被存储在内存中。外部变量的建立与静态局部变量一样，也是在编译时由系统在内存的静态存储区为其分配固定的内存空间，程序执行时该变量已存在，程序执行结束才被撤销。外部变量的生存期为整个程序的执行期间。

(2) 外部变量的作用域是从定义它的地方开始到文件结束的这一范围。在这个范围内的所有函数均可以直接引用它，而在这个范围之前的函数想引用外部变量（即函数想超前引用外部变量）时需要对外部变量进行声明，以扩充其作用域。

(3) 外部变量声明的格式如下：

extern 数据类型 变量名；

关键字 extern 用来声明该变量是在其他函数外定义的外部变量。

(4) 外部变量定义的格式如下:

[extern] 　数据类型　变量名**[=初量]**;

定义时,关键字 extern 为可选项,一般省略。

外部变量的定义和声明是两个不同的概念。在外部变量定义的同时可进行初始化,若省略了初始化,系统默认其初值为 0 或空字符。而外部变量声明不能对变量进行初始化,因为声明只是告诉编译系统该变量是一个外部变量,并不要求系统分配内存空间。

外部变量分为两种:根据定义外部变量时采用的存储类型不同,外部变量又分为外部全局变量和外部静态变量(静态全局变量)。

1. 外部全局变量

(1) 定义外部变量时,若存储类型采用 extern,则称为外部全局变量。

【例 8.6】 程序如下:

```
int a=3;                        /*定义 a 为外部全局变量*/
main()
{
    void f1(),f2(),f3();        /*函数声明*/
    int m=a+10;                 /*m 为自动变量*/
    extern int x,y;             /*声明 x,y 为外部全局变量*/
    printf("m=%d\n",m);
    printf("1:a=%d\n",a);
    a++;
    f1();f2();f3();
}

void f1()
{
    extern int x,y;             /*声明 x,y 为外部全局变量*/
    printf("2:a=%d,",a++);
    printf("1:x=%d,",x++);
    printf("1:y=%d\n",y++);
}

int x=1,y;                      /*定义 x,y 为外部全局变量*/
void f2()
{
    printf("3:a=%d,",a++);
    printf("2:x=%d,",x++);
    printf("2:y=%d\n",y++);
}

void f3()
{
    printf("4:a=%d,",a);
    printf("3:x=%d,3:y=%d\n",x,y);
}
```

全局变量 a 的有效作用域为整个程序,因此程序中的所有函数都可以直接引用它。全局变量 x、y 的有效作用域为 f2、f3 函数,这两个函数可以直接访问 x、y。而 main 函数要引用它,属于超前引用,即应先声明后使用。y 的默认值为 0。

运行结果为：

m=13
1:a=3
2:a=4,1:x=1,1:y=0
3:a=5,2:x=2,2:y=1
4:a=6,3:x=3,3:y=2

请思考：下面这个程序的运行结果是什么？

【例 8.7】 交换两个变量的值。

```
int a=3,b=5;
main()
{
   void interchange();           /*函数声明*/
   printf("a=%d,b=%d\n",a,b);
   interchange();
   printf("a=%d,b=%d\n",a,b);
}
void interchange()
{
   int c;
   c=a,a=b,b=c;
}
```

（2）一个全局变量只能定义一次，但可以多次声明。通过声明，全局变量的作用域可以从声明处延伸到该函数的结尾，可被该程序的所有函数所共用。

（3）C 语言允许把大型程序分成若干个文件分别编译，然后通过连接程序将各目标文件连接成一个可执行的文件。这样程序中每个文件的所有函数根据需要可以共用某个文件中定义的全局变量，这时应该在需要引用它的文件的开头用 extern 对全局变量进行声明。

【例 8.8】 将全局变量的作用域扩充到其他文件。

```
/*file1.c*/
#include "stdio.h"
int a,b=3;                      /*定义 a,b 为全局变量,作用域为 file1.c 文件*/
main()
{
   int b;                       /*b 为自动变量*/
   long cube();
   long c;
   printf("input a,b=");
   scanf("%d,%d",&a,&b);
   c=cube();
   printf("b=%d\n",b);
   printf("a*b=%ld\n",c);
}

/*file2.c*/
extern int a,b;                 /*声明 a,b 为其他文件定义的全局变量*/
long cube()
{
   return(a*b);
}
```

运行结果为：

```
input a,b:31,500↙
b=500
a*b=93
```

在 file1.c 文件开头定义的全局变量 b 与 main 内定义的自动变量 b 同名，但两者生存期是不一样的。根据两者作用域的规定，在 main 函数内也可以直接访问全局变量 b，那么 main 中引用的 b 是哪个呢？C 语言规定，如果局部变量与全局变量出现同名时，全局变量就会被局部变量屏蔽掉，即在函数内局部变量有效，因此，main 函数引用的是自动变量 b。

说明：

本例的程序由两个 C 文件组成，用 Turbo C 对其编辑、编译、连接和运行的操作步骤如下。

(1) 在 Turbo C 环境中分别编辑 file1.c 和 file2.c 文件并存盘。

(2) 在 Turbo C 环境中，建立项目文件。

① 输入。在编辑区输入：

```
file1.c
file2.c
```

或

```
file1.c  file2.c
```

扩展名.c 可以省略。

② 存盘。将以上内容存盘，存盘时文件名自定，但扩展名必须为.prj（表示是 project 文件），假设文件名为 f.prj。

选择 Project→Project name 命令后按 Enter 键，输入项目文件名 f.prj，此时子菜单中的 Project name 后面会显示项目文件名 f.prj，表示当前准备编译的是 f.prj 中包括的文件。

③ 编译和连接。按 F9 键对项目文件进行编译与连接，系统先后将两个文件翻译成目标文件，并把它们连接成一个可执行程序文件 f.exe。

④ 运行。按 Ctrl+F9 组合键，运行可执行程序文件 f.exe，即可得到结果。

2. 外部静态变量（静态全局变量）

外部变量的定义中，若存储类型为 static，则称为外部静态变量或静态全局变量。

定义的格式如下：

static 数据类型 变量名[=初量]；

它与外部全局变量的生存期相同，都是在整个程序执行期间。其根本区别在于作用域不同：当程序由多个文件组成时，外部静态变量只能被定义该变量的文件引用，不能被其他文件的函数访问，即作用域不能扩充到其他文件。

【例 8.9】 修改例 8.8 的程序如下：

```
/*file1.c*/
static int a,b=3;              /*a,b 定义为外部静态变量*/
main()
{
    ...                        /*其他内容不变*/
}

/*file2.c*/
```

```
extern int a,b;
long cube( )
{
    return(a * b);
}
```

由于 a、b 的作用域不能扩充到 file2.c 文件中,因此该文件中 cube 函数使用 a * b 是错误的。

当程序的所有函数都在同一个文件中时,外部静态变量与外部全局变量的生存期与作用域完全相同,没有区别。

外部静态变量的作用域仅限于定义它的文件的特点,使得多人共同完成一个由多个文件组成的程序时,每人可以分别完成各自的文件,在文件中可以按照需要定义变量而不必考虑与其他文件的变量重名的问题,保证了文件的独立性。综上所述,把每种变量的存储属性及初始化特点概括为表 8.1 所示。

表 8.1 变量的存储属性及初始化特点

存储属性	特点	生 存 期		作 用 域		初始化	默认值
		函数执行期间	整个程序执行期间	函数	其他函数		
局部变量	自动变量	对	错	对	错	每次控制流进入函数时都重新初始化	不确定
	寄存器变量	对	错	对	错		
	静态局部变量	对	对	对	错		
外部变量	外部静态变量(静态全局变量)	对	对	对	对 *	只在编译时初始化一次	为零
	外部全局变量	对	对	对	对		

* 只限本文件的其他函数。

8.3 函数的存储属性

与变量类似,函数除有 int、float 等数据类型的操作属性外,还有称为存储类型的存储属性。

函数定义后可以被其他函数调用。当一个源程序由多个文件组成时,在一个文件中定义的函数能否允许被其他文件中的函数调用呢? 为此,C 语言又把函数的存储类型分为两类:内部函数和外部函数。分别使用 static 和 extern 来说明。

8.3.1 内部函数

如果一个函数只能被本文件中的其他函数所调用,则称为内部函数,又称静态函数。函数定义时需在函数类型前加 static。定义格式如下:

static 函数类型 函数名(形参表)

例如:

```
static int fun(int a, int b)
```

8.3.2 外部函数

如果一个函数可被其他文件中的函数所调用,则称为外部函数。

外部函数定义时,在函数类型前加 extern。定义格式如下:

[extern] 函数类型 函数名(形参表)

例如:

```
extern int fun(int a, int b)
```

定义时 extern 关键字为可选项,通常省略。省略时,函数隐含为外部函数。本书前面所用的函数都是外部函数。

例如,在例 8.8 的 file2.c 文件中,cube 函数的存储类型默认为 extern,是外部函数,可以被 file1.c 文件的 main 函数调用。如果将 cube 函数的定义改为:

```
static long cube( )
{
   return(a * b);
}
```

则 cube 函数为内部函数,这时 file1.c 中的 main 函数就不能调用它了。

8.4 编译预处理

C 语言区别于其他高级语言的又一个重要特点是它具有编译预处理功能。主要包括宏定义、文件包含和条件编译。这些预处理功能是通过程序中以♯开头的命令(称为编译预处理命令)实现的。

顾名思义,编译预处理命令是编译系统对程序进行编译之前,先由预处理程序对这些特殊命令进行预先处理,将处理之后的结果再和源程序共同进行常规编译,以得到目标代码。

8.4.1 宏定义

宏定义命令有两种格式。

1. 不带参数的宏定义

不带参数的宏定义的一般格式如下:

♯define 宏名 宏体

其中,♯define 是宏定义命令使用的关键字,宏名也就是宏标识符。关键字、宏名和宏体之间采用空格分隔。

预处理程序执行宏定义命令的过程称为宏替换或宏展开。宏替换的过程是:用宏体替换程序中的宏名。

【例 8.10】 使用不带参数的宏求圆的周长和面积。

```
#define PI 3.1415926
#define R 2.6
main( )
{
   printf("L=%.2f\n",2 * PI * R);
   printf("S=%.2f\n",PI * R * R);
}
```

宏替换后,程序如下:

```
main( )
{
   printf("L=%.2f\n",2 * 3.1415926 * 2.6);
   printf("S=%.2f\n",3.1415926 * 2.6 * 2.6);
}
```

程序经过编译、连接,最后运行结果为:

```
L=16.34
S=21.24
```

说明:

(1) 宏名一般使用大写字母。但这不是语法规定,只是一种习惯,为了和变量名习惯使用小写字母相区别。

(2) 宏定义中的宏体如果是常量,则定义的宏名又称符号常量。可增加程序的阅读性,也易于程序的修改。例如,如果要输出半径为 3.6 的圆的周长、面积,则只需要把第二个宏定义命令改为 #define R 3.6 即可。

(3) 宏定义命令末尾不带分号。

(4) 宏体中也可以出现已定义的宏名。例 8.10 程序改写如下:

```
#define PI 3.1415926
#define R 3.6
#define L 2 * PI * R
#define S PI * R * R
main( )
{
   printf("L=%.2f\n",L);
   printf("S=%.2f\n",S);
}
```

宏替换时,对 L、S 需要层层替换,替换后的程序与例 8.10 相同。

(5) 对宏体中用双引号括起来的字符串内的宏名,不进行替换。例如:

```
printf("L=%.2f\n",L);
```

该语句中出现了两个宏名 L,其中只替换双引号外的 L。

2. 带参数的宏定义

带参数的宏定义的一般格式如下:

#define 宏名(参数表) 宏体

参数表中的参数类似于函数定义中的形参,宏体中应该包含圆括号中指定的形参。

宏调用的一般格式如下:

宏名(参数表)

宏调用时参数表中列出的参数类似于函数调用中的实参。

【例 8.11】 使用带参数的宏定义修改例 8.10 中的程序。

修改后,程序如下:

```
#define PI 3.1415926
#define L(r) 2*PI*r
#define S(r) PI*r*r
main()
{
   float x;
   printf("input x=");
   scanf("%f",&x);
   printf("L=%.2f\n",L(x));
   printf("S=%.2f\n",S(x));
}
```

L(r)和 S(r)为程序中定义的两个带参数的宏,L(x)和 S(x)为宏调用。

预处理程序对宏调用进行宏展开,用宏体代替宏调用,宏体中的形参用宏调用中的实参代替。宏展开后的程序如下:

```
main()
{
   float x;
   printf("input x=");
   scanf("%f",&x);
   printf("L=%.2f\n",2*3.1415926*x);
   printf("S=%.2f\n",3.1415926*x*x);
}
```

运行结果为:

```
input x=3.6↙
L=22.62
S=40.72
```

说明:

(1) 宏名与形参表中的左括号间不应留有空格。

如例 8.11 中,若把第二个宏定义改为:

```
#define L  (r) 2*PI*r
```

由于关键字、宏名与宏体间的分隔符是空格,因此这时就把 L 看成是不带参数的宏名,而把 L 空格后的内容(r) 2 * PI * r 作为宏体的内容。对 L(x)进行宏展开的结果为(r) 2 * PI * r(x),这显然是错误的。

(2) 对宏展开时容易引起误会的宏体及其宏体中的各个形参要用圆括号括起来。

容易引起误会的形参如:

```
#define SQ(x) x*x
```

则宏调用 SQ(a+b)经宏展开后成为 a+b*a+b,显然不符合本意,如果采用宏定义#define SQ(x) (x)*(x),则宏展开为(a+b)*(a+b),则是正确的。

容易引起误会的宏体如:宏定义#define SQ(x) (x)*(x)在宏调用 printf("%d",10/SQ(3));时,经宏展开后成为 printf("%d",10/(3)*(3));,显然结果是错误的,如果采用宏定义#define SQ(x) ((x)*(x)),展开后为 printf("%d",10/((3)*(3)));,则符合题意。

第 8 章 对函数的进一步讨论

(3) 宏定义可以嵌套,即可以使用已定义的宏名来进行宏定义。例如:

```
#define SQ(x) ((x) * (x))
#define FOURTH(x) (SQ(x) * SQ(x))
```

(4) 宏定义命令要求在一行内写完,若一行写不下时,可在本行末尾使用反斜杠\表示续行。例如:

```
#define PRINT(a,b) printf("%d\t%d\n", \
(a)>(b)?(a):(b),(a)<(b)?(b):(a))
```

(5) 宏名的作用域。宏定义命令出现在函数外面,宏名的作用域为命令之后到本文件结束,在这个范围内的所有函数均可使用。这一点与外部变量相同。

(6) 可以用取消宏定义命令来终止指定宏名的作用域,使之后的函数不能再使用宏名。取消宏定义命令的格式如下:

#undef 宏名

8.4.2 文件包含

文件包含命令#include 有以下两种格式。

格式 1:#include "文件名"
格式 2:#include <文件名>

功能:通知预处理程序把命令行中由文件名所指定的文件内容包含(插入)到本文件中该命令行出现的地方。

【例 8.12】 求整数的正整数次方。

```
/* exam1.c */
#include "count.c"
main( )
{
  int x,n;
  printf("input x,n:");
  scanf("%d,%d",&x,&n);
  printf("%ld",power(x,n));
}

/* count.c */
long power(x,n)
int x,n;
{
  int i;
  long p=1;
  for(i=1;i<=n;i++)
    p=p*x;
  return(p);
}
```

对 exam1.c 文件中的#include 命令进行预处理后,exam1.c 文件成为:

```
/* exam1.c */
long power(x,n)
int x,n;
```

```
    {
       ...                              /*函数体内容不变*/
    }
main()
    {
       ...                              /*函数体内容不变*/
    }
```

这时 exam1.c 文件中包含了另一个文件 count.c 的内容。在文件头部出现的被包含的文件称为头文件或标题文件。如 count.c 就是头文件。

为了说明头文件的特性,常以符号 h(head 的缩写)作为它的扩展名。例如,当程序要用到 cos、sin、abs 等标准数学函数时,必须在文件开头使用♯include "math.h"命令行。当程序要调用 exit 函数时,必须使用♯include "stdlib.h"命令行。

说明:

(1) 头文件中除了包括函数,也可以包括宏定义、外部变量定义和复杂数据类型定义。例如,如果在程序中要经常用到符号 PI、E 等的定义,就可以把一组宏定义命令:

```
#define PI 3.1415926
#define E 2.71828
...
```

放在某个文件如 data.h 中,在需要使用这些符号常量的文件开头,只要写上♯include "data.h",就可以将它们全部包含到文件中来。

(2) 头文件的存放地点必须由文件的路径和文件名指定。格式 1 中头文件放在双引号内,系统约定先在用户当前目录中寻找,若找不到,再到存放 C 库函数头文件的目录中寻找。格式 2 中头文件放在尖括号内,则系统仅到存放 C 库函数头文件的目录中寻找。由此可见,格式 1 比格式 2 保险。

(3) 一个♯include 命令可以嵌套使用,即在被包含文件中也可以再包含另外的被包含文件。

【例 8.13】 求整数的整数次方。

```
/*exam2.c*/
#include "count.h"
main()
{
   ...                              /*与例 8.12 中的 main 函数一样*/
}

/*count.h*/
#include "math.h"
long power(x,n)
int x,n;
{
   int i;
   long p=1;
   if(n<0)
   {  n=abs(n);                     /*abs 为求整数绝对值的库函数*/
      for(i=1;i<=n;i++)
      p=p/x;
   }
   else if(n==0)
```

```
            p=1;
        else
            for(i=1;i<=n;i++)
                p=p*x;
    return(p);
}
```

预处理之后,exam2.c 的文件由三部分组成,分别是 math.h、count.h 和 main。

也可以在 exam2.c 中进行如下定义:

```
#include "math.h"
#include "count.c"
```

这样在 count.c 中不用再写 #include "math.h"。

文件包含在程序设计中是很有用的,可以减少程序员重复书写某些常用的、通用的程序段或字符常量等工作。

8.4.3 条件编译

一般情况下,源程序中所有的行都参加编译。但是在某些情况下需要根据条件来决定程序编译内容,这就是条件编译。

条件编译命令有三种形式,分别为 #if、#ifdef、#ifndef。

1. #if 命令

#if 命令的格式如下:

```
#if 表达式
    程序段 1
#else
    程序段 2
#endif
```

功能:表达式的值为真(非零)时,编译程序段 1,否则编译程序段 2。可以事先给定条件,使程序在不同条件下执行不同的功能。

【例 8.14】 输入一行字母,根据需要设置条件编译,能把字母全改为大写输出,或全改为小写输出。

```
#define CONDITION  1
#include "stdio.h"
main()
{
    char ch;
    printf("input a line charactor:");
    while((ch=getchar())!='\n')
        {  #if CONDITION
                if(ch>='a'&&ch<='z')
                    ch=ch-32;
            #else
                if(ch>='A'&&ch<='Z')
                    ch=ch+32;
            #endif
            putchar(ch);
        }
```

}

符号常量 CONDITION 作为♯if 命令的表达式,值为 1,因此,main 函数中第二个 if 语句不参加编译,参加编译的程序内容如下:

```
#include "stdio.h"
main( )
{
   char ch;
   printf("input a line charactor:");
   while((ch=getchar( ))!='\n')
   {  if(ch>='a'&&ch<='z')
         ch=ch-32;
      putchar(ch);
   }
}
```

其中 stdio.h 头文件与 main 函数一起作为本程序文件的内容参加编译。

运行结果为:

input a line charactor: Turbo C↙
TURBO C

它把输入的一行字母全改为大写输出。如果要改为小写字母输出,则给定的条件改为
♯define CONDITION 0

这时♯if 命令的表达式值为 0,因此 main 函数中第一个 if 语句不参加编译。

这样,程序的执行结果为:

input a line charactor: Turbo C↙
turbo c

说明:

(1) 条件编译命令也可以省略♯else 部分。

(2) ♯endif 用来标志条件编译命令的结束,每一个条件编译命令必须只能有一个♯endif 与其配对使用。

2. ♯ifdef 命令

♯ifdef 命令的格式如下:

♯ifdef 标识符
    程序段 1
♯else
    程序段 2
♯endif

功能:如果此命令之前标识符已被定义过,则编译程序段 1,否则编译程序段 2。

♯if 命令与♯ifdef 命令的区别在于判断程序段是否编译采用的条件不同。如果将例 8.14 的程序第一行改为♯define CONDITION,则定义 CONDITION 为空格。可以把♯if CONDITION 改为♯ifdef CONDITION,这样预处理程序在遇到♯ifdef 命令时,判断标识符 CONDITION 在第一行已被定义过,所以只对第一个 if 语句及程序的其他内容进行编译,不对第二个 if 语句进行编译。如果取消第一行的♯define CONDITION 命令,标识符 CONDITION 未被定义,则只对第二个 if 语句进行编译,不对第一个 if 语句进行编译。

3. #ifndef 命令

#ifndef 命令的格式如下：

```
#ifndef 标识符
    程序段 1
#else
    程序段 2
#endif
```

功能：如果标识符未被定义过，则编译程序段 1，否则编译程序段 2。它与#ifdef 命令的功能正好相反。

例如，在调试程序时，也可以采用：

```
#ifndef RUN
    printf("x=%d\n",x);
#endif
```

如果在该命令之前未定义 RUN 标识符，则输出 x 的值。调试完成后，在程序中加入#define RUN 命令，则不再输出 x 的值。

习 题 8

一、给出运行结果题

1. 指出下列程序中各变量的存储属性，并给出程序的执行结果。

```
int a;
main( )
{
   int f(int x,int y);
   int i=5,j;
   for(j=1;j<=3;j++)
     f(i,j);
   printf("a=%d",a);
}

int f(int x,int y)
{
   int m=0;
   static int n;
   m=m+x+y;
   n=n+x+y;
   a=a+x+y;
   printf("m=%d,n=%d\n",m,n);
}
```

2. 给出下列程序的执行结果。

(1)

```
void incx(void);
void incy(void);
main( )
{  incx( );
   incy( );
   incx( );
```

```
        incy( );
        incx( );
        incy( );
}

void incx(void)
{   int x=0;
    printf("x=%d\t",++x);
}
void incy(void)
{   static int y=0;
    printf("\ny=%d\n",++y);
}
```
(2)
```
#include "stdio.h"
#define FUDGE(k) k+3.1415926
#define PR(a) printf("a=%d\t",(int)(a))
#define PRINT(a) PR(a); putchar('\n')
main( )
{
    int x=2;
    PRINT(x * FUDGE(2));
}
```

二、编程题

1. 分别用函数和带参数的宏实现找出 3 个数中的最大数。

2. 输入两个整数,求它们相除的余数。用带参的宏实现。

3. 定义一个宏,将大写字母变成小写字母。

4. 定义一个带参的宏,使两个参数的值交换。输入两个数作为使用宏时的实参,输出已交换后的两个值。

第 9 章

指　　针

指针是 C 语言的一个重要特色,它能够方便地和硬件接口进行交互,特别是在快速访问内存,直接对内存中的数据进行快速处理(如有效地描述各种复杂的数据结构,动态地分配内存空间,方便地操作数据串,有效而方便地使用数组等),实现函数间的通信(自由地在函数间传递各种类型的数据,在函数调用时能得到多于一个的数据)等方面十分有效。

指针在 C 语言中使用非常广泛。读者要多读多想,深入学习、理解和掌握指针,掌握 C 语言的精华。

9.1　地址、指针的概念和指针变量

9.1.1　地址与指针

如果在程序中定义了一个变量,在编译时系统会根据变量的数据类型为其分配相应大小的内存单元。例如,为 int 型变量分配 2 字节的内存单元,为 float 型变量分配 4 字节的内存单元,为字符型变量分配 1 字节的内存单元等。

计算机为内存中的每个字节进行编号,这就是"地址",它相当于大楼的房间号,以便于正确访问这些内存单元。

内存单元的地址和内存单元的内容不是一个概念。如图 9.1 所示,假设程序定义了 3 个整型变量 i、j、k,其值(内容)分别为 4、3、12,编译时系统分配 2000 和 2001 两字节给变量 i,2002 和 2003 两字节给变量 j,2004 和 2005 两字节给变量 k。在程序中一般是通过变量名对内存单元进行访问的,因为程序经过编译已将变量名转换为变量的地址,对变量值的访问都是通过地址进行的。例如,k=i*j;先找到变量 i 的地址 2000,然后从由 2000 开始的两字节中取出数据 4,使用同样的方法,找到变量 j 的地址 2002,从由 2002 开始的两字节中取出数据 3,将其相乘后送到 k 所占用的 2004、2005 两字节的内存单元中。这种通

图 9.1　地址和内存的内容

过变量地址访问变量值的方式称为"直接访问"方式。

C 语言还有"间接访问"的方式,将 i 的地址存放在另一个变量 i_pointer 中,这样在访问变量 i 时,可以先找到存放 i 地址的变量 i_pointer 的地址 3050,再取出 i_pointer 的值(i 的地址)2000,通过地址 2000 找到要访问的变量 i 的数据 4。通过存放变量地址的变量去访问变量,称为"间接访问"方式。

i_pointer 是存放地址的一种特殊变量。

记为:

i_pointer=&i;

此时,i_pointer 的值是 2000,即变量 i 所占用单元的起始地址。i_pointer 指向变量 i 所占用的单元,然后指向变量 i。

一个变量的地址称为该变量的"指针"。例如,地址 2000 是变量 i 的指针。

专门用来存放另一变量的地址(即指针)的变量,称为"指针变量"。例如,i_pointer。

指针变量的值(内容,也即指针变量中存放的值)是指针(地址)。例如,指针变量 i_pointer 的值是 2000,变量 i 的指针(地址)是 2000。

9.1.2　指针运算符 & 和 *

与指针相关的运算符是 & 和 *。它们都是单目运算符。

& 是"取地址"运算符。假定 i 是变量,则 &i 是得到 i 变量的地址。前面各章已经多次用到。& 不能作用于表达式和常数,也不能对寄存器变量求 & 的值。所以,当 x 为简单变量,i 为非负整数,y 为数组时,&x、&y[i] 是合法的,但 &(x+1) 或 &5 是非法的。

* 是"取内容"运算符。它是 & 的逆运算。所以, * &a 和 a 完全等价(* &a 按 * (&a)执行)。* 只要求对象是具有指针意义的值(地址)。例如, * i_pointer 是取 i_pointer 的内容,即 2000(见图 9.1)。

9.1.3　指针变量的定义

定义指针变量的一般格式为:

数据类型　*指针变量名;

其中,指针变量名放在" * "后," * "是指针类型说明符,用来说明其后的标识符是一个指针变量的名字,前面的数据类型表示该指针变量所指向的变量的数据类型(注意不是该指针变量本身的数据类型)。例如

```
int * p;
```

所定义的标识符 p 是指向整型(int)变量的指针变量。或者说 p 是一个指针变量,它的值可以是某个整型变量的地址。至于 p 究竟指向哪一个整型变量,则由向 p 赋予的地址来决定。

再例如

```
float * p1;
char * p2;
```

表明 p1 是指向实型变量的指针变量,p2 是指向字符变量的指针变量。

应当理解:指针变量是 p、p1、p2,而不是 * p、* p1、* p2。

9.1.4　指针变量的赋值

一个指针变量必须赋值后才能使用,指针变量得到的值一定是个地址值。

设 p 是指向整型变量的指针变量,如果要把整型变量 a 的地址赋给 p,可以使用以下两种方式。

(1) 先定义,后赋值:

```
int a;
int * p;
p=&a;
```

注意:p=&a;是赋值语句,不能写为 * p=&a;。

(2) 定义的同时赋值:

```
int a;
int * p=&a;
```

这里,int * p=&a;是定义(声明)p,在定义 p 的同时初始化。

如图 9.2 所示。指针 p 指向整型变量 a。

图 9.2　指针和指向的变量

9.1.5　指针变量的使用

定义了一个指针变量之后,就可以对该指针变量进行各种操作。例如,给一个指针变量赋予一个地址值、输出一个指针变量的值、访问指针变量所指向的变量等。假设 p 是指针变量,a 是整型变量,则:

```
p=&a;              /*将整型变量 a 的地址赋给指针变量 p,此时 p 指向 a*/
printf("%o",p);    /*以八进制数形式输出指针变量 p 的地址值*/
scanf("%d",p);     /*向 p 所指向的整型变量输入一个整型值*/
printf("%d", * p); /*将指针变量 p 所指向的变量的值输出*/
* p=9;             /*将 9 赋给 p 所指向的变量(若先有 int * p;=&a;则执行 * p=9;后 a 的
                     值为 9) */
* p=a;             /*等价于 p=&a;(因为 a 和 * &a 完全等价,所以 * p=a;可以写为 * p= *
                     &a;,两边都去掉 * ,即为 p=&a */
```

注意:此处的 * p 与定义指针变量时用的 * p 的含义是不同的。定义时,int * p;中的"*"不是运算符,它表示其后是一个指针变量。而此处执行语句中引用的 * p,其中的"*"是指针运算符,* p 表示"p 指向的变量"(见图 9.2),p 指向整型变量 a,则 * p 就代表变量 a。因此,printf("%d", * p);和 printf("%d",a);作用相同(* p 代表变量 a),都是输出 a 的值 88(见图 9.2)。

下面举几个使用指针变量的例子。

1. 指针变量改变指向

【例 9.1】　指针变量改变指向。

```
main()
```

```
{
  int a,b, * p1, * p2 ;
  scanf("%d,%d",&a,&b);
  p1=&a;
  p2=&b;
  printf("%d, %d \n", * p1, * p2);
  p2=p1;
  printf("%d, %d \n", * p1, * p2);
}
```

运行结果为：

10,20↙
10,20
10,10

该程序定义了两个指针变量 p1 和 p2，两个整型变量 a 和 b。输入 a 和 b 的值之后，使 p1 指向 a，p2 指向 b，如图 9.3(a)所示。 * p1 代表 a，* p2 代表 b，此时输出 * p1 和 * p2 的值，也就是输出 a 和 b 的值 10 和 20。然后把 p1 的值(即 a 的地址 &a)赋给 p2，使 p1=p2=&a，从而 p1 和 p2 都指向 a，如图 9.3(b)所示。紧接着输出 * p1 和 * p2 的值，也就是输出两次 a 的值 10 和 10。这时，* p1 和 * p2 都代表 a。

(a) 原指向　　　　　　　(b) 指向改变

图 9.3　改变指针指向

2. 指针变量交换指向

【例 9.2】　两个指针变量交换指向。

```
main( )
{
  int a,b, * p1, * p2, * p;
  scanf("%d,%d",&a,&b);
  p1=&a;
  p2=&b;
  printf("%d, %d \n", * p1, * p2);
  p=p1;
  p1=p2;
  p2=p;
  printf("%d, %d \n", * p1, * p2);
}
```

运行结果为：

10,20↙
10,20
20,10

该程序定义了三个指针变量 p1、p2 和 p，两个整型变量 a 和 b。输入 a 和 b 的值之后，使 p1 指向 a，p2 指向 b，如图 9.4(a)所示。

* p1 代表 a，* p2 代表 b，此时输出 * p1 和 * p2 的值，也就是输出 a 和 b 的值 10 和 20。

(a) 原指向　　　　　　　　(b) 指向改变

图 9.4　交换指针指向

然后通过 p 把 p1(即 &a)和 p2(即 &b)的值交换,使 p1 的值为 &b,p2 的值为 &a,从而 p1 指向 b,p2 指向 a,如图 9.4(b)所示。指向交换了。紧接着输出 * p1 和 * p2 的值,也就是输出 b 的值 20 和 a 的值 10。这时,* p1 代表 b,* p2 代表 a。

3. 交换指针变量所指向的变量的值

【例 9.3】 交换两个指针变量指向的变量的值。

```
main( )
{
   int a,b,temp, * p1, * p2;
   scanf("%d,%d",&a,&b);
   p1=&a;
   p2=&b;
   printf("%d, %d \n", * p1, * p2);
   temp = * p1;
   * p1= * p2;
   * p2= temp;
   printf("%d, %d , %d , %d \n", * p1, * p2,a,b);
}
```

运行结果为:

10,20↙
10,20
20,10,20,10

如图 9.5(a)所示,p1、p2 一直指向 a 和 b,执行 temp = * p1; * p1 = * p2; * p2 = temp;后,使 * p1 和 * p2 的值互换,也就是使 a 和 b 的值互换,如图 9.5(b)所示。

(a) a和b的原值　　　　　　(b) a和b的值交换

图 9.5　交换指针变量所指向的变量的值

由例 9.2 和例 9.3 可知,交换指向(交换地址)和交换所指向的变量的值不同。

9.1.6　指针运算

指针是描述地址的,从形式上看,指针值是整数,但是它是地址,与一般的整数是不同的。指针有它自己的运算规律,指针变量之间可以执行加法、减法运算,而乘法和除法就没有意义了,不能用普通的整数向指针赋值。另外,指针还可以进行关系运算。

1. 算术运算

指针运算的算术运算有两类:

一类是指针与整数相加减。

一类是同类指针相减(都是整型、实型、字符型等)。

设 p 和 q 为指针,n 为整数,则合法的指针运算有:

p+n:指向当前位置之后第 n 个存储单元。

p-n:指向当前位置之前第 n 个存储单元。

p++,++p:指针后移一个存储单元。

p――,――p:指针前移一个存储单元。

p-q:指针 p 和 q 之间的存储单元个数。其结果是一个整数,而不是一个指针。做这种算术运算时,要求 p 和 q 是指向同一数组的两个指针。

说明:

指针与一个整数相加减时,是"跳"整数个存储单元。指向不同数据的指针的存储单元大小是不同的。如字符、整数、浮点数和双精度浮点数分别占用 1、2、4、8 字节,所以从字节数上看,指针 p+n 的地址相当于 p+n×(类型大小)。例如对于整数,为 p+n×2 字节。

2. 关系运算

两个指向同一类数据的指针之间可以进行关系运算。两个指针之间的关系运算表示它们指向的位置之间的关系。假设数据在内存中的存储逻辑是由前向后,指向后方的指针大于指向前方的指针。例如:

```
if(p<q)printf("p 指针在 q 指针之前");
if(p!= '\0 ')printf("p 指针不是空指针");
```

通常两个和多个指针指向同一目标时(如一串连续的存储单元)比较才有意义。指针变量不能与整数进行关系运算。

9.2 指针与函数

指针与函数的关系主要有下面三种:

(1) 指针作函数参数。

(2) 指向函数的指针。

(3) 返回指针的函数(函数的返回值是指针)。

9.2.1 指针作函数参数

作函数参数的不仅可以是整型、实型和字符型的变量和常量,也可以是指针。

指针变量作形参,其对应的实参应当是一个地址值,可以是变量的地址、指针变量或数组名。函数调用时将实参传递给形参,使实参和形参指向同一存储单元。

【例9.4】 使用指针,定义一个函数,能够将主函数输入的两个整型数据交换。

```
main()
{
  void swap(int * a,int * b);          /*函数声明*/
  int x,y;
  printf("Input x,y:\n");
  scanf("%d,%d",&x,&y);
  printf("(1)x=%d, y=%d \n",x,y);
  swap(&x,&y);
  printf("(2) x=%d, y=%d \n",x,y);
}
void swap(int * a,int * b)
{
  int temp;
  temp= * a;
  * a= * b;
  * b=temp;
}
```

运行结果为:

```
Input x,y:
10,20↙
(1)x=10,y=20
(2)x=20,y=10
```

交换情况与例9.3类似。

如图9.6所示。调用函数 swap(&x,&y)把实参变量 x、y 的地址传递给形参 a、b(这是一个方向),如图9.6(a)所示,这是"地址传递"(传递的是地址),不是"值传递"。

(a) 交换前　　　　　　　(b) 交换　　　　　　　(c) 交换后

图 9.6　指针作为形参交换指针变量所指向的变量的值

执行函数 void swap(int * a,int * b),把指针 a、b 所指的对象 x、y 的内容交换(但指针 a、b 的指向不变),如图9.6(b)和图9.6(c)所示。swap 执行完后,形参 a、b 和 temp 立即释放,不再存在。这样,在被调函数中通过形参 a、b 改变了实参 x、y 的值(这是另一个方向,与前一个方向相反),可知"地址传递"是双向的。

请思考:如果把 temp= * a; * a= * b; * b=temp;改为 temp =a; a=b; b= temp;情况将如何?

由例9.4可知,指针作为函数参数可以在调用一个函数时得到多个由被调函数改变了的值。

9.2.2　指向函数的指针

一个函数在内存中占用一段连续的内存单元,它有一个首地址(即函数的入口地址),函数名代表这个首地址(入口地址),通过这个地址可以找到该函数,这个地址称为函数的指针。把这个地址(即函数的入口地址)赋给一个指针变量,通过它也能调用该函数,这个指针变量称为指向函数的指针变量。

指向函数的指针变量定义的一般格式如下:

类型标识符 (*指针变量名)();

这里,类型标识符表示被指函数的返回值的类型;"*"表示其后的变量是指针变量,然后与后面的"()"结合,表示此指针变量指向函数,这个函数值(即函数返回的值)是类型标识符所标明的类型。

例如:

int (*p)();

表示 p 是一个指针变量,它指向一个返回整型值的函数。

定义了指向函数的指针变量之后,可以将函数的入口地址赋给它,使指针变量指向该函数。例如:

p=fun;

这里假设已经定义了一个函数 fun,上述语句的功能是使 p 指向函数 fun,函数名代表这个入口地址,如图 9.7 所示。

调用函数的格式如下:

(*指针变量)(实参表列)

例如:(*p)(x,y),它相当于 fun(x,y)。

图 9.7 指针指向函数

【例 9.5】 定义一个函数 arr_addr,求一维数组元素的和,数组元素在主函数中输入。用指向函数的指针变量调用 arr_addr 函数。

```
main()
{
   int arr_addr(int arr[ ],int n);        /*函数声明*/
   int a[10]={-1,-2,-3,-4,-5,0,200,15,100,70};
   int *p,allone,alltwo;
   int (*pt) ();                           /*定义指向函数的指针变量 pt*/
   pt= arr_addr;                           /*将函数的入口地址赋给 pt*/
   p=&a[0];
   allone= arr_addr(p,10);                 /*用函数名 arr_add 调用函数*/
   alltwo= (*pt) (p,10);                   /*用指针变量 pt 调用函数*/
   printf("allone=%d, alltwo=%d \n",allone,alltwo);
}

int arr_addr (int arr[ ],int n)
{
   int i,sum=0;
   for (i=0;i<n;i++)
      sum+=arr[i];
   return(sum);
}
```

运行结果为:

allone=370,alltwo=370

该程序用了两种方法调用 arr_addr 函数：一种是用函数名 arr_addr 调用；另一种是用指针变量 pt 函数，两种方法效果相同。

下面再举一个例子，请对照例 9.5 理解指向函数的指针的定义方法和如何用该指针变量调用函数。

【例 9.6】 使用指向函数的指针变量调用函数。编写一个函数，求两整型数的大者，主函数定义指向函数的指针变量调用它。

```
main()
{
   int max(int m,int n);                /*函数声明*/
   int x,y,z;
   int (*p)();                          /*定义指向函数的指针变量p*/
   p= max;                              /*将函数的入口地址赋给p*/
   printf("Input x,y: \n");
   scanf("%d,%d",&x,&y);
   z= (*p)(x,y);                        /*用指针变量p调用函数*/
   printf("max=%d \n",z);
}
int max (int m,int n)
{
   if(m>n)
      return (m);
   else
      return (n);
}
```

运行结果为：

```
Input x,y:
100,50↙
max=100
```

9.2.3 返回指针的函数（函数的返回值是指针）

一个函数在被调用以后将返回一个值（void 函数除外）给主调函数，这个值可以是整型、实型、字符型等类型，也可以是指针类型。当一个函数的返回值是指针类型时，它称为返回指针的函数，即函数的返回值是指针（地址）。

返回指针的函数的定义格式如下：

类型标识符　*函数名 (参数表列);

例如：

   int * fun(a,b)

表示 fun 是一个函数，它返回一个指针值，这个指针指向一个整型数据，a 和 b 是形参。fun 先与后面的圆括号"( )"结合，再与前面的"*"结合，因为( )的优先级高于 *。

【例 9.7】 编写一个函数 f1，求两个 int 型变量中值较大的变量的地址，把该地址返回给主函数并打印出来，再打印出该地址中所存放的数值。两个 int 型变量中的值从主函数输入。

```
main( )
{
    int * f1(int * x,int * y);                  /* 函数声明 */
    int a=2,b=3;
    int * p;
    p=f1(&a, &b);                                /* 返回的地址赋给指针变量p */
    printf("(4)p=%o\n",p);                       /* 打印返回的地址,此即所求 */
    printf("(5) * p=%d\n", * p);                 /* 打印p所指向变量(a,b的大者)的值,此即所求 */
    printf("(6) &p=%o\n", &p);                   /* 打印指针变量p的地址 */
    printf("(7) &a=%o,&b=%o\n", &a, &b);         /* 打印a,b的地址 */
}

int * f1(int * x,int * y)                        /* 定义函数 */
{
    printf("(1) * x=%d, * y=%d\n", * x, * y);    /* 打印指针变量x,y所指向的变量a、b的值 */
    printf("(2) x=%o,y=%o\n",x,y);               /* 打印指针变量x,y的值,即a,b的地址 */
    printf("(3) &x=%o,&y=%o\n",&x,&y);           /* 打印指针变量x、y的地址 */
    if( * x> * y)
        return (x);                              /* 返回地址 */
    else
        return (y);                              /* 返回地址 */
}
```

某次运行结果为：

(1) * x=2, * y=3
(2) x=177734,y=177736
(3) &x=177730,&y=177732
(4) p=177736
(5) * p=3
(6) &p=177740
(7) &a=177734,&b=177736

图9.8 指针和各变量的存储情况

地址以八进制输出。f1函数返回的是a、b中较大者的地址(177736)，它赋给了main函数中的p，如图9.8所示。打印出的第4行和第5行是题目所要求的结果，其他行都是为理解概念而打印的。请仔细理解所打印出的这7行的含义。

【例9.8】 编写一个函数strchr,其功能是从一个字符串中寻找一个指定的字符,返回该字符的地址。

```
main( )
{
    char * strchr(char * str,char ch);                    /* 函数声明 */
    char * p,ch,linechar[ ]= "I am a man";                /* 一个字符串 */
    ch= 'n';                                              /* 指定的字符 */
    p= strchr(linechar,ch);                               /* 调用函数 */
    printf("\nstring starts at address %o.\n",linechar);
    printf("\First occurrence of char %c is address %o.\n",ch,p);
    printf("This is position %d(starting from 0) \n",p-linechar);
}

char * strchr(char * str,char ch)                          /* 定义函数 */
{
    while( * str!= '\0')
```

```
    {  if(*str==ch)
          return(str);
       else
          str++;
    }
    return (0);
}
```

某次运行结果为：

string starts at address 177720.
First occurrence of char n is address 177732.
This is position 10(starting from 0)

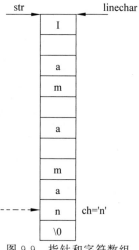

图 9.9　指针和字符数组

如图 9.9 所示，数组 linechar 的首地址是 &linechar[0]，根据调用关系把它赋给 str，它是 str 的初值。在 strchr 函数中，比较 *str 和 ch，如果 *str 不等于 ch，则 str++，使 str 向下移动一个字符，直到 str 指向要寻找的字符 n。然后把 str 的值（即字符 n 的地址）返回主函数。如果从头至尾都找不到，返回 0，表明字符串里没有该字符。

9.3　指针与数组

指针的加减运算很适合处理存储在一段连续内存单元的同类数据，而数组正是按顺序连续存放数组元素的。因此，指针可以方便地操作数组和数组元素。

9.3.1　指针与一维数组

1. 一维数组的指针表示方法

数组名代表数组的首地址。数组中各元素的地址和各元素的值如何表示？

如果有一个整型数组 a，其首地址为 1010，且定义指针变量 p 指向数组 a，即：

```
int *p;
p=&a[0];或 p=a;
```

那么第 1 个元素(a[0])的地址是 a(数组名代表数组的首地址)、&a[0]、p 或 &p[0]；第 2 个元素(a[1])元素的地址是 a+1、&a[1]、p+1 或 &p[1]；第 3 个元素(a[2])的地址是 a+2、&a[2]、p+2 或 &p[2]；……；第 i+1 个元素(a[i])的地址是 a+i、&a[i]、p+i 或 &p[i]；……。第 1 个元素是 a[0]、*a、*p 或 p[0]；第 2 个元素是 a[1]、*(a+1)、*(p+1) 或 p[1]；第 3 个元素是 a[2]、*(a+2)、*(p+2) 或 p[2]；……；第 i+1 个元素是 a[i]、*(a+i)、*(p+i) 或 p[i]；……，如图 9.10 所示。

因此，数组元素的表示方式有：

下标法，例如 a[i] 等；

指针法(地址法，间接访问)，例如 *(a+i)、*&a[i]、*(p+i) 等。

【例 9.9】　分别用下标法和各种指针法输出数组元素。

图 9.10　一维数组的指针、地址、数组元素

```
main()
{
  int a[10]={-1,-2,-3,-4,-5,0,200,15,100,70};
  int i;
  int *p;
  for(i=0;i<10;i++)
    printf("%d  ",a[i]);                    /*下标法*/
  printf("\n");
  for(i=0;i<10;i++)
    printf("%d  ",*(a+i));                  /*指针法1*/
  printf("\n");
  for(i=0;i<10;i++)
    printf("%d  ",*&a[i]);                  /*指针法2*/
  printf("\n");
  for(i=0,p=a;i<10;i++)
    printf("%d  ",*(p+i));                  /*指针法3*/
  printf("\n");
  for(p=a;p<a+10;p++)
    printf("%d  ",*p);                      /*指针法4*/
  printf("\n");
}
```

运行结果为：

-1 -2 -3 -4 -5 0 200 15 100 70
-1 -2 -3 -4 -5 0 200 15 100 70
-1 -2 -3 -4 -5 0 200 15 100 70
-1 -2 -3 -4 -5 0 200 15 100 70
-1 -2 -3 -4 -5 0 200 15 100 70

指针法 3 是使 p 指向 a 数组的第 1 个元素，然后依次输出各个 *(p+i)，如图 9.10 所示。

指针法 4 是使 p 指向 a 数组的第 1 个元素，此时 *p 是 a[0]，它输出后，p++ 使 p 指向 a 数组的下一个元素，此时 *p 是 a[1]，它输出后，p++ 使 p 指向 a 数组的下一个元素，以此类推，直到输出 a[9]。

注意：p++ 合法，因为 p 是变量，它的值不断加 1，从而指向不同的数组元素。a++ 错误，因为 a 是数组名，是数组的首地址，是常量，是不变的。

2. 指向数组的指针变量作函数参数

第 7 章曾介绍了数组名作函数参数的使用方法。数组名代表数组的首地址，用数组名作参数传递的是地址，将它传递给被调函数的形参，由于地址可以作参数传递，所以指向数组的指针变量也能够作函数参数。

【例 9.10】 使用指针指向一个一维数组，定义一个函数求数组元素的和，数组元素在主函数中输入。

```
main()
{
    int arr_addr(int arr[ ],int n);           /* 函数声明 */
    int a[10]={-1,-2,-3,-4,-5,0,200,15,100,70};
    int *p,all;
    p=&a[0];
    all= arr_addr(p,10);
    printf("all=%d \n",all);
}

int arr_addr (int arr[ ],int n)
{
    int i,sum=0;
    for (i=0;i<n;i++)
        sum+=arr[i];
    return(sum);
}
```

运行结果为：

```
all=370
```

主函数中 p 是指针变量，指向一维数组 a，具体地说，是指向数组 a 的第一个元素，p=&a[0] 或 p=a，调用函数 arr_addr 使实参 p 的值传递给形参数组 arr，从而使形参数组 arr 的首地址也是 &a[0]，即数组 arr 与数组 a 占用同一段内存单元，如图 9.11 所示。

a p &a[0]		arr	&arr[0]
	−1	a[0]	arr[0]
	−2	a[1]	arr[1]
	−3	a[2]	arr[2]
	−4	a[3]	arr[3]
	−5	a[4]	arr[4]
	0	a[5]	arr[5]
	200	a[6]	arr[6]
	15	a[7]	arr[7]
	100	a[8]	arr[8]
	70	a[9]	arr[9]

图 9.11 指向数组的指针和数组

请思考：将 arr_addr 函数中的 arr 改为指针 *arr，是否可行？程序如下：

```
main()
{
    int arr_addr(int *arr,int n);             /* 此行改动 */
    int a[10]={-1,-2,-3,-4,-5,0,200,15,100,70};
    int *p,all;
    p=&a[0];
    all= arr_addr(p,10);
    printf("all=%d \n",all);
}

int arr_addr (int *arr,int n)                 /* 此行改动 */
{
    int i,sum=0;
    for (i=0;i<n;i++,arr++)                   /* 此行改动 */
        sum+= *arr;                           /* 此行改动 */
    return(sum);
}
```

3. 指向数组的指针变量或数组名作函数参数时实参和形参的对应关系

如果有一个实参数组,想在函数中改变此数组的元素的值,让指向数组的指针变量或数组名作函数参数(实参或形参),那么实参和形参的对应关系有下面 4 种。这 4 种实际上都是地址传递。

(1) 实参和形参都用数组名。

```
main( )
{
   int a[10];
   …
   fun(a,10)
   …
}

fun(int x[ ],int n)
{
   …
}
```

【**例 9.11**】 将数组 a 中的 n 个整数按相反顺序存放。形参和实参都用数组名。

分析:

把 a[0]和 a[n−1]对调,再把 a[1]和 a[n−2]对调,……,直到把 a[int(n−1)/2]和 a[n−int((n−1)/2)−1]对调。设变量 i 和 j,i 初值为 0,j 初值为 n−1,把 a[i]和 a[j]对调之后,i 加 1,j 减 1,再把 a[i]和 a[j]对调,直到 i=(n−1)/2。

程序如下:

```
main( )
{
   void fun(int x[ ], int n);
   int i,a[10]={7,99,9,8,11,63,76,15,24,23};
   fun(a,10);
   printf("The reverse array:\n");
   for(i=0;i<10;i++)
     printf("%d,",a[i]);
   printf("\n");
}

void fun(int x[ ], int n)
{
   int t,i,j,m=(n-1)/2;
   for(i=0;i<=m;i++)
   {  j=n-1-i;
      t=x[i];
      x[i]=x[j];
      x[j]=t;
   }
}
```

运行结果为:

```
The reverse array:
23, 24, 15, 76, 63, 11, 8, 9, 99,7,
```

(2) 实参用数组名,形参用指针变量。

```
main( )
{  int a[10];
   …
   fun(a,10)
   …
}

fun(int *x,int n)
{
   …
}
```

【例9.12】 将数组 a 中的 n 个整数按相反顺序存放。实参用数组,形参用指针变量。

```
main( )
{
   void fun(int *x, int n);
   int i,a[10]={ 7,99,9,8,11,63,76,15,24,23};
   fun(a,10);
   printf("The  reverse  array:\n");
   for(i=0;i<10;i++)
     printf("%d,",a[i]);
   printf("\n");
}

void fun(int *x, int n)
{
   int t, *p, *i, *j,m=(n-1)/2;
   i=x;
   j=x+n-1;
   p=x+m;
   for(;i<=p;i++,j--)
   {  t=*i;
      *i=*j;
      *j=t;
   }
}
```

(3) 实参、形参都用指针变量。

```
main( )
{
   int a[10], *p=a;
   …
   fun(p,10)
   …
}

fun(int *x,int  n)
{
   …
}
```

【例9.13】 将数组 a 中的 n 个整数按相反顺序存放。实参、形参都用指针变量。

```
main( )
{
```

```
    void fun(int *x, int n);
    int i,a[10]={7,99,9,8,11,63,76,15,24,23},*p=a;
    fun(p,10);
    printf("The reverse array:\n");
    for(p=a;p<a+10;p++)
    printf("%d,",*p);
}

void fun(int *x, int n)
{
    int t, *p, *i, *j, m=(n-1)/2;
    i=x;
    j=x+n-1;
    p=x+m;
    for(;i<=p;i++,j--)
    {   t=*i;
        *i=*j;
        *j=t;
    }
}
```

(4) 实参为指针变量,形参为数组名。

```
main()
{
    int a[10],*p=a;
    ...
    fun(p,10)
    ...
}

fun(int x[],int n)
{
    ...
}
```

【例 9.14】 将数组 a 中的 n 个整数按相反顺序存放。实参为指针变量,形参为数组名。

```
main()
{
    void fun(int x[], int n);
    int i,a[10]={7,99,9,8,11,63,76,15,24,23},*p=a;
    fun(p,10);
    printf("The reverse array:\n");
    for(p=a;p<a+10;p++)
      printf("%d,",*p);
}

void fun(int x[], int n)
{
    int t,i,j,m=(n-1)/2;
    for(i=0;i<=m;i++)
    {   j=n-1-i;
        t=x[i];
        x[i]=x[j];
        x[j]=t;
    }
}
```

第 9 章 指针

例 9.10 也属于实参为指针变量,形参为数组名这种情况。

9.3.2 指针与二维数组

1. 二维数组的指针表示方法

前面讲解了一维数组各元素的地址和各元素的值的表示,那么二维数组各元素的地址和各元素的值如何表示呢?

设有一个 3 行 4 列的整型二维数组 a 如表 9.1 所示。

表 9.1 3 行 4 列的整型二维数组

列 行	第 0 列 ↓	第 1 列 ↓	第 2 列 ↓	第 3 列 ↓
第 0 行 →	10 a[0][0]	20 a[0][1]	30 a[0][2]	40 a[0][3]
第 1 行 →	50 a[1][0]	60 a[1][1]	70 a[1][2]	80 a[1][3]
第 2 行 →	90 a[2][0]	100 a[2][1]	110 a[2][2]	120 a[2][3]

如果一维数组的各元素都是一个一维数组,那么就是二维数组。对于二维数组 a,可以把它看作是由 3 个元素 a[0]、a[1]、a[2] 组成的一维数组(如图 9.12 虚线框中所示),由于数组名代表数组的首地址(第一个元素的地址),所以 a 代表 &a[0]。a+1 为将指针从 a 处开始向下移动一行,因此 a+1 代表 &a[1]。如此 a+i 代表二维数组第 i 行的首地址,即 a+i 代表 &a[i]。如图 9.12 虚线框左侧部分所示。

由于数组名代表数组的首地址,a[0]、a[1]、a[2] 分别是一个一维数组的名字,因此 a[0]、a[1]、a[2] 分别代表 a[0] [0]、a[1] [0]、a[2] [0] 的地址,即 a[0]、a[1]、a[2] 分别代表 &a[0] [0]、&a[1] [0]、&a[2] [0]。通项为 a[i] 代表 &a[i] [0]。如图 9.12 虚线框右侧和实线框左侧部分所示。

对于数组第 0 行(看成是一维数组)来说,由于 a[0] 代表 &a[0][0],所以 a[0]+1 表示将指针向下移动 1 个元素,就是 &a[0][1]。a[0]+2 表示将指针再向下移动 1 个元素,就是 &a[0][2]。如此通项为 a[0]+j 代表 &a[0][j]。对不同的行而言,通项为 a[i]+j 代表 &a[i][j]。如图 9.12 虚线框右侧和实线框左侧部分所示。

由 9.3.1 节已知 a[i] 代表 *(a+i),因此在 a[i] 和 *(a+i) 上都加上 j,可得 a[i]+j 代表 *(a+i)+j,这又是一个通项,是元素 a[i][j] 的地址。如图 9.12 虚线框右侧和实线框左侧部分所示。

由于在地址左边加"*"表示取内容(值),所以在通项 a[i]+j、*(a+i)+j、&a[i][j] 前加 * 表示数组元素,即 *(a[i]+j)、*(*(a+i)+j)、*&a[i][j] 表示数组元素。

如图 9.12 实线框右侧部分所示。

因此,二维数组元素的表示方式有:

下标法——例如 a[i][j];

指针法(地址法,间接访问)——例如 *(a[i]+j)、*(*(a+i)+j)、*&a[i][j]。

图 9.12 二维数组的指针、地址、数组元素

还需指出的是,图 9.12 虚线框左侧部分,a+i 和 &a[i]等是二级指针,指向行;图 9.12 的虚线框右侧和实线框左侧部分,a[i]+j、*(a+i)+j 和 &a[i][j]等是一级指针,指向列。

【例 9.15】 输出二维数组有关的地址和值。

```
main()
{
  int   a[3][4]={{10,20,30,40},{50,60,70,80},{90,100,110,120}};
  printf("(1)%u,%u,%u\n",a,a+1,a+2);
  printf("(2)%u,%u,%u \n",&a[0],&a[1],&a[2]);
  printf("(3)%u,%u,%u \n", * a, * (a+1), * (a+2));
  printf("(4)%u,%u,%u,%u \n", * a, * a+1, * a+2, * a+3);
  printf("(5)%u,%u,%u,%u \n",&a[0][0],&a[0][1],&a[0][2],&a[0][3]);
  printf("(6)%u,%u,%u,%u \n",a[0],a[0]+1,a[0]+2,a[0]+3);
  printf("(7)%u,%u,%u,%u \n", * (a+1), * (a+1)+1, * (a+1)+2, * (a+1)+3);
  printf("(8)%u,%u,%u,%u \n", * (a+2), * (a+2)+1, * (a+2)+2, * (a+2)+3);
  printf("(9)%d,%d,%d \n", * (a[1]+2), * ( * (a+1)+2),a[1][2]);
}
```

某次运行结果为:

(1) 65482, 65490, 65498　　　　　(第 0、1、2 行的行地址)
(2) 65482, 65490, 65498　　　　　(第 0、1、2 行的行地址)
(3) 65482, 65490, 65498　　　　　(第 0、1、2 行第 0 列元素的地址)
(4) 65482, 65484, 65486, 65488　(第 0 行 4 个元素的地址)
(5) 65482, 65484, 65486, 65488　(第 0 行 4 个元素的地址)
(6) 65482, 65484, 65486, 65488　(第 0 行 4 个元素的地址)
(7) 65490, 65492, 65494, 65496　(第 1 行 4 个元素的地址)
(8) 65498, 65500, 65502, 65504　(第 2 行 4 个元素的地址)
(9) 70, 70, 70　　　　　　　　　　(第 1 行第 2 列元素的值)

请将该程序的运行结果与图9.12列出的表示方式相对照,进一步理解概念。

2. 指针变量指向数组元素

指针变量指向数组元素,例如下面三行:

```
int a[3][4]={{10,20,30,40},{50,60,70,80},{90,100,110,120}};
int *p;
p=a[0];
```

这里 p=a[0]; 等价于 p=*a;,也等价于 p=&a[0][0];,p、a[0]、*a、&a[0][0]指向数组元素,都是一级指针,指向列。但是,如果把 p=a[0];用 p=a;或 p=&a[0];代替是错误的。虽然 a[0]、*a、&a[0][0]、a、&a[0]表示的值相同,但 a、&a[0]是二级指针,指向行,如图9.12所示。同一级的指针才匹配。

【例9.16】 指针变量指向数组元素示例:输出二维数组中的全部元素。

```
main()
{
    int a[3][4]={{10,20,30,40},{50,60,70,80},{90,100,110,120}};
    int *p;
    for(p=a[0];p<a[0]+12;p++)
    {   if((p-a[0])%4==0)  printf("\n");
        printf("%5d",*p);
    }
}
```

运行结果为:

```
10   20   30   40
50   60   70   80
90  100  110  120
```

3. 指针变量指向一维数组

定义格式如下:

数据类型　(*指针名)[一维数组维数];

例如:

```
int (*p)[4];
```

这里,p 指向包含 4 个元素的一维数组,其中元素的类型为 int 型。

p 的值是一维数组的首地址,p 是行指针,必须指向行。一维数组指针变量的维数(这里为4)与二维数组分解为一维数组时一维数组的维数(长度)即二维数组的列数必须相同,例如 int a[3][4]。

对于一个二维数组,例如 a[3][4]={{10,20,30,40},{50,60,70,80},{90,100,110,120}},由于它的每一行 a[0]、a[1]、a[2]可以看成是含有 4 个 int 型元素的一维数组,因此,可以将每一行的首地址赋给 p。例如,将第 0 行的首地址赋给 p:

```
p=a; 或 p=&a[0];
```

二者等价,p、a 和 &a[0]都是二级指针(指向行)。但是,如果写成 p=*a;、p=a[0]; 或 p=&a[0][0];则是错误的,因为 p 是二级指针(指向行),*a、a[0]、&a[0][0]都是一级指针(指向列),不匹配。

【例9.17】 指针变量指向一维数组示例:输出二维数组中的全部元素。

```
main()
{
  int   a[3][4]={{10,20,30,40},{50,60,70,80},{90,100,110,120}};
  int   (*p)[4], i, j;
  p=a;
  for(i=0;i<3;i++)
  {  for(j=0;j<4;j++)
       printf("%5d",*(*(p+i)+j));
     printf("\n");
  }
}
```

运行结果为：

```
10    20    30    40
50    60    70    80
90   100   110   120
```

说明：

((p+i)+j)与*(*(a+i)+j)的含义相同,都是指a[i][j]。因为p的值为a,是第0行的首地址,p+i则为第i行的首地址,它指向一维数组a[i],*(p+i)等于a[i],也等于&a[i][0]。推而广之,*(p+i)+j等于&a[i][j]。因此,*(p+i)+j和&a[i][j]的前面都加*,得到*(*(p+i)+j)等于a[i][j],即第i行第j列元素的值。这一系列推理请对照图9.12来理解。

9.3.3 指针数组

一个数组,它的每个元素都是指针,则称其为指针数组。即指针数组中的每一个元素都相当于一个指针变量。一维指针数组的定义格式如下：

数据类型 *数组名[数组长度];

例如：

`int *p[3];`

这里,[ ]优先级高于*,所以p先与[3]结合,成为p[3],这很明显是数组,它有3个元素,即p[0]、p[1]、p[2]。之后再与前面的"*"结合,"*"表示该数组是指针类型的,每个数组元素都是指向整型量的指针。由于每个数组元素都是指针,它只能是地址。

【例9.18】 用指针数组输出二维数组中的全部元素。

```
main()
{
  int a[3][4]={{10,20,30,40},{50,60,70,80},{90,100,110,120}};
  int i,j;
  int *p[3];
  p[0]=a[0];p[1]=a[1];p[2]=a[2];   /*初始化*/
  for(i=0;i<3;i++)
  {  for(j=0;j<4;j++)
       printf("%5d",*(p[i]+j));    /* *(p[i]+j)即*(*(p+i)+j),也就是a[i][j] */
     printf("\n");
  }
}
```

运行结果：

```
10    20    30    40
50    60    70    80
90   100   110   120
```

该程序建立的指针数组 * p[3]与二维数组的关系如表9.2所示。

表 9.2 指针数组 * p[3]与二维数组的关系

p[0]→	10 a[0][0]	20 a[0][1]	30 a[0][2]	40 a[0][3]
p[1]→	50 a[1][0]	60 a[1][1]	70 a[1][2]	80 a[1][3]
p[2]→	90 a[2][0]	100 a[2][1]	110 a[2][2]	120 a[2][3]

指针数组非常适合于字符串的操作。如果把4个字符串存储在数组中,最长的字符串为7个字符,连同'\0'8个字符,则要定义4×8的二维字符数组：

char str[4][8]={"Program"," c","and","Design"};

这会浪费很多内存单元(参见图6.10)。

如果定义成指针数组：

char * str[4]={"Program"," c","and","Design"};

则不会浪费内存单元,如图9.13所示。因为定义指针数组时,只定义了行数,没有定义行的长度,用指针数组中的元素 str[0]、str[1]、str[2]、str[3]指向长度不同的字符串。

```
str[0]→ | P | r | o | g | r | a | m | \0 |
str[1]→ |   | c | \0|
str[2]→ | a | n | d | \0|
str[3]→ | D | e | s | i | g | n | \0|
```

图 9.13 指针数组和二维数组

【例 9.19】 用指针数组将三个字符串"Program""and""Design"按字母的顺序输出。

```c
main( )
{
    char * str[3]={"Program","and","Design"};        /*定义指针数组*/
    char * p, i;
    if(strcmp(str[0],str[1])>0)
    {   p=str[0];
        str[0]=str[1];
        str[1]=p;
    }
    if(strcmp(str[0],str[2])>0)
    {   p=str[0];
        str[0]=str[2];
        str[2]=p;
    }
    if(strcmp(str[1],str[2])>0)
    {   p=str[1];
        str[1]=str[2];
```

```
        str[2]=p;
    }
    for(i=0;i<3;i++)
        printf("%s\n",str[i]);
}
```

运行结果为：

```
Design
Program
and
```

程序中改变了指针数组中的元素 str[0]、str[1]、str[2]的指向。

9.4 指针与字符串

操作字符串可以使用字符数组。操作字符串也可以和本章的指针联系起来,使用字符指针,从而使指针指向不同的字符,达到操作字符串的目的。

【例 9.20】 用字符指针指向一个字符串"program"(见图 9.14),输出该字符串。

```
main()
{
    char str[]={"program"};
                    /*用 char str[]="Program";也可以*/
    char *p;
    p=str;          /*数组名代表首地址*/
    printf("%s\n",p);/*%s 从指针指向的字符开始输出,直到'\0'为止*/
}
```

运行结果为：

```
program
```

图 9.14 指针指向字符串

【例 9.21】 删除一个字符串"welcome!"中指定的字符"!"。

```
main()
{
    char *p="program";           /*定义字符指针*/
    char str[10],s='!';
    int k=0;
    for(;*p!='\0';p++)
        if(*p!=s)
        {   str[k]=*p;
            k++;
        }
    str[k]='\0';
    printf("Result:%s\n",str);
}
```

运行结果为：

```
Result:welcome
```

程序中的 char *p="program";相当于两行：

```
char * p;
p="program";
```

程序中的语句 if(*p!=s){str[k]=*p; k++;} 的含义是：只要 *p!=s,则将 *p 赋给 str[k],然后执行 k++,把所有不是'!'的字符都赋给 str[k]后,用 str[k]='\0';在 str[k]的最后加上'\0'.

9.5 指向指针的指针

如果一个指针变量指向的变量还是一个指针变量,就称为指向指针变量的指针变量,简称指向指针的指针,也叫二级指针。

一级指针：指针变量中存放目标变量的地址。

二级指针：指针变量中存放一级指针变量的地址。

指向指针的指针的定义格式如下：

数据类型 ****指针变量名;**

例如：

```
int **p;
int * pt;
int a=5;
pt=&a;
p=&pt;
```

情形如图 9.15 所示。

图 9.15 指向指针的指针

这里,pt=&a;使指针变量 pt 指向整型变量 a,p=&pt;又使指针变量 p 指向指针变量 pt。访问整型变量 a 可以使用 a、*pt 和**p,例如执行语句：

```
printf("a=%d\n*pt=%d\n**p=%d\n",a,*pt,**p);
```

输出结果为：

```
a=5
*pt=5
**p=5
```

由于 *pt 是取 pt 指向的内容,是 a。**p 就是 *(*p),是取 *p 指向的内容(*p 是取 p 指向的内容,即 &a),也是 a。

p 是二级指针,它只能指向另一个指针变量,即 p=&pt;,而不能指向一个整型变量,所以下面的写法是错误的：

```
p=&a;
```

9.6　main 函数的参数

前面 main 函数都是不带形参的。实际上，main 函数和其他一些函数一样，也可以有形参。其格式如下：

main(int argc, char * argv[ ])

或

main(argc, argv)
int　argc;
char　* argv[ ];

形参 argc 为整型变量，argv 为指向字符串的指针数组（其元素指向字符型数据），也可以是二级指针变量 char **argv;。

argc 统计命令行中以空格隔开的字符串个数（如果字符串包含空格，则必须用双引号括起来）。argv[0]指向第一个字符串，argv[1]指向第二个字符串，以此类推。

形参的标识符也可以自己确定，如 main(int n, char **str)。

大家知道函数的形参，其值是由该函数的调用函数的实参传递过来的。而 main 函数不能被其他函数调用，那么 main 函数的形参值从哪儿来呢？应在操作系统提示符下，在输入可执行程序文件名时给出。这样，执行带参数的 main 程序时，命令行中除了有表示命令的可执行程序文件名外，还要有 main 函数需要的实参，最后的回车符将作为输入命令行的结束。命令行中可执行程序名与实参、实参与实参间要用空格或 Tab 键分隔。程序名、实参均作为字符串数据使用。把命令行中字符串的个数传给形参 argc，指针数组 argv 的各个元素依次指向输入的每个字符串，因此 argv 数组的元素个数为 argc。

【例 9.22】　使用带参的 main 函数。程序如下：

```
/ * exam1.c * /
main( int argc,　char * argv[ ])
{
  int i;
  printf("There are %d strings.\n",argc);        / *命令行有%d个字符串 * /
  printf("%s is file's name.\n",argv[0]);        / * %s 是可执行程序的文件名 * /
  printf("Others are:");                         / *命令行中的其他字符串依次为 * /
  for(i=1;i<argc;i++)
    printf( "%s\t",argv[i]);
}
```

此程序保存时以 exam1.c 为文件名，经编译、连接后形成 exam1.exe。

在命令行输入：

C:\tc>exam1.exe　c　basic　pascal　fortran↙

运行结果为：

There are 5 strings.
C:\tc\exam1.exe is file's name.
Others are: c　basic　pascal　fortran

应注意，命令行中第一个字符串必须是可执行程序的文件名。

下面再举一个例子。

【例9.23】 计算圆的周长与面积,要求从命令行中输入圆的半径。

```
/* exam2.c */
#include "stdlib.h"
#define PI 3.1415926
main( int n, char **str)
{
   float r, c, s;
   if(n!=2)
   {  printf("Please reinput file's name and r!");
      exit(0);              /* 执行库函数 exit(0),则退出程序的执行状态,返回 DOS */
   }
   r=atof(str[1]);          /* 库函数 atof 的作用是把 str[1]指向的字符串转换成实数 */
   c=2*PI*r;
   s=PI*r*r;
   printf("c=%.4f\ns=%.4f\n",c,s);
}
```

此程序保存时以 exam2.c 为文件名,经编译、连接后形成 exam2.exe。

在命令行输入:

```
D:\>exam2.exe  10↙
```

运行结果为:

```
c=62.8319
s=314.1593
```

使用带参的 main 函数的目的是增加一条系统向程序传递数据的渠道,加大处理问题的活动余地。例9.23程序的函数体中,并没有要求输入圆的半径,但通过使用带参的 main 函数,从命令行中传递了半径数值。

9.7 指针与内存的动态存储分配

在此之前,用于存储数据的变量、数组等都必须在声明部分进行定义,C 语言编译程序通过定义了解它们所需存储空间的大小,并预先分配适当的内存空间。这些空间分配后,在变量、数组等的生存期内是固定不变的。这是"静态存储分配"方式。这种方式有其缺点:例如,建立数组存放学生各门课的成绩,定义数组时要指定数组的大小,在不能确定学生人数的情况下,指定小了,就满足不了要求,指定大了,学生人数较少时,就会浪费内存空间。那么,能不能在程序开始运行后才确定数组的大小呢?

答案是可以。C 语言还有一种内存的"动态存储分配"方式:在程序运行期间需要内存空间存储数据时,通过申请分配指定的内存空间,当有闲置不用的空间时,随时将其释放,由系统另做他用。

9.7.1 内存动态存储分配函数

ANSI C 定义了4个内存动态存储分配的函数,分别为 malloc、calloc、free 和 realloc。

使用这些函数时必须在程序开头包含头文件 stdlib.h。

1. malloc 函数

malloc 函数原型为：

void * malloc(unsigned int size);

它的作用是在内存的动态存储区分配一个长度为 size 的连续空间,它的函数返回值是一个指针,若分配成功,则返回该存储空间的首地址,否则(如内存没有足够大的空间)返回空指针 NULL。NULL 的实际值是 0。

由于 malloc 返回的指针为 void *,因此在调用函数时必须使用强制类型转换将其转换为所需的类型。

例如：

```
int *pi;
pi=(int *)malloc(sizeof(int));
```

以上程序段使 pi 指向一个 int 类型的存储区域。

如果执行语句：

```
if (pi!= NULL) *pi=100;
```

则赋值后指针的指向及数据的存储情况如图 9.16 所示。

动态分配得到的存储单元没有名字,只能靠指针变量引用它。如果指针改变指向,原存储单元和所存的数据都无法再引用。

图 9.16 指针的指向

malloc 函数有可能返回 NULL,所以使用前一定要检查分配的内存指针是否为空,如果是空指针,则表示它不指向任何对象,不能引用该指针,否则将导致系统瘫痪。使用下面的检查语句：

```
if (pi == NULL)
{   printf("No enough memory!\n");
    exit(0);
}
```

一旦 pi 为空指针,则用 exit(0);退出系统,不再引用。

当 pi 不是空指针时,才可以使用,例如下面的赋值：

```
if (pi!= NULL) *pi=100;
```

2. calloc 函数

calloc 函数原型为：

void * calloc(unsigned n, unsigned int size);

它的作用是在内存的动态存储区分配 n 个长度为 size 的连续空间,若分配成功,返回该存储空间的首地址,否则返回 NULL。

例如：

```
float *pf;
pf=(float *)calloc(20,sizeof(float));
```

表示申请 20 个连续的 float 类型的存储单元,并用指针 pf 指向该连续存储单元的首地址,申请的总的存储单元字节数为 20×sizeof(float)。

通常利用 calloc 函数为一维数组开辟动态存储空间，调用时 n 设置为数组元素的个数，size 设置为每个数组元素的长度。

3. free 函数

free 函数原型为：

void   free(void * p);

它的作用是释放指针 p 所指的存储空间（将该空间交还给系统，由系统重新分配做他用），该空间必须是以前由动态分配函数 malloc 或 calloc 分配的存储空间。该函数无返回值。

例如：

```
int * p;
p=(int *)malloc(sizeof(int));
…
free(p);
```

4. realloc 函数

realloc 函数原型为：

void   * realloc(void * p, unsigned int size);

它的作用是将指针 p 指向的存储区（是此前由 malloc 函数或 calloc 函数分配的）的大小改为 size 字节。若分配成功，返回新的存储空间的首地址，否则返回 NULL。这个新的首地址不一定与原地址相同。

9.7.2　内存动态存储分配函数的应用

1. 建立动态数组

【例 9.24】　利用内存动态存储分配函数，建立动态数组。输入一批学生某门课程的成绩，输出学生人数、最高分、最低分和平均分。学生人数在程序运行开始后从键盘输入。

分析：

学生人数在程序运行开始后从键盘输入，学生人数相当于数组的元素个数，这就注定要使用内存动态存储分配函数，建立动态数组。如何建立？内存如何申请？何时释放？请带着这些问题阅读下面的程序。

程序如下：

```
#include "stdio.h"
#include "stdlib.h"
main()
{
  int * p, n, i, max, min, sum;
  float aver;
  printf("Please input number for students:\n");
  scanf("%d",&n);
  p=(int *)malloc(n * sizeof(int));            /* 申请存储空间 */
  if (p == NULL)                               /* 检查指针 p 是否为空 */
  {  printf("No enough memory!\n");
     exit(0);                                  /* p 为空指针，则程序停止运行 */
  }
```

```
        for(i=0;i<n;i++)
        {   printf("Please input the %d student's score:\n",i);
            scanf("%d",p+i);
        }
        sum=0;
        max= * p;
        min= * p;

        for(i=0;i<n;i++)
        {   sum=sum+ * (p+i);                            /* 求各个学生的成绩之和 */
            if( * (p+i)>max)   max= * (p+i);              /* 求最高分 */
            if( * (p+i)<min)   min= * (p+i);              /* 求最低分 */
        }
        aver=(float)sum/n;
        printf("number=%d,max=%d,min=%d,aver=%.2f\n",n,max,min,aver); /* 输出 */
        free(p);                                         /* 释放申请的存储空间 */
}
```

运行结果为：

```
Please input number for students:
3✓
Please input the 0 student's score:
98✓
Please input the 1 student's score:
86✓
Please input the 2 student's score:
78✓
number=3,max=98,min=78,aver=87.33
```

说明：

（1）程序定义变量后，首先输入学生人数，即一维数组元素的个数。

（2）根据数组的类型和元素个数申请内存存储空间，其大小等于元素个数与 sizeof(int)之积。

（3）检查指针 p 是否为空，以确保指针使用之前不是空指针（使用空指针将使系统瘫痪）。如果是空指针，立即停止程序的运行；如果不是空指针，逐个输入学生的成绩，存入申请的内存存储空间。

（4）输入成绩后，进行数据处理：通过比较求最高分、最低分，通过计算求平均分。

（5）输出要求的数据。

（6）释放申请的存储空间。

（7）本题也可以用 calloc 函数申请内存存储空间，其语句为：

```
p=(int * )calloc(n,sizeof(int));
```

2. 建立动态数据结构

建立动态数据结构需要内存动态存储分配，建立动态数据结构的例子请见 10.5 链表一节。

习 题 9

一、选择题

1. 若有定义：int   x ， * p； 则以下正确的赋值表达式是（   ）。

A. p=&x   B. p=x   C. *p=&x   D. *p=x

2. 以下程序的输出结果是(   )。
   A. 20   B. 30   C. 21   D. 31

```
main( )
{
    int a[5]={10,20,30,40,50}, *p;
    p=&a[1];
    printf("%d", *p++);
}
```

3. 以下程序的输出结果是(   )。
   A. 20   B. 30   C. 21   D. 31

```
main( )
{
    int a[5]={10,20,30,40,50}, *p;
    p=&a[1];
    printf("%d", *++p);
}
```

4. 以下程序的输出结果是(   )。
   A. 20   B. 30   C. 21   D. 31

```
main( )
{
    int a[5]={10,20,30,40,50}, *p;
    p=&a[1];
    printf("%d", ++*p);
}
```

5. 以下程序的输出结果是(   )。
   A. 2   B. 3   C. 1   D. 4

```
main( )
{
    int a[10]={1,2,3,4,5,6,7,8,9,10}, *p;
    p=a;
    printf("%d", *(p+2) );
}
```

6. 以下程序的输出结果是(   )。
   A. 17   B. 18   C. 11   D. 20

```
main( )
{
    int a[ ]={2,4,6,8,10}, *p, y=1, x;
    p=&a[1];
    for(x=0; x<2;x++ )
        y+= *(p+x);
    printf(" %d", y );
}
```

7. 以下能正确进行字符串赋值的语句组是(   )。
   A. char s[5]={ 'g' , 'o' , 'o' , 'd' , '!' };
   B. char *s; s="good!";

C. char s[5]= "good!";

D. char s[5]; s="good";

8. 有以下程序：

```
main()
{
  char a[]="programming", b[]="language";
  char *p1, *p2;
  int x;
  p1=a; p2=b;
  for(x=0; x<7;x++)
    if( *(p1+x)==*(p2+x) )
      printf("%c", *(p1+x) );
}
```

输出结果是(　　)。

  A. gm   B. rg   C. or   D. ga

9. 有以下程序：

```
int fun(int x, int y, int *cp, int *dp )
{ *cp=x+y;
  *dp=x-y;
}

main()
{
  int a, b, c, d;
  a=30; b=50;
  fun( a, b, &c, &d );
  printf("%d,%d\n", c, d );
}
```

输出结果是(　　)。

  A. 50,30   B. 30,50   C. 80,-20   D. 80,20

10. 以下程序的输出结果是(　　)。

  A. AfghdEFG   B. Abfhg   C. Afghd   D. Afgd

```
#include <string.h>
main()
{
  char *p1, *p2, str[50]= "ABCDEFG";
  p1="abcd";
  p2="efgh";
  strcpy(str+1, p2+1);
  strcpy(str+3, p1+3);
  printf("%s", str);
}
```

11. 有以下程序段：

```
int *p, a=10, b=1;
p=&a;
a= *p+b;
```

执行该程序段后，a 的值为(　　)。

  A. 12   B. 11   C. 10   D. 编译出错

12. 若有定义：int x，y=2，*p=&x；则能完成 x=y 赋值功能的语句是(　　)。
   A. x=*p;　　　　B. *p=y;　　　　C. x=&y;　　　　D. x=&p;

二、编程题

1. 练习指针变量。有三个整型变量 i，j，k。请编写一个程序，设置三个指针变量 p1、p2、p3，分别指向 i，j，k。然后通过指针变量使 i，j，k 这 3 个变量的值顺序交换，即原来 i 的值赋给 j，原来 j 的值赋给 k，原来 k 的值赋给 i。i、j、k 的原值由键盘输入，要求输出 i、j、k 的原值和新值。

2. 练习指针变量。从键盘输入 3 个整数给整型变量 i，j，k，要求设置 3 个指针变量 p1、p2、p3 分别指向 i，j，k，通过比较使 p1 指向 3 个数的最大者，p2 指向 3 个数的次大者，p3 指向 3 个数的最小者，然后由从大到小的顺序输出三个数。

提示：*p1 与 *p2 比较，若 *p1< *p2，则 *p1 与 *p2 交换；*p1 与 *p3 比较，若 *p1< *p3，则 *p1 与 *p3 交换；*p2 与 *p3 比较，若 *p2< *p3，则 *p2 与 *p3 交换。

3. 练习用指向数组的指针变量作为函数参数。求 3×4 的二维数组{1,3,5,7,9,11,13,17,19,21,23,25}中的所有元素之和。

4. 练习指向函数的指针。用指向函数的指针变量求 3×4 的二维数组{1,3,5,7,9,11,13,17,19,21,23,25}中的所有元素之和。

5. 练习返回指针值的函数。编写一个函数 strcat，使一个字符串 str2 接到另一个字符串 str1 之后，原来字符串 str1 最后的'\0'被 str2 的第 1 个字符所取代。函数返回 str1 的值，在主函数输出 str1。

6. 练习指针与数组。分别用下标法、指针法(指针变量 p)访问数组 a[10]={-2,-10,0,-1,7,99,-35,43,61,-110}，用这两种方法输出数组各元素的值，每种方法输出的 10 个元素在一行上。

7. 练习指针数组。求 3×4 的二维数组{1,3,5,7,9,11,13,17,19,21,23,25}中的所有元素之和。

8. 练习指针数组。有 3 个字符串"China""America""France"，请按字母顺序(A、C、F)的逆顺序(F、C、A)输出这 3 个字符串(要求用指针数组指向这 3 个字符串)。

9. 练习指针与字符串。在一行字符串中修改一个指定的字符。例如，修改字符串"I study C Language"中的"C"为"B"。

10. 练习例 9.22 和例 9.23。

第10章

用户自己定义的数据类型

数组作为一种构造型数据类型,为将多个相关数据作为一个整体进行处理提供了方便。但是,数组只能按序组织多个相同类型的数据,当需要将若干不同类型的相关数据作为一个整体进行处理时,就需要使用另外一种构造型数据类型——结构体类型。例如,一个学生的姓名(name)、学号(code)、性别(sex)、年龄(age)、家庭住址(address),构成了这个学生档案的基本信息,若要将 name、code、sex、age、address 分别定义为相互独立的简单变量,难以反映出它们之间的内在联系,而通过使用结构体类型就可以将它们作为一个整体来处理。

本章除介绍结构体类型之外,还介绍共用体类型、枚举类型、链表以及用 typedef 定义新类型名。

10.1 结构体和结构体变量

将若干不同数据类型的数据项组织在一起形成的数据类型称为结构体类型。结构体中的数据项称为结构体的成员。

10.1.1 结构体类型的定义

一个结构体由若干成员组成,定义的一般格式如下:

```
struct 结构体名
{   类型名 1    结构体成员名 1;
    类型名 2    结构体成员名 2;
    …
    类型名 n    结构体成员名 n;
};
```

其中,struct 是关键字,结构体名和结构体成员名是用户定义的标识符。注意必须在结尾加分号,因为结构体类型定义本身为一条语句。关键字 struct 和后面的结构体名共同构成了结构体类型名。

依此格式,可以定义如下结构体类型来描述上述学生档案的信息:

```
struct student
{   char name[20];
    int code;
```

```
    char sex;
    int age;
    char address[40];
};
```

这里定义的是结构体类型,其名为 struct student,该类型名同整型的类型名 int、单精度实型的类型名 float、字符型的类型名 char 等一样,地位和作用相同。

10.1.2 结构体变量的定义

结构体类型定义仅仅是声明了这些数据的结构形式,系统并没有为其分配实际的内存单元,要在程序中使用结构体类型的数据,应当定义结构体变量。

定义结构体变量有如下三种方法。

1. 先定义结构体类型再定义变量

一般格式如下:

struct 结构体名
{   类型名 1   结构体成员名 1;
    类型名 2   结构体成员名 2;
    …
    类型名 n   结构体成员名 n;
};
struct 结构体名 变量名表列;

例如:

```
struct student
{   char name[20];
    int code;
    char sex;
    int age;
    char address[40];
};
struct student std1, * pstd;
```

在这里,定义了一个结构体变量 std1,一个可以指向结构体变量的指针 pstd。

在定义了结构体变量之后,系统会为其分配内存单元。例如,结构体变量 std1 在内存中占 65(即 20+2+1+2+40)字节。

2. 在定义结构体类型的同时定义变量

一般格式如下:

struct 结构体名
{   类型名 1   结构体成员名 1;
    类型名 2   结构体成员名 2;
    …
    类型名 n   结构体成员名 n;
}变量名表列;

例如:

```
struct student
{   char name[20];
    int code;
    char sex;
```

```
    int age;
    char address[40];
}std1, * pstd;
```

采用这种方式时,如果在程序中只需定义结构体变量一次,即此后不需要再定义此类型的结构体变量,结构体名可以省略,student 可以不写。

3. 直接定义结构体类型变量

一般格式如下:

```
struct
{   类型名 1    结构体成员名 1;
    类型名 2    结构体成员名 2;
    …
    类型名 n    结构体成员名 n;
}变量名表列;
```

例如:

```
struct
{   char name[20];
    int code;
    char sex;
    int age;
    char address[40];
}std1, * pstd;
```

不出现结构体名。

关于结构体中的成员,有如下几点需要说明。

(1) 成员可以单独引用,作用与地位相当于同类型的普通变量。

(2) 成员名可以与程序中的变量名相同,二者代表不同的对象。

(3) 成员也可以是一个结构体变量,此时形成结构体的嵌套。ANSI C 允许嵌套 15 层,且不同层的结构体成员的名字可以相同。

例如,可以用更能准确反映学生年龄的出生日期(birthday)取代年龄(age)这一项,出生日期是由年、月、日组成的,定义为结构体类型:

```
struct date
{   int day;
    int month;
    int year;
};
```

由此可以定义如下结构体类型:

```
struct person
{   char name[20];
    int code;
    char sex;
    struct date birthday;              /* 定义结构体变量 birthday */
    char address[40];
};
```

或者可以直接写成:

```
struct person
{   char name[20];
    int code;
```

第 10 章 用户自己定义的数据类型

```
    char sex;
    struct date                    /* date 可以省略不写 */
    {   int day;
        int month;
        int year;
    }birthday;
    char address[40];
};
```

struct person 的结构如图 10.1 所示。

name	code	sex	birthday			address
			day	month	year	

图 10.1 struct person 的结构

10.1.3 结构体变量的初始化

同普通变量和数组一样，结构体变量可以在定义的同时赋初值。

对结构体变量初始化，应将各成员所赋初值依照结构体类型定义中成员的顺序依次放在一对花括号"{}"中。例如：

```
struct student
{   char name[20];
    long int code;
    char sex;
    int age;
    char address[40];
}std1={ "zhaogang",20001234, 'M',18, "shandong"};
```

结构体变量初始化时，不允许跳过前面的成员给后面的成员赋值，但可以只给前面若干成员赋初值，后面未赋初值的成员中，数值型和字符型的数据，系统自动赋值零。

10.1.4 结构体变量的引用

由于结构体类型的特殊构造，结构体变量的引用也较为特殊。

定义了结构体变量之后就可以引用这个变量，但应遵守以下规则。

(1) C 语言不允许将一个结构体变量作为一个整体进行输入输出，只能对结构体变量中的各个成员分别输入输出。例如不能这样引用：

```
printf("%s,%ld,%c,%d,%s",std1);
```

引用结构体变量中成员的格式如下：

结构体变量名.成员名

其中，"."是成员运算符。

例如，用 scanf 对上面定义的结构体变量 std1 进行赋值：

```
scanf("%s", std1.name );
scanf("%ld%c%d",&std1.code,&std1.sex,&std1.age);
scanf("%s",std1.address);
```

这里,由于成员 name 和 address 是字符数组名,本身代表地址,所以不应再用 & 运算符。

用 printf 输出结构体变量 std1 的数据:

```
printf("%s,%ld,%c,%d,%s", std1.name, std1.code, std1.sex, std1.age, std1.address);
```

(2) 如果成员本身又属于一个结构体类型,则要用若干成员运算符,一级一级地找到最低一级的成员,只能对最低级的成员进行引用和操作。

假设有如下定义:

```
struct person
{   char name[20];
    long int code;
    char sex;
    struct
    {   int day,month,year;
    }birthday;
    char address[40];
} std1;
```

则 std1.code 引用结构体变量 std1 中的成员 code、std1.birthday.day 引用结构体变量 std1 中结构体变量 birthday 中的成员 day。

(3) 允许将一个结构体变量直接整体赋值给另一个具有相同结构的结构体变量。如果有:

```
struct student
{   char name[20];
    long int code;
    char sex;
    int age;
    char address[40];
}std1={"zhaogang",20001234,'M',18,"shandong"},std2;
```

则以下操作是合法的:

```
std2=std1;
```

(4) 结构体变量的成员可以像基本变量一样进行各种运算,例如统计 sex 为 M 的人数(求和)、对 age 求平均值等。

10.1.5 结构体变量应用举例

【例 10.1】 输入一个学生的信息(姓名,学号,性别,年龄,住址),将信息定义在一个结构体中,然后输出到屏幕上。

分析:

(1) 这里要将若干不同数据类型的数据项(姓名,学号,性别,年龄,住址)组织在一起,形成一条信息,需要使用结构体类型。

(2) 本题是结构体变量的输入输出。程序由哪几部分构成?如何编写程序?请思考。

(3) 算法为:先定义结构体类型和定义结构体变量,再输入,然后输出。

程序如下：

```
#include "stdio.h"
main()
{   struct student
    {   char name[20];
        long int code;
        char sex;
        int age;
        char address[40];
    } std1;
    printf("Input: Name  Code  Sex  Age  Address \n");
    scanf("%s%ld%c%d%s",std1.name,&std1.code,&std1.sex,&std1.age,std1.address);
    printf("Name=%s\nCode=%ld\nSex=%c\n",std1.name,std1.code,std1.sex);
    printf("Age=%d\nAddress=%s\n",std1.age,std1.address);
}
```

运行结果为：

```
Input: Name  Code  Sex  Age  Address
Zhangmingmin 1001M 19 Beijing↙
Name=Zhangmingmin
Code=1001
Sex=M
Age=19
Address=Beijing
```

本程序的结构体类型和结构体变量的定义位于 main 函数内部，它们的定义也可以位于 main 函数外部，或者结构体类型的定义位于 main 函数外部。

请思考：本程序在输入时，"1001"和"M"之间没有加空格。能不能加空格？

10.2 结构体数组

如果用数组替换结构体变量，则称其为结构体数组。

10.2.1 结构体数组的定义

结构体数组的定义与结构体变量的定义类似，有以下三种方法，下面举例说明。

方法 1：

```
struct student
{   char name[20];
    long int code;
    char sex;
    int age;
    char address[40];
};
struct student std[2];
```

方法 2：

```
struct student
{   char name[20];
    long int code;
```

```
    char sex;
    int age;
    char address[40];
} std[2];
```

方法 3：

```
struct
{   char name[20];
    long int code;
    char sex;
    int age;
    char address[40];
} std[2];
```

10.2.2 结构体数组的初始化

对结构体数组进行初始化，除了要遵循数组初始化的规则，还要把每个数组元素的初值数据用花括号括起来。下面举例说明。

```
struct student
{   char name[20];
    long int code;
    char sex;
    int age;
    char address[40];
};
struct student std[2]={ {"Zhang",10100, 'M',19, "Beijing"},{"Wang",10102, 'F',18, "Jilin"}};
```

或者：

```
struct student
{   char name[20];
    long int code;
    char sex;
    int age;
    char address[40];
} std[2]={ {"Zhang",10100, 'M',19, "Beijing"},{"Wang",10102, 'F',18, "Jilin"}};
```

或者：

```
struct
{   char name[20];
    long int code;
    char sex;
    int age;
    char address[40];
} std[2]={ {"Zhang",10100, 'M',19, "Beijing"},{"Wang",10102, 'F',18, "Jilin"}};
```

在输入全部数组元素时，可以省略元素个数（这里为"2"），例如：

```
struct student
{   char name[20];
    long int code;
    char sex;
    int age;
```

```
      char address[40];
};
struct student std[]={ {"Zhang",10100, 'M',19, "Beijing"}, {"Wang",10102, 'F',18,
"Jilin"}};
```

系统会自动确定元素个数。

结构体数组各元素在内存中连续存放，如图 10.2 所示。

10.2.3 结构体数组的引用

结构体数组引用的一般格式如下：

数组名[下标].成员名

例如：

```
std[0].name
std[0].code
```

图 10.2 在内存中连续存放

还允许将一个结构体数组元素整体赋给同一个结构体数组的另一个元素，或赋给同一类型的变量。例如：

```
std[1]=std[0];
```

10.2.4 结构体数组应用举例

【**例 10.2**】 利用 10.2.2 节的结构体数组的已知信息，输出这些学生的姓名、学号、性别、年龄、住址，计算并输出这些学生的平均年龄。

分析：想一想，本例的算法是什么？是不是定义结构体类型→定义结构体变量→初始化→计算平均年龄→输出结果？

程序如下：

```
#include "stdio.h"
#define N 2
struct student
{   char name[20];
    long int code;
    char sex;
    int age;
    char address[40];
};
struct student std[N]={ {"Zhang",10100, 'M',19, "Beijing"},{"Wang",10102, 'F',18,
"Jilin"}};

main()
{
    int i,sum=0;
    float aver_age;
    for(i=0;i<N;i++)
       sum=sum+std[i].age;
    aver_age=(float) sum/N;
    printf("Name\tCode\tSex\tAge\tAddress\n");
    for(i=0;i<N;i++)
```

```
    { printf("%s\t%ld\t%c\t",std[i].name,std[i].code,std[i].sex);
      printf("%d\t%s\n",std[i].age,std[i].address);
    }
    printf("The average age=%f\n", aver_age);
}
```

运行结果为：

```
Name    Code    Sex     Age     Address
Zhang   10100   M       19      Beijing
Wang    10102   F       18      Jilin
The average age=18.500000
```

本程序的结构体类型和结构体变量的定义位于 main 函数外部。

本程序在定义结构体变量时赋初值，较例 10.1 运行程序时输入初值要简化些。

10.3 结构体指针

结构体指针是指指向结构体的指针，包括指向结构体变量的指针和指向结构体数组的指针。一个结构体变量的指针就是该变量在内存中占有的存储单元的起始地址。设一个指针变量，用来指向一个结构体变量，这时该指针变量的值就是结构体变量的起始地址。指针变量也可以指向结构体数组中的元素。

10.3.1 指向一个结构体变量的指针

定义结构体类型的指针变量与定义结构体变量类似，有三种方法。第一种方法格式如下：

struct 结构体名 * 指针变量名；

其他两种方法可以仿此写出。

若定义了基类型为结构体类型的指针变量，可以用成员运算符"."和指向成员运算符"->"两种方式引用。

格式如下：

(* 指针变量名).成员名
指针变量名->成员名

它们与前面介绍的：

结构体变量名.成员名

的引用方式等价。

假设有如下语句：

```
struct person std1,*pstd;
pstd=&std1;
```

则引用结构体变量 std1 的成员 code，可写成：

```
(*pstd).code
pstd->code
```

当然也可以用：

std1.code

来引用，这种方式没有用到指针。

再强调一下，对嵌套的结构体，若要引用内层结构体的成员，必须从最外层开始，逐层使用成员名定位。例如，对结构体变量 std1 中出生年份 year 的引用可写成：

```
(*pstd).birthday.year
pstd->birthday.year
std1.birthday.year
```

下面举一个指向结构体变量的指针的例子。

【例 10.3】 把例 10.1 的程序修改为利用指向结构体变量的指针输出已知信息。

```
#include "stdio.h"
main()
{   struct student
    {   char name[20];
        long int code;
        char sex;
        int age;
        char address[40];
    } std1;
    struct student *p;
    p=&std1;
    strcpy(std1.name,"Zhangmingmin");
    std1.code=1001;
    std1.sex='M';
    std1.age=19;
    strcpy(std1.address,"Beijing");
    printf("Name=%s\nCode=%ld\nSex=%c\n",(*p).name,(*p).code,(*p).sex);
    printf("Age=%d\nAddress=%s\n",(*p).age,(*p).address);
    printf("\n");
    printf("Name=%s\nCode=%ld\nSex=%c\n",p->name,p->code,p->sex);
    printf("Age=%d\nAddress=%s\n",p->age,p->address);
}
```

运行结果为：

```
Name=Zhangmingmin
Code=1001
Sex=M
Age=19
Address=Beijing

Name=Zhangmingmin
Code=1001
Scx-M
Age=19
Address=Beijing
```

显然，"(*指针变量名).成员名"和"指针变量名->成员名"两种引用方式等价。本程序的运行结果与例 10.1 也相同，表明它们也与"结构体变量名.成员名"的引用方式等价。

本程序把从键盘输入数据改成了赋初值方式。

要明确以下几种运算：

p->n：得到 p 指向的结构体变量中的成员 n 的值。

p->n++：得到 p 所指向的结构体变量中的成员 n 的值，用完该值后再使它加 1。

++p->n：得到 p 所指向的结构体变量中的成员 n 的值加 1，然后再使用它。

10.3.2 指向一个结构体数组的指针

下面举一个指针变量指向结构体数组的例子。

【例 10.4】 把例 10.2 的程序修改为利用指向结构体数组的指针完成要求的任务。

```
#include "stdio.h"
#define N 2
struct student
{   char name[20];
    long int code;
    char sex;
    int age;
    char address[40];
};
struct student std[N]={ {"Zhang",10100,'M',19,"Beijing"},{"Wang",10102,'F',18,
"Jilin"}};

main()
{
    struct student * p;
    int i,sum=0;
    float aver_age;
    for(p=std;p<std+N;p++)
      sum=sum+p->age;
    aver_age=(float) sum/N;
    printf("Name\tCode\tSex\tAge\tAddress\n");
    for(p=std;p<std+N;p++)
    {   printf("%s\t%ld\t%c\t",p->name,p->code,p->sex);
        printf("%d\t%s\n",p->age,p->address);
    }
    printf("The average age=%f\n", aver_age);
}
```

运行结果为：

```
Name    Code    Sex     Age     Address
Zhang   10100   M       19      Beijing
Wang    10102   F       18      Jilin
The average age=18.500000
```

本程序的运行结果与例 10.2 相同。

这里，p 是指向 struct student 结构体类型数据的指针变量。在第二个 for 语句中，先使 p 的初值为 std，即数组 std 的起始地址，也就是 &std[0]，在第一次循环中输出 std[0] 的各个成员值。然后执行 p++，使 p 自加 1，p+1 意味着 p 所增加的值为结构体数组元素 std 的 1 个元素所占的字节数（在本例中为 20+4+1+2+40=67 字节），即 p 向后移动 1 个结构体数组元素。执行 p++ 后 p 的值等于 std+1，p 指向 std[1] 的起始地址，在第二次循环中输出 std[1] 的各个成员值。再次执行 p++ 后，p 的值等于 std+2，已经不再小于 std+2，因而结束循环。

注意:

(1) 如果 p 的初值为 std,即指向第一个结构体数组元素,则 p+1 后 p 就指向下一个结构体数组元素的起始地址。例如:

(++p)->name 先使 p 自加 1,然后指向它指向的元素中的 name 成员值(即 Wang)。

(p++)->name 先得到 p->name 的值(即 Zhang),然后使 p 自加 1,指向 std[1]。

(2) p 定义为指向 struct student 类型的数据,它只能指向一个 struct student 类型的数据,而不应指向 std 数组元素中的某一个成员。例如,下面的用法是错误的:

```
p=std[1].name;
```

10.4 结构体与函数

本节分以下几种情况详细讨论结构体与函数的数据传递问题。

10.4.1 结构体的成员作函数参数

与数组元素可以作函数参数一样,结构体变量中的成员也可以作函数参数。此时,结构体成员作函数的实参,普通变量作被调函数中的形参。结构体成员作函数实参的用法与普通变量作函数实参的用法相同,形参和实参之间仍然是"值传递"的方式。

【例 10.5】 用结构体的成员作函数参数,求一个学生两门课的成绩之和。

```c
#include "stdio.h"
#include "string.h"
struct data
{   char name[20];
    int s1;                              /*第一门课的成绩*/
    int s2;                              /*第二门课的成绩*/
    int total;                           /*两门课的成绩之和*/
};

main( )
{
    int sum(int a,int b);                /*函数声明*/
    struct data stu;
    strcpy (stu.name,"Wangli");
    stu.s1=98;
    stu.s2 =95;
    stu.total=sum(stu.s1, stu.s2);       /*成员 stu.s1, stu.s2 作实参*/
    printf("%s:%d+%d=%d\n",stu.name,stu.s1,stu.s2,stu.total);
    printf("\n");
}

int sum(int a,int b)                     /*求和。stu.s1 传给形参 a,stu.s2 传给形参 b*/
{   int k;
    k=a+b;
    return(k);
}
```

运行结果为:

Wangli:98+95=193

10.4.2 结构体变量作函数参数

旧的 C 系统不允许用结构体变量作函数参数,只允许指向结构体变量的指针作函数参数,即传递结构体变量的首地址。ANSI C 取消了这一限制,可以直接将实参结构体变量的各个成员的值全部传递给对应的形参结构体变量。这要求形参必须是同类型的结构体变量。这里采用的是"值传递"的方式,对形参结构体变量的任何操作都不会影响对应实参结构体变量的值。使用这种传递方式,由于要为相应形参在内存中开辟一片与实参同样大小的存储单元,并一一传递各成员的数据,当结构体的规模很大时,系统在空间和时间上的开销很大,势必影响程序的运行效率。所以实际中较少使用这种方式。尽管如此,这里仍然举一个例子。

【例 10.6】 用结构体变量作函数参数,重新编写例 10.5。

```
#include "stdio.h"
#include "string.h"
struct data
{   char name[20];
    int s1;                             /*第一门课的成绩*/
    int s2 ;                            /*第二门课的成绩*/
    int total;                          /*两门课的成绩之和*/
};

main( )
{
    int sum(struct data count);         /*函数声明*/
    struct data stu;
    strcpy (stu.name,"Wangli");
    stu.s1=98;
    stu.s2 =95;
    /* printf("stu.total=%d\n",stu.total);   此语句作检测用*/
    stu.total=sum(stu);                 /*变量 stu 作实参*/
    printf("%s:%d+%d=%d\n",stu.name,stu.s1,stu.s2,stu.total);
    printf("\n");
}

int sum(struct data count)              /*求和*/
{   /* printf("count.total=%d\n",count.total);   此语句作检测用*/
    count.total =count.s1+count.s2;
    return(count.total);
}
```

运行结果为:

Wangli:98+95=193

说明:

(1) 结构体变量 stu 通过语句 stu.total=sum(stu);传递给了形参 count,即 stu.s1、stu.s2 和 stu.total 分别传递给了 count.s1、count.s2 和 count.total。但 stu.total 并没有赋值,其值

是随机的,用语句:

```
printf("stu.total=%d\n",stu.total);
printf("count.total=%d\n",count.total);
```

检测的结果为:

```
stu.total=3129
count.total=3129
```

(2) 如果在 main 函数定义结构体变量的语句 struct data stu;前加入 static 而成为 static struct data stu;,则结构体变量 stu 通过语句 stu.total=sum(stu);传递给形参 count 时,stu.total 的值就不是随机的了,其值为 0。

(3) 被调函数 sum 中,也可以定义一个整型变量 k,而用 k 代替求和语句、return 语句中的 count.total。

10.4.3 指向结构体的指针作函数参数

用指向结构体的指针作函数参数,由实参向形参传递的是结构体变量的首地址,这是"地址传递"方式,形参和实参在内存中使用共同的存储单元。此时对应形参是一个相同结构体类型的指针。调用时系统只需为形参指针开辟存储单元存放实参结构体变量的起始地址值。这种方式既可以降低空间上和时间上的开销,提高程序运行效率,也可以通过函数调用,通过双向传递修改相应结构体变量的值。

【例 10.7】 用结构体指针作函数参数,重新编写例 10.6。

```c
#include "stdio.h"
#include "string.h"
struct data
{   char name[20];
    int s1;                             /*第一门课的成绩*/
    int s2;                             /*第二门课的成绩*/
    int total;                          /*两门课的成绩之和*/
};

main()
{
    void sum(struct data * count);      /*函数声明*/
    struct data stu;
    strcpy(stu.name,"Wangli");
    stu.s1=98;
    stu.s2=95;
    sum(&stu);                          /*结构体变量 stu 的首地址 &stu 作实参*/
    printf("%s:%d+%d=%d\n",stu.name,stu.s1,stu.s2,stu.total);
    printf("\n");
}

void sum(struct data * count)
{   count->total =count->s1+count->s2;  /*两门课成绩之和*/
}
```

运行结果为:

```
Wangli:98+95=193
```

sum 函数中的形参 count 被定义为指向 struct data 类型数据的指针变量,main 函数调用该函数时,用结构体变量 stu 的首地址 &stu 作实参,调用时将该地址传给形参 count,这样指针变量 count 就指向了 stu。count 所指向的结构体变量的各个成员值,也就是 stu 的成员值。

【例 10.8】 用结构体指针作函数参数,给结构体变量赋值、输出。

```
struct student
{   char name[20];
    long int code;
    char sex;
    int age;
    char address[40];
};

void getdata(struct student * s)
{   scanf("%s",s->name);
    scanf("%ld,%c,%d",&s->code,& s->sex,& s->age);
    scanf("%s",s->address);
}

void print(struct student * s)
{   printf("%s,%ld,%c,%d,%s\n",s->name,s->code,s->sex,s->age,s->address);
}

main()
{
    struct student std;
    getdata(&std);
    print(&std);
}
```

运行结果为:

zhangsan↙
2008001,M,21↙
Jinan↙
zhangsan,2008001,M,21,Jinan

这两个例题是用指向结构体变量的指针作函数参数,除此之外,还可以用指向结构体数组的指针作函数参数。与数组名或指向数组的指针变量作函数参数的实参或形参时,实参和形参的对应关系有 4 种(请见第 9 章)类似,用结构体数组名或指向结构体数组的指针作函数参数,实参和形参的对应关系也有 4 种。

第 1 种对应关系:实参和形参都用结构体类型数组名。
第 2 种对应关系:实参用结构体类型数组名,形参用结构体类型指针变量。
第 3 种对应关系:实参和形参都用结构体类型指针变量。
第 4 种对应关系:实参用结构体类型指针变量,形参用结构体类型数组名。

10.4.4 结构体数组作函数参数

向函数传递结构体数组实际上也是传递数组的首地址。形参数组与实参数组在内存中使用共同的存储单元。函数形参、实参应当是同类型的结构体数组名或结构体指针。

【例 10.9】 用结构体数组作函数参数,求某班级每个学生的两门考试课的成绩之和。

分析:

(1) 这是一个很实际的题目,如果再添加些信息(学号、手机号、更多课程的成绩等),并与第 12 章的文件结合起来把数据存储在磁盘上,程序开发成功后,就可以在实际工作、生活中使用,成为一个简单实用的信息系统。

(2) 如果学生人数很多,调试程序会不方便,因此以 2 个学生的较少数据为例编写程序。这里使用宏定义"♯define N 2",程序调试成功后通过更改 N 值,就可以方便地适用于大量学生的成绩统计。

程序如下:

```c
#include "stdio.h"
#define N 2
struct data
{   char name[20];
    int s1;                          /* 第一门课的成绩 */
    int s2;                          /* 第二门课的成绩 */
    int total;                       /* 两门课的成绩之和 */
};

main()
{
    void sum(struct data t[N],int m);    /* 函数声明,N 可以省略 */
    struct data stu[N];
    int i;
    for (i=0;i<N;i++)                    /* 输入 */
    {   printf("Please input the %d student's name:\n",i);
        scanf("%s",stu[i].name);
        printf("Please input the %d student's score1:\n",i);
        scanf("%d", &stu[i].s1);
        printf("Please input the %d student's score2:\n",i);
        scanf("%d", &stu[i].s2);
        sum(stu, i);                     /* 调用 */
    }
    printf("-----------------------\n");  /* 输出 */
    printf("The results:\n");
    for (i=0;i<N;i++)
       printf("%s:%d+%d=%d\n",stu[i].name,stu[i].s1,stu[i].s2,stu[i].total);

}

void sum(struct data t[N],int m)         /* N 可以省略 */
{   t[m].total =t[m].s1+ t[m].s2;        /* 两门课成绩之和 */
}
```

运行结果为:

```
Please input the 0 student's name:
Zhangjianhua↙
Please input the 0 student's score1:
98↙
Please input the 0 student's score2:
95↙
```

```
Please input the 1 student's name:
Puchengzhe↙
Please input the 1 student's score1:
86↙
Please input the 1 student's score2:
89↙
-----------------------------------------
The results:
Zhangjianhua:98+95=193
Puchengzhe:86+89=175
```

该程序对例 10.7 的程序进行了改写,使用了结构体数组,且实参、形参都用结构体数组名。这是 10.4.3 节所说的第 1 种对应关系。

该程序运行时,如果成绩输入负数,照样可得到一个结果,例如:

```
Zhangjianhua:-20+95=75
Puchengzhe:86-89=-3
```

这需要程序使用者自己保证输入数据的正确性。请考虑,程序如何改动,就可以不用用户自己来保证输入的数据一定正确,即输入错误的数据后,程序将告知相应的数据输入错误,而要求改正? 这是在开发大程序时必须要考虑的问题。

下面再对例 10.9 的程序进行改写,使之更加模块化,为输入、输出专门编写函数 input、output,并将 sum 函数重新编写。

【例 10.10】 用结构体数组作函数参数,求某班级每个学生的两门考试课的成绩之和。

```c
#include "stdio.h"
#define N 2
struct data
{   char name[20];
    int s1;                                    /*第一门课的成绩*/
    int s2;                                    /*第二门课的成绩*/
    int total;                                 /*两门课的成绩之和*/
};

main()
{
    void input(struct data t[N],int m);        /*函数声明*/
    void sum(struct data *x,int m);            /*函数声明*/
    void output(struct data *x,int m);         /*函数声明*/
    struct data stu[N];
    struct data *q;                            /*定义结构体指针*/
    q=stu;                                     /*指针赋值*/
    input(q,N);                                /*调用*/
    sum(stu, N);                               /*调用*/
    output(q,N);                               /*调用*/
}
void input(struct data t[N],int m)             /*输入*/
{   int i;
    for (i=0;i<m;i++)
    {   printf("Please input the %d student's name:\n",i);
        scanf("%s",t[i].name);
        printf("Please input the %d student's score1:\n",i);
        scanf("%d", &t[i].s1);
        printf("Please input the %d student's score2:\n",i);
```

```
            scanf("%d", &t[i].s2);
    }
}
void sum(struct data * x,int m)                    /* 求和 */
{   int i;
    for (i=0;i<m;i++)
        (x+i)->total=(x+i)->s1+(x+i)->s2;
}
void output(struct data * x,int m)                 /* 输出 */
{   int i;
    printf("-----------------------------------\n");
    printf("The results:\n");
    for (i=0;i<m;i++)
        printf("%s:%d+%d=%d\n",(x+i)->name, (x+i)->s1, (x+i)->s2, (x+i)->total);
}
```

运行结果与例 10.9 相同。

本程序中，main 函数调用三个函数 input、sum、output。input 函数用于输入数据，sum 函数用于计算数据，output 函数用于输出数据。input 函数的实参为结构体类型指针变量，形参为结构体类型数组名；sum 函数的实参为结构体类型数组名，形参为结构体类型指针变量；output 函数的实参和形参均为结构体类型指针变量。

这样，通过例 10.9 和例 10.10，10.4.3 节所说的用结构体数组名或指向结构体数组的指针作函数参数时，实参和形参的 4 种对应关系就都得到了使用。请读者仔细阅读理解，消化吸收。这 4 种对应关系的任何一种都能实现相同的功能，在具体编程时，可以使用自己最顺手的对应关系，从而省些脑力，少些错误，一举两得，提高程序开发的效率。

10.4.5　函数的返回值是结构体类型

返回值是结构体的函数是指一个函数，它的返回值是结构体类型的。

一个函数可以返回一个函数值，这个函数值允许是整型、实型、字符型、指针型等，当然也允许是结构体类型。返回结构体类型值的函数也称为结构体型函数。

结构体类型的函数返回的是结构体变量的值。这是"值传递"方式。

结构体类型的函数定义的一般格式如下：

struct 结构体名 函数名([形参表])

先看一个简单的例子。

【例 10.11】　定义一个结构体类型的函数，通过函数返回结构体类型的值。

```
struct st
{   char tag;
    int data;
};

struct st getdata(struct st x)                   /* 定义一个结构体类型的函数 */
{   struct st y;
    y.tag=x.tag+1;
    y.data=x.data+1;
```

```
        return (y);
}

main( )
{
    struct st s={'a',99};                              /*定义变量 s,且初始化*/
    struct st t;
    printf("s.tag=%c,s.data=%d\n",s.tag,s.data);       /*打印原值*/
    t=getdata(s);                                       /*调用*/
    printf("t.tag=%c,t.data=%d\n",t.tag,t.data);       /*打印返回值*/
}
```

运行结果为：

```
s.tag=a,s.data=99
t.tag=b,t.data=100
```

程序中，getdata 函数被定义为结构体类型的函数，它的类型为 struct st；main 函数中，t 被定义为 struct st 类型的结构体变量，它与 getdata 函数的类型相同，用于接收 getdata 函数的返回值 y；getdata 函数中，y 被定义为 struct st 类型的结构体变量，它与形参 x 以及 getdata 函数的类型相同，用于接收 x 运算后的值。getdata 函数返回的是结构体 struct st 类型的值。

【例 10.12】 用返回值是结构体类型的函数，求一个学生的两门考试课的成绩之和。

```
#include "stdio.h"
struct data
{   char name[20];
    int s1;                                             /*第一门课的成绩*/
    int s2;                                             /*第二门课的成绩*/
    int total;                                          /*两门课的成绩之和*/
};

main( )
{
    struct data input();                                /*函数声明*/
    struct data sum(struct data count);                 /*函数声明*/
    void output(struct data count);                     /*函数声明*/
    struct data stu;
    stu=input();                                        /*第一个调用语句*/
    /*printf("2.%s:%d+%d=%d\n", stu.name, stu.s1, stu.s2, stu.total);测试语句 2*/
    stu=sum(stu);                                       /*第二个调用语句*/
    /*printf("4.%s:%d+%d=%d\n", stu.name, stu.s1, stu.s2, stu.total);测试语句 4*/
    output(stu);                                        /*第三个调用语句*/
}

struct data input()                                     /*输入*/
{   struct data count;
    printf("Please input student's name:\n");
    scanf("%s",count.name);
    printf("Please input score1:\n");
    scanf("%d", &count.s1);
    printf("Please input score2:\n");
    scanf("%d", &count.s2);
    /*printf("1.%s:%d+%d=%d\n",count.name,count.s1,count.s2,count.total);测试语句 1*/
    return(count);
```

```
        }
    struct data sum(struct data count)                      /*求和*/
    {   count.total=count.s1+count.s2;
        /*printf("3.%s:%d+%d=%d\n",count.name,count.s1,count.s2,count.total);测
    试语句4*/
        return(count);
    }

    void output(struct data count)                          /*输出*/
    {   printf("----------------------------\n");
        printf("The results:\n");
        printf("%s:%d+%d=%d\n", count.name, count.s1, count.s2, count.total);
    }
```

运行结果为：

```
Please input student's name:
Luming↵
Please input score1:
96↵
Please input score2:
94↵
----------------------------
The results:
Luming:96+94=190
```

进行中间测试，将 4 个测试语句一并运行，其运行结果为：

```
Please input student's name:
Luming↵
Please input score1:
96↵
Please input score2:
94↵
1. Luming:96+94=15891    (测试语句 1 的输出结果)
2. Luming:96+94=15891    (测试语句 2 的输出结果)
3. Luming:96+94=190      (测试语句 3 的输出结果)
4. Luming:96+94=190      (测试语句 4 的输出结果)
----------------------------
The results:
Luming:96+94=190
```

说明：

(1) 测试语句 1 和测试语句 2 的输出结果看似错误，但却是合理的。因为此时只输入了两门课的成绩，尚未进行求和计算，此和是一个随机值。

(2) input 函数和 sum 函数是结构体类型的函数，output 函数是结构体变量作函数参数。第 1 个调用语句 stu=input(); 调用 input 函数，输入姓名和两门课的成绩，input 函数把这 3 个成员值连同随机的 total 值作为结构体变量的值返回给 stu=input(); 语句左边的 stu；接着第 2 个调用语句 stu=sum(stu); 将此 stu 作为实参调用 sum 函数，求和，sum 函数把这 4 个成员值作为结构体变量的值返回给 stu=sum(stu); 语句左边的 stu；然后第 3 个调用语句 output(stu); 将此 stu 作为实参调用 output 函数，打印最终结果。

(3) 有人认为对第 2 个调用语句 stu=sum(stu); 的左边，第 3 个调用语句 output(stu); 的

右边仍然使用 stu 感到糊涂。实际上是可以这样使用的,借用数学上函数的概念,3 个调用语句:

```
stu=input();
stu=sum(stu);
output(stu);
```

的含义是:

```
s←f1(c);       (把 f1(c)的值赋给 s)
s←f2(s);       (把 f1(s)的值赋给 s)
求 f3(s);       (求 f3(s)的值)
```

如果还不理解,可以再定义一个 struct data 类型的结构体变量 stue,把上面的程序改写一下,把 3 个调用语句:

```
stu=input();
stu=sum(stu);
output(stu);
```

改为

```
stu=input();
stue=sum(stu);
output(stue);
```

相应地,main 函数中的语句:

```
struct data stu;
```

改为

```
struct data stu, stue;
```

3 个调用语句的含义是:

```
s←f1(c);       (把 f1(c)的值赋给 s)
r←f2(s);       (把 f1(s)的值赋给 r)
求 f3(r);       (求 f3(r)的值)
```

【例 10.13】 用返回值是结构体类型的函数,求某班级每个学生的两门考试课的成绩之和。

此题把上一个程序改写一下即可,请先自己编写程序,然后再对照下面的答案。

```c
#include "stdio.h"
#define N 2
struct data
{   char name[20];
    int s1;                              /*第一门课的成绩*/
    int s2;                              /*第二门课的成绩*/
    int total;                           /*两门课的成绩之和*/
};

main()
{
    struct data input();                 /*函数声明*/
    struct data sum(struct data count);  /*函数声明*/
    void output(struct data count);      /*函数声明*/
    struct data stu[N];
    int i;
```

第 10 章 用户自己定义的数据类型

```
    for (i=0;i<N;i++)
    {   printf("Please input the %d student's name score1 score2:\n",i);
        stu[i]=input();                    /*第一个调用语句*/
    }
    for (i=0;i<N;i++)
       stu[i]=sum(stu[i]);                 /*第二个调用语句*/
    printf("--------------------------------------------------\n");
    printf("The results:\n");
    for (i=0;i<N;i++)
       output(stu[i]);                     /*第三个调用语句*/
}

struct data input()                        /*输入*/
{   struct data count;
    scanf("%s%d%d", count.name,& count.s1,& count.s2);
    return(count);
}

struct data sum(struct data count)         /*求和*/
{   count.total=count.s1+count.s2;
    return(count);
}

void output(struct data count)             /*输出*/
{   printf("%s:%d+%d=%d\n", count.name, count.s1, count.s2, count.total);
}
```

运行结果为：

```
Please input the 0 student's name score1 score2:
Liuxin 98 96✓
Please input the 1 student's name score1 score2:
Wangjie 86 87✓
--------------------------------------------------
The results:
Liuxin:98+96=194
Wangjie:86+87=173
```

请思考：将 main 函数中的 for 循环移动到被调函数中，如何移动？

10.4.6　函数的返回值是指向结构体变量或结构体数组元素的指针

函数的返回值可以是结构体变量的首地址，或结构体数组元素的地址。当函数的返回值是结构体变量的首地址或结构体数组元素的地址时，该函数称为结构体指针型函数。显然是"地址传递"方式。

定义的一般格式如下：

struct 结构体名 ***函数名([形参表])**

【例 10.14】　通过函数返回指向结构体变量的指针。

```
struct st
{   char tag;
    int data;
};
```

```
struct st *getdata()
{   struct st y;
    printf("Please input tag,data:\n");
    scanf("%c,%d",&y.tag,&y.data);
    return (&y);
}

main( )
{
    struct st *s;
    s=getdata( );
    printf("s->tag=%c,s->data=%d\n",s->tag,s->data);
}
```

运行结果为：

a,100↙
s->tag=a,s->data=100

本程序中，getdata 函数的 return (&y);语句返回结构体变量的首地址；main 函数定义了指向结构体变量的指针 s，接收 getdata 函数返回的首地址。

【例 10.15】 利用函数的返回值是指向结构体数组元素的指针，输入班级某个学生的姓名，查找该学生的信息（姓名、两门考试课的成绩、成绩之和）。

这也是一个实践意义很强的题目。

```
#include "stdio.h"
#include "stdlib.h"
#include "string.h"
#define N 2
struct data
{   char name[20];
    int s1;                          /*第一门课的成绩*/
    int s2;                          /*第二门课的成绩*/
    int total;                       /*两门课的成绩之和*/
};
struct data stu[N];

main( )
{
    void input(struct data t[N],int m);   /*函数声明*/
    struct data *found(char name2[20]);   /*函数声明*/
    void output(struct data *x);          /*函数声明*/
    struct data *p;
    char name1[20];
    input(stu,N);                         /*调用*/
    printf("Please input the student's name to be gained:\n");
    scanf("%s",name1);
    p=found(name1);                       /*调用*/
    output(p);                            /*调用*/
}

void input(struct data t[N],int m)        /*输入*/
{   int i;
    for (i=0;i<m;i++)
    {   printf("Please input the %d student's name score1 score2:\n",i);
        scanf("%s%d%d", t[i].name,&t[i].s1,&t[i].s2);
```

```
            t[i].total=t[i].s1+t[i].s2;      /*求和*/
      }
}

struct data * found(char name2[20])           /*查找*/
{   struct data * q;
    for (q=stu;q<stu+N;q++)
    {   if (strcmp(q->name,name2)==0)    return(q);   }
    printf("------------------------------------------\n");
    printf("%s not found!\n",name2);
    exit(0);
}

void output(struct data * x)                  /*输出*/
{   printf("------------------------------------------\n");
    printf("The results:\n");
    printf("%s:%d+%d=%d\n",x->name, x->s1, x->s2, x->total);
}
```

第一次运行结果为：

Please input the 0 student's name score1 score2:
Huajianmin 98 94 ↙
Please input the 1 student's name score1 score2:
Zhaoxiang 86 89 ↙
Please input the student's name to be gained:
Huajianmin ↙

The results:
Huajianmin:98+94=192

第二次运行结果为：

Please input the 0 student's name score1 score2:
Huajianmin 98 94 ↙
Please input the 1 student's name score1 score2:
Zhaoxiang 86 89 ↙
Please input the student's name to be gained:
Dongmenqiang ↙

Dongmenqiang not found!

本程序中，结构体数组 stu 在函数外部定义。在 found 函数中，如果找到姓名，则返回存放该姓名及其他信息的元素地址，如第一次运行结果；如果找不到，则打印该姓名未找到，如第二次运行结果。

10.5　链　　表

用数组存放数据时，必须事先定义固定的长度。如果要用同一数组先后处理几批数目不同的数据，就必须按数目最多的那批数据定义数组长度，显然会造成空间的浪费。而采用动态存储分配的链表结构则可以很好地解决这个问题。

10.5.1 用指针和结构体构成链表

图 10.3 是一个链表的示例。链表由若干个称为结点的元素组成，这些结点都包括两部分：

一是用户需要的实际数据；

二是下一个结点的地址。

图 10.3 链表示例

也就是第 1 个结点指向第 2 个结点，第 2 个结点指向第 3 个结点，以此类推，直到最后一个结点，最后一个结点不再指向其他结点，地址部分存放 NULL('\0')，表示表尾。另外，还有一个"头指针"变量 head，存放链表第一个结点即表头的地址。

由于此种链表中每个结点只保存了下一个结点的地址，所以只能从当前结点找到它后面的那个结点(称为该结点的后继结点)，因此这种链表称为"单向链表"。如果再在每个结点中保存其前一个结点(称为该结点的前驱结点)的地址，就可以构成"双向链表"。本书后面讨论的链表均指单向链表。

从前面对结构体的介绍可以知道，结构体变量非常适合作链表中的结点。由于一个结构体可以包含若干个不同数据类型的成员，可以根据需要在结构体中定义若干个数值类型、字符类型或数组等类型的成员来保存实际数据，再定义一个指针类型成员来存放下一个结点的地址。

例如，可以定义这样一个结构体类型：

```
struct stdnode
{   long int num;
    float score;
    struct stdnode * next;
};
```

之后就可以利用上面定义的结构体类型建立链表了。

【例 10.16】 建立一个如图 10.3 所示的简单链表。

```
#define NULL '\0'
struct stdnode
{   long int num;
    float score;
    struct stdnode * next;
};

main()
{
    struct stdnode s1,s2,s3, * head, * p;
    s1.num=2000101;s1.score=80.5;
    s2.num=2000102;s2.score=91.0;
    s3.num=2000103;s3.score=95.0;
```

```
        head=&s1;
        s1.next=&s2;
        s2.next=&s3;
        s3.next=NULL;
        p=head;
        while(p)
        {   printf("num:%ld,score:%f\n",p->num,p->score);
            p=p->next;
        }
}
```

运行结果为：

```
num:2000101, score:80.500000
num:2000102, score:91.000000
num:2000103, score:95.000000
```

本例中的 3 个结点 s1、s2、s3 都是在程序中定义的，它们所使用的存储空间是在程序运行前编译时确定的，不是程序运行过程中临时开辟的，也不能在用完后释放该存储空间，这种链表称为静态链表。在实际中应用更广泛的是动态链表。要建立动态链表，需借助于指针一章介绍的内存动态存储分配的函数——malloc、calloc、free 和 realloc。

10.5.2 链表的基本操作

本节介绍单向动态链表的基本操作：建立、访问、插入、删除。

假设已有定义：

```
#define NULL 0
struct node
{   int data;
    struct node * next;
};
```

1. 建立

建立动态链表是指在程序执行过程中一个一个地开辟结点、输入该结点数据，并建立起前后相链接的关系。

基本步骤包括：读取数据，生成新结点，将数据存入新结点相应成员中，将新结点加入链表中。

【例 10.17】 设计函数 creatlist，建立有 n 个结点的单向链表，返回头指针。

```
struct node * creatlist(int n)
{   struct node * head, * p, * r;
    int i,d;
    if (n==0)
        head=NULL;
    else
    {   r=(struct node * )malloc(sizeof(struct node));
        head=r;
        printf("\ninput data:");
        scanf("%d",&d);
        r->data=d;
        r->next=NULL;
        for (i=1;i<n;i++)
```

```
    {  printf("\ninput data:");
       scanf("%d",&d);
       p=(struct node *)malloc(sizeof(struct node));
       p->data=d;
       r->next=p;
       r=p;
    }
    r->next=NULL;
  }
  return head;
}
```

2. 访问

这里的访问,是指输出结点数据域的值、取各结点数据域中的值进行各种运算、修改各结点数据域的值等各种操作。无论要对链表作何访问,都需要从头指针开始遍历链表。

【例 10.18】 设计 print 函数,顺序输出单向链表各个结点的数据。

```
void print(struct node * head)
{  struct node * p;
   if (head==NULL)
     printf("This list is NULL!");
   else
   {  p=head;
      printf("head");
      do
      {  printf("->%d",p->data);
         p=p->next;
      }while(p!=NULL);
      printf("->end\n");
   }
}
```

3. 插入

插入结点是指将一个新结点插入到一个单向链表的指定位置。在某个指定结点之前插入新结点,称为"前插";在指定结点之后插入,称为"后插"。图 10.4 说明了在值为 x 的结点之前插入 n 指向的值为 y 的结点的步骤。

(a) p指向值为x的结点,q指向其前驱结点　　(b) n->next=q->next;

(c) q->next=n;

图 10.4　插入结点的步骤

【例 10.19】 设计函数 insert,在值为 x 的结点前插入值为 y 的结点。若值为 x 的结点不存在,则插在表尾。返回插入结点后的链表头指针。

在进行插入时,如果链表为空,新结点作为表的第一个结点,当然也是表尾。否则,若值为 x 的结点不存在,新结点插在表尾;若值为 x 的结点存在,将新结点插在该结点之前。

```
struct node * insert(struct node * head,int x,int y)
{   struct node   * n,* p,* q;
    n=(struct node *)malloc(sizeof(struct node));
    n->data=y;
    if (head==NULL)                              /* 是空表时 */
    {  n->next=NULL;
       head=n;
    }
    else
      {   p=head;
         while((p->next!=NULL)&&(p->data!=x))   { q=p; p=p->next;}
          if(p->data==x)                         /* 找到 x 结点 */
          {  if (p==head)    {n->next=p;head=n;}  /* x 结点是第一个结点 */
              else   {n->next=p;q->next=n;}
          }
           else                                   /* 无 x 结点,插在表尾 */
          {  p->next=n; n->next=NULL;
          }
        }
    return head;
}
```

4. 删除

为了删除单向链表中的某个结点,首先要找到待删结点的前驱结点,令此前驱结点的指针域指向待删除结点的后续结点,释放被删除结点所占的存储空间,如图 10.5 所示。

(a) 删除y结点前各结点的关系

(b) 删除y结点

图 10.5　删除结点

【**例 10.20**】　设计函数 delete,删除链表中值为 y 的结点。返回删除结点后的链表头指针。

```
struct node * delete(struct node * head,int y)
{   struct node * p,* q;
    if (head==NULL)    {printf("This list is Null!\n");return head;}
    p=head;
    while (y!=p->data && p->next!=NULL)
    {   q=p;
        p=p->next;
    }
    if (y==p->data)
```

```
{   if (p==head)   head=p->next;
    else   q->next=p->next;
    free(p);
    printf("node %d is deleted!\n",y);
}
else printf("node %d isn't founded!\n",y);
return head;
}
```

请思考：编写一个 main 函数，调用前面的 4 个函数。

10.6 共 用 体

有时需要使几种不同类型的变量存放到同一段内存单元中。例如，把一个整型变量、一个字符型变量存放在同一个地址开始的内存单元中。

允许不同类型的变量共同占用同一段内存单元的数据类型，称为共用体类型。共用体也是用户构造的一种数据类型，类似于结构体。

共用体采用了覆盖技术，允许不同类型的变量互相覆盖。

在程序设计中，采用共用体比使用结构体节省空间，但访问速度较慢。

10.6.1 共用体类型的定义

共用体类型定义的一般格式如下：

```
union 共用体名
{   类型名 1    共用体成员名 1；
    类型名 2    共用体成员名 2；
    …
    类型名 n    共用体成员名 n；
};
```

其中 union 是关键字，共用体名和共用体成员名都是用户定义的标识符，共用体中的成员可以是简单变量，也可以是数组、指针、结构体和共用体。

例如：

```
union intchar
{   int i;
    char ch[3];
};
```

10.6.2 共用体变量的定义

共用体变量的定义和结构体变量相似，可以先定义共用体类型，再定义变量，也可以在类型定义的同时定义变量，还可以直接定义共用体变量。

例如，第一种定义方法为：

```
union intchar
```

```
{   int i;
    char ch[3];
};
union intchar v, * pv,t;
```

第二种定义方法为：

```
union intchar
{   int i;
    char ch[3];
}v, * pv,t;
```

第三种定义方法为：

```
union
{   int i;
    char ch[3];
}v, * pv,t;
```

这里变量 v 的存储结构如图 10.6 所示。

从图 10.6 不难看出，由于共用同一段内存区，而该段内存同一时刻只能存放共用体变量中某个成员的值，所以共用体变量中各成员值不能同时存在，即某一时刻只有一个成员的值起作用；共用体变量中起作用的成员值是最近一次存入的成员变量的值，向共用体变量中存入一个新成员的值后，原有成员的值将被覆盖。

图 10.6 共用体变量 v 的存储结构

共用体变量也可以在定义时进行初始化，但只能给出第一个成员的初值。例如：

```
union intchar
{   int i;
    char ch[3];
}v={3};
```

初值必须放到{ }中。

10.6.3 共用体变量的引用

1. 共用体变量中成员的引用

共用体变量中每个成员的引用方式与结构体变量完全相同，有以下 3 种格式：

共用体变量名.成员名
(* 指针变量名).成员名
指针变量名->成员名

同样，共用体中成员变量可以参与其所属类型允许的任何操作。

【例 10.21】 利用共用体的特点，分别取出 int 变量中高字节和低字节的两个数。

```
union intchar
{   int i;
    char c[2];
};

main( )
{
```

```
     union intchar u;
     u.i=16961;
     printf("%d,%c",u.c[1],u.c[0]);
}
```

运行结果为：

66,A

给共用体变量 u 中成员 i 赋值 int 型数据 16961 后，由于是共用存储单元，分别输出 u.c[1] 和 u.c[0]，就可以实现将 int 型数据 16961 按高字节和低字节输出，如图 10.7 所示。

u.c[1]	u.c[0]
66('B')	65('A')
01000010	01000001
高字节	低字节

u.i=1696

图 10.7 共用体变量 u 的存储结构

2. 共用体变量的整体赋值

新 ANSI C 标准允许相同类型的共用体变量之间进行赋值操作，例如，若 t、v 均已定义为上面的 union intchar 类型，且 v 已赋值，则使用 t=v; 后，t 的内容与 v 相同。

3. 共用体变量作函数参数

同结构体变量一样，新 ANSI C 标准允许共用体类型变量和地址在函数调用中作实参。

共用体类型与结构体类型在形式上虽然相似，但有本质区别。

(1) 结构体中每个成员分别占有独立的存储空间，首地址各不相同，所有成员占用内存字节数的总和就是结构体变量所占用内存的字节数，而共用体变量中所有成员共用同一段内存区域，所有成员首地址相同，共用体变量所占用内存的字节数和所有成员中占字节数最多的那个成员相等。

(2) 结构体变量中所有成员是同时存在的，而共用体变量中同一时刻只有一个成员的值起作用。

10.6.4 共用体应用举例

【例 10.22】 设学生的高等数学成绩表中包括学号、姓名和这门课的成绩。如果成绩大于或等于 60 分，按整数录入成绩，如果成绩小于 60 分，写入字符"N"表示未通过、等待补考。要求利用共用体，编写一个程序，输入若干学生的信息，然后显示出来，并显示通过的学生人数和这些通过者的平均成绩。

分析：

由题目要求可知，课程成绩需要使用共用体，大于或等于 60 分的具体分数和字符"N"共用存储单元。

程序如下：

```
#define N 3
#include "stdio.h"
union result
{   int iscore;            /*大于或等于 60 分的具体分数*/
    char cscore[3];        /*字符'N'*/
};

struct student
{   int num;               /*学号*/
```

```c
        char name[20];          /*姓名*/
        int pass_no;            /*考试通过否(大于或等于60分为通过)?通过为1,未通过为0*/
        union result score;
    };

main()
{   struct student member[N];
    int i,j=0;
    float sum=0, average;
    printf("Please input: num   name   pass_no   score:\n");
    for(i=0;i<N;i++)    /*输入已知数据*/
    {   scanf("%d%s%d", &member[i].num, member[i].name, &member[i].pass_no);
        if (member[i].pass_no==1)
          { scanf("%d",&member[i].score.iscore);
            j++;
            sum=sum+member[i].score.iscore;
          }
        else
            scanf("%s",member[i].score.cscore);
    }
    if (j==0)
      average=0;
    else
      average=sum/j;
    printf("The informations is as follows:\n");
    printf("No.\tName\t\tscore/pass\n");
    for(i=0;i<N;i++)    /*输出已知数据和计算结果*/
    {   printf("%d\t%s\t", member[i].num,member[i].name);
        if (member[i].pass_no==1)
           printf ("%d\n",member[i].score.iscore);
        else
           printf("%s\n",member[i].score.cscore);
    }
    printf("The results:pass=%d, average=%.2f\n",j, average);
}
```

第一次运行结果为:

Please input: num   name   pass_no   score:
1001 Zhangmingjun 1 85↙
1002 Lishuangyu 1 90↙
1003 Huangqiang 1 60↙
The informations is as follows:
No.   Name   score/pass
1001   Zhangmingjun   85
1002   Lishuangyu   90
1003   Huangqiang   60
The results:pass=3, average=78.33

第二次运行结果为:

Please input: num   name   pass_no   score:
1001 Zhangmingjun 1 85↙
1002 Lishuangyu 0 N↙
1003 Huangqiang 0 N↙
The informations is as follows:
No.   Name   score/pass
1001   Zhangmingjun   85

```
1002    Lishuangyu       N
1003    Huangqiang       N
The results:pass=1, average=85.00
```

第三次运行结果为:

```
Please input: num   name    pass_no   score:
10010 Zhanghong 0 N
10011 Liyushuang 0 N
10012 Huahuanghe 0 N
The informations is as follows:
No.     Name            score/pass
10010   Zhanghong              N
10011   Liyushuang             N
10012   Huahuanghe             N
The results:pass=0, average=0.00
```

请思考:

(1) 本程序在输入姓名时,能否将姓和名分开输入,例如,将"Zhangmingjun"输入成"Zhang mingjun"(即"Zhang"和"mingjun"之间有空格)?

(2) 在运行程序输入已知数据时,在一行中输入了4个数据,而语句

scanf("%d%s%d", &member[i].num, member[i].name, &member[i].pass_no);

却只需要3个数据,输入多了是否允许?

10.7 枚 举

如果一个变量只有若干种可能的值,则可以定义为枚举类型。所谓"枚举"是指将变量的所有值一一列出,变量的值只限于列举出来的值的范围内。

10.7.1 枚举类型的定义

枚举类型定义的一般格式如下:

enum 枚举名 {枚举表};

例如:

enum color{red,blue,black,pink,white,yellow};

定义了一个枚举类型 enum color。

可以看出,枚举表是由若干用户定义的标识符(如 red、blue)组成的,这些符号通常称为枚举元素。

需要说明的是,各枚举元素是有确定整型值的常量,又称为枚举常量。除非进行了初始化,否则第 1 个枚举元素的值为 0,第 2 个为 1,以此类推。在上面的定义中,red 的值是 0,blue 的值是 1,……,yellow 的值是 5。

可以用初始化方式指定一个或几个枚举元素的值,这可以通过在该枚举元素后面加一个等号和一个整型量来实现。但要注意初始化后的各个枚举元素所赋的值必须大于原先的

初始值。例如：

```
enum color{ red,blue,black,pink=5,white,yellow };
```

现在，这些枚举元素的值为：

```
red   blue   black   pink   white   yellow
 0     1      2       5      6       7
```

可见各枚举元素仅是某个整型值的名字，它可以出现在任何整型表达式中。从这个意义上说，枚举类型是被命名的整型常数的集合。

10.7.2 枚举变量的定义

枚举变量的定义和结构体变量、共用体变量相似，可以先定义枚举类型，再定义变量，也可以在类型定义的同时定义变量，还可以直接定义枚举变量。

例如，第一种定义方法为：

```
enum color{red,blue,black,pink,white,yellow};
enum color c;
```

定义了一个枚举变量 c，其值只能是 red 到 yellow 这 6 个值之一。

第二种定义方法为：

```
enum color{red,blue,black,pink,white,yellow}c;
```

第三种定义方法为：

```
enum {red,blue,black,pink,white,yellow}c;
```

10.7.3 枚举变量的引用

在 enum color{red,blue,black,pink,white,yellow}c; 的定义中，red 的值为 0，blue 的值为 1，……，yellow 的值为 5。

如果有赋值语句：

```
c=black;
```

则 c 变量的值为 2。这个值可以输出，例如，执行 printf("%d",c); 将输出 2。

一个整数不能直接赋给一个枚举变量。例如：

```
c=4;
```

是错误的。它们属于不同的类型。应先进行强制类型转换再赋值。例如：

```
c=(enum color)4;
```

它相当于将顺序号为 4 的枚举元素赋给 c，相当于：

```
c=white;
```

枚举变量的取值范围只能是其定义时所列出的枚举元素或枚举常量（即枚举元素的值）。例如，下面的赋值语句是错误的：

```
c=(enum color)20;
```

因为 20 不在枚举范围内。

【例 10.23】 考虑程序运行结果，体会枚举类型的用法。

```
enum week{sunday,Monday,Tuesday,Wednesday,Thursday,Friday,saturday};
main()
{
    enum week w;
    for(w=sunday;w<=saturday;w++)
        printf("%4d",w);
}
```

运行结果为：

0   1   2   3   4   5   6

【例 10.24】 考虑程序运行结果，理解枚举类型的用法。

```
main()
{
    enum colors{ red, yellow,blue, };
    enum colors color1,color2;
    color1=yellow;
    color2=(enum colors)1;
    printf("color1=%d\n",color1);
    printf("color2=%d\n",color2);
    if (color1==color2)
        printf("Yes!color1==color2.\n");
    else
        printf("No!color1!=color2.\n");
}
```

运行结果为：

```
color1=1
color2=1
Yes! color1==color2.
```

10.7.4 枚举应用举例

【例 10.25】 利用枚举类型，编写一个程序，输入一年中各月的收入，输出年收入。

```
main()
{
    enum allmonth{ Jan=1,Feb,Mar,Apr,May,Jun,Jul,Aug,Sep,Oct,Nov,Dec };
    enum allmonth month;
    float yearearn,monthearn;
    yearearn=0;
    for(month=Jan;month<=Dec;month++)
    {   printf("Input the monthly earning for   ");
        switch(month)
        {   case Jan: printf("January:\n"); break;
            case Feb: printf("February:\n"); break;
            case Mar: printf("March:\n"); break;
            case Apr: printf("April:\n"); break;
            case May: printf("May:\n"); break;
            case Jun: printf("June:\n"); break;
            case Jul: printf("July:\n"); break;
```

```
            case Aug: printf("August:\n"); break;
            case Sep: printf("September:\n"); break;
            case Oct: printf("October:\n"); break;
            case Nov: printf("November:\n"); break;
            case Dec: printf("December:\n"); break;
        }
        scanf("%f",&monthearn);
        yearearn= yearearn+ monthearn;
    }
    printf("yearearn=%.2f \n", yearearn);
}
```

运行结果为：

```
Input the monthly earning for   January:
3000↙
Input the monthly earning for   February:
3000.5↙
Input the monthly earning for   March:
3010↙
Input the monthly earning for   April:
3020↙
Input the monthly earning for   May:
3045↙
Input the monthly earning for   June:
3055↙
Input the monthly earning for   July:
3089↙
Input the monthly earning for   August:
3088↙
Input the monthly earning for   September:
3098↙
Input the monthly earning for   October:
3100.5↙
Input the monthly earning for   November:
3100.6↙
Input the monthly earning for   December:
2998.5↙
yearearn=36605.10
```

10.8 用 typedef 定义新类型名

C 语言允许用 typedef 定义一种新类型名，来代替已有的类型名，格式如下：

typedef 类型名 标识符；

其中，类型名是在此语句前已有定义的类型标识符，标识符是用做新类型名的用户定义标识符。例如：

typedef float REAL;

该语句将用户命名标识符 REAL 定义成了一个 float 型的类型名，此后可以使用新类型名 REAL 定义 float 型的变量。例如，REAL a,b; 等价于 float a,b; 即用 REAL 替代 float。

typedef 并未产生新的数据类型，它的作用仅仅是给已存在的类型名起一个别名，且原有类型名依然有效。

习惯上常把用 typedef 声明的新类型名用大写字母表示,以便与系统提供的标准类型标识符相区分。

若有:

```
struct node
{   int data;
    struct node  * next;
};
typedef struct node STNODE;
```

则 STNODE h;等价于 struct node h;。

若有:

```
typedef   struct
{   char name;   int s1;
    int s2;
    int total;} DATA;
```

注意:DATA 是结构体类型名,而不是结构体变量名。

则 DATA stu;等价于

```
struct
{   char name;
    int s1;
    int s2;
    int total;
}stu;
```

这里,DATA 替代 struct { char name; int s1; int s2; int total; }。

使用 typedef 可以使程序更简洁,提高可读性,并有利于提高可移植性。

习　题　10

一、给出运行结果题

(1)

```
main( )
{   struct {int n;char c;}s={1,'a'}, * p;
    int a,b,c;
    p=&s;
    a=p->n;
    b=p->n++;
    c=++p->n;
    printf("a=%d,b=%d,c=%d",a,b,c);
}
```

(2)

```
main( )
{   struct {  char name[9];
    int age;}class[10]={{ "Li",18},{"Liu",19},{"zhao",17},{"Jia",16}};
    printf("%c,%s\n",class[2].name[0],class[2].name);
}
```

二、编程题

1. 从键盘输入 10 名学生的姓名、性别、3 门课成绩,计算每个人的平均分,并显示 10 名学生的全部信息。要求用结构体类型实现。

2. 对候选人得票的统计程序。设有 3 个候选人,每次输入一个得票的候选人名字,最后输出各人得票结果。要求用结构体类型实现。

3. 将一个链表按逆序排列,即将链头当链尾,链尾当链头。

4. 编写程序,把由'a'、'b'、'c'、'd'这 4 个字符连续组成的 4 字节内容作为一个 long int 类型数据输出。要求用共用体类型实现。

5. 口袋中有红、黄、蓝、白、黑 5 种颜色的球若干,每次从袋中取出 3 个球,问得到 3 种不同色的球的可能取法,输出每种组合的 3 种颜色。要求用枚举类型实现。

第11章

位 运 算

与其他高级语言相比,C语言的又一个重要特色是具有汇编语言的功能。这主要表现在它提供了特有的位运算功能。

所谓位运算是指进行二进制位的运算。位运算包括位逻辑运算和移位运算,位逻辑运算可以方便地设置或屏蔽内存中某个字节的一位或几位,也可以对两个数按位相加等;移位运算可以对内存中某个二进制数左移或右移一位等。

11.1 位运算简介

C语言提供了6种位运算符,如表11.1所示。

表11.1 位运算符及含义

位运算符	含 义	举 例	位运算符	含 义	举 例
&	按位与	a&b	~	按位取反	~a
|	按位或	a|b	<<	左移	a<<1
∧	按位异或	a∧b	>>	右移	b>>2

说明:

(1) 位运算量a、b只能是整型或字符型数据,不能是实型数据。

(2) 位运算符中除按位取反运算符~为单目运算符外,其他均为双目运算符。

11.1.1 位逻辑运算符

假设a、b为字符型的数据,并且设a=0x7a(等于二进制数01111010),b=0x98(等于二进制数10011000)。

1. 按位与运算符 &

运算规则:如果参加运算的两个运算量的相应位都是1,则该位的结果值为1,否则为0。

例如:

a:01111010

b:10011000
——————
&:00011000

即 a&b=0x18。

2. 按位或运算符 |

运算规则：如果两个运算量的相应位都是 0，则该位的结果值为 0，否则为 1。

例如：

a:01111010
b:10011000
——————
|:11111010

即 a|b=0xfa。

3. 按位异或运算符 ∧

运算规则：如果两个运算量的相应位不同，则该位的结果值为 1，否则为 0。

例如：

a:01111010
b:10011000
——————
∧:11100010

即 a∧b=0xe2。

4. 按位取反运算符 ～

运算规则：对一个运算量的每一位都取反，即将 1 变为 0，0 变为 1。

例如：

a: 01111010
——————
~a:10000101

即～a=0x85。

以上位逻辑运算规则如表 11.2 所示，表中是以两个运算量中相应某一位为例。

表 11.2 位逻辑运算规则

a	b	a&b	a|b	a∧b	～a	～b
0	0	0	0	0	1	1
0	1	0	1	1	1	0
1	0	0	1	1	0	1
1	1	1	1	0	0	0

5. 位逻辑运算符的用途

(1) 判断一个数据的某位是否为 1。如判断一个整数 a(2 字节)的最高位是否为 1，可以设一个与 a 同类型的测试变量 b，b 的最高位为 1，其余位均为 0，即 int b=0x8000;。

根据按位与运算规则，只要判断位逻辑表达式 a&b 的值就可以了，如果表达式的值为 b 的值，则 a 的最高位为 1；如果表达式的值为 0，则 a 的最高位为 0，如图 11.1 所示。

(2) 屏蔽掉一个数据中的某些位。如保留整数 a 的低字节，屏蔽掉其高字节。只需要

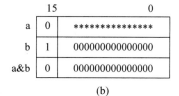

(a)   (b)

图 11.1 判断 a 的最高位是否为 1

将 a 和 b 进行按位与运算，其中 b 的高字节每位置为 0，低字节每位置为 1，即 int b＝0xff;，如图 11.2 所示。

	15	0
a=0xaaaa	10101010	10101010
b=0xff	00000000	11111111
a&b	00000000	10101010

图 11.2 屏蔽 a 的高字节

（3）清零。如要把 a 的某个单元清零，只需要将它和一个各位都是 0 的二进制数 b 进行按位与运算。

例如：

a: 00101011
b: 00000000
————————
&: 00000000

（4）保留若干位。如要把 a(01010100)右边的 0、1、4、5 位保留，只需要找一个数 b，b 的相应位取 1，进行按位与运算。

例如：

a: 01010100
b: 00110011
————————
&: 00010000

（5）把一个数的某位置为 1。如要把 a 的第 10 位置为 1，不要破坏其他位，可以对 a 和 b 进行按位或运算，其中 b 的第 10 位置为 1，其他位置为 0，即 int b=0x400;，如图 11.3 所示。

（6）把一个数据的某位翻转，即 1 变为 0，0 变为 1。如要把 a 的奇数位翻转，可以对 a 和 b 进行按位异或运算，其中 b 的奇数位置为 1，偶数位置为 0，即 int b=0xaaaa;，如图 11.4 所示。

图 11.3 将 a 的第 10 位置为 1   图 11.4 将 a 的奇数位翻转

11.1.2 移位运算符

1. 左移运算符<<

运算规则：对<<左边的运算量的每一位全部左移右边运算量表示的位数。

例如，a<<2 表示将 a 的各位依次向左移 2 位，a 的最高 2 位移出去舍弃，空出的低 2 位以 0 填补。定义：

```
char a=0x21;
```

则 a<<2 的过程如图 11.5 所示。

即 a<<2 的值为 0x84。

左移 1 位相当于该数乘以 2，左移 n 位相当于该数乘以 2 的 n 次方。

例如 a=0x21（相当于十进制数 33），a<<2 的值为 0x84（相当于十进制数 132），132 相当于 33 乘以 $2^2=4$ 的值。

但是，a<<4：0010 0001 0000
　　　　　　舍弃　　　　补 0

图 11.5　a<<2 的过程

即 a<<4 的值为 0x10（相当于十进制数 16），这时因为在进行左移时发生了溢出，即移出的高位中含有 1 被舍弃。因此，左移 1 位相当于该数乘以 2，只适合于未发生溢出的情况，即移出的高位中不含有 1 的情况。

2. 右移运算符>>

运算规则：对>>左边的运算量的每一位全部右移右边运算量表示的位数，低位被移出去舍弃，空出的高位补 0 还是补 1，分两种情况：

（1）对无符号数进行右移时，空出的高位补 0。这种右移称为逻辑右移。

例如：unsigned char a=0x8a；

a:　　　　10001010　　　等于十进制数 138
a>>1:　　01000101　0　等于十进制数 69
　　　　　　补 0　　　舍弃

（2）对带符号数进行右移时，空出的高位以符号位填补，即正数补 0，负数补 1。这种右移称为算术右移。

例如：char a=0x8a；

a:　　　　10001010　　　等于十进制数－118
a>>1:　　11000101　0　等于十进制数－59
　　　　　　补 1　　　舍弃

又如：char a=0x76；

a:　　　　01110110　　　等于十进制数 118
a>>1:　　00111011　0　等于十进制数 59
　　　　　　补 0　　　舍弃

从上面的例子中可以看出，右移 1 位相当于除以 2，同样，右移 n 位相当于除以 2 的 n 次方。

整数在存储单元中是以补码形式存放的。

11.2　位赋值运算符

位赋值运算符是位运算符与赋值运算符的结合。C 语言提供的位赋值运算符如表 11.3 所示。它们都是双目运算符。

表 11.3　位赋值运算符

位赋值运算符	含　义	举　例	等　同　于
&=	位与赋值	a&=b	a=a&b
|=	位或赋值	a|=b	a=a|b
∧=	位异或赋值	a∧=b	a=a∧b
<<=	左移赋值	a<<=b	a=a<<b
>>=	右移赋值	a>>=b	a=a>>b

位运算符的优先级及结合性请参见附录 C。

11.3　位　　段

第 10 章介绍的结构体成员的数据类型可以包括基本类型、数组、指针、结构体与共用体。这些数据都是以字节为单位存储的。而在实际情况中，存储一个数据有时只需占用字节中的一位或几位，这样，可以用一个字节存放几个数据。尽管通过位运算符可以实现对这种数据的存储和访问，但这种方法比较麻烦。C 语言允许使用位段来解决这个问题。

C 语言允许在一个结构体中以位为单位来指定其成员所占的内存长度，这种以位为单位的成员称为"位段"或"位域"。"位段"或"位域"是一种特殊的结构体成员。

定义的一般格式如下：

struct 结构体名
{
　类型　成员 1: 长度；
　类型　成员 2: 长度；
　…
　类型　成员 n: 长度；
};

其中，冒号前的成员为位段，冒号后的长度表示存储位段需要占用字节的位数。

例如：

```
struct device
{
  unsigned a:1;
  unsigned b:2;
  unsigned c:4;
  int x;
  float y;
}data;
```

结构体变量 data 包含 5 个成员，它们分别是 a、b、c、x、y。

其中，a、b、c 为位段，分别占用 1 位、2 位、4 位，即 a、b、c 共占用 7 位。这样，用 1 字节就可以存储这 3 个位段。x、y 为基本类型的成员，分别需要 2/4 字节存储。因此，结构体变量 data 需要占用 7 字节的内存单元。图 11.6 给出了结构体变量 data 的每个成员在内存中的分配情况。

图 11.6 结构体变量 data 的内存分配情况

说明：

（1）位段在一个存储单元中是从高位到低位分配内存还是从低位到高位分配内存因机器而异，上例给出的是从低位向高位分配内存，第 7 位未用，空闲。在 PDP 中，则是从高位向低位分配，如图 11.7 所示，第 0 位空闲。

图 11.7 位段从高位到低位分配

（2）位段的数据类型必须用 unsigned 或 int 类型，不能用 char 和其他类型。有的 C 编译系统只允许用 unsigned 类型。

（3）对位段的访问与其他结构体成员的访问方法一样，可以采用成员运算符（即圆点）和指向成员运算符(->)。但必须注意不能对位段进行取地址运算，也不能使用超过位段最大值的数据。

例如，&data.a 是错误的。因为内存地址是以字节为单位的，无法指向位。下面的用法也是不合理的：

data.b=6;

因为 data.b 只占内存的 2 位，而数据 6 需要 3 位存放，因此，data.b 实际上只存储了 6 的二进制 110 的低 2 位 10，即整数 2。

（4）位段的长度不能超越整型边界。例如：

```
struct
{   unsigned a:18;
    unsigned b:12;
}data;
```

是错误的。因为 data.a 的长度为 18 位，超出了 2 字节共 16 位的整型边界。而 data.b 的长度为 12 位，是正确的。

（5）如果某个位段要从下一字节开始存放，可以采用：

```
struct
{   unsigned a:1;
    unsigned  :0;
    unsigned b:2;
}data;
```

这里，data 的第二个成员为无名位段，长度为 0，表示本位段后面定义的位段应从下一字节开始存放，如图 11.8 所示。

这样，data 需占用内存 2 字节。

图 11.8 长度为 0 的无名位段占用内存情况

如果无名位段后面的长度不为 0,则表示跳过长度表示的位数不用。

例如:

```
struct
{   unsigned a:1;
    unsigned  :2;
    unsigned b:2;
}data;
```

各位段在内存的分配情况如图 11.9 所示,data 只需占用内存 1 字节。

图 11.9　长度不为 0 的无名位段占用内存情况

11.4　应用举例

【例 11.1】　输出一个整数的二进制形式。

分析:

(1) 输出一个整数可以调用 printf 函数,但 printf 函数输出的整数只能是十进制、十六进制及八进制形式,分别采用%d、%x 及%o 格式说明。不能直接输出二进制形式。

(2) 要输出二进制形式可以采用位运算符来实现。

(3) 方法:如果要输出的整数 num 是 2 字节,即 16 位的整型数据,则可以把 num 数据中 16 位的每一位看成是一个整数 bit,其值只能是 0 或 1 两种情况。从高位开始,逐位判断 num 的每一位是 0 还是 1,然后把该位的值赋给 bit,并输出 bit 的值。此判断输出要重复 16 次,这样就输出了 num 的二进制形式。

程序如下:

```
main( )
{
    int num,bit,i;
    unsigned test=0x8000;
    printf("input mum:");
    scanf("%d",&num);
    printf("binary of %x is: ",num);
    for(i=1;i<=16;i++)
    {   bit=((num&test)==0)?0:1;
        printf("%d",bit);
        test>>=1;
    }
}
```

test 是无符号的整型变量,因此进行的是逻辑右移,空出的高位以 0 填补。

运行结果为:

```
input num:12345↙
binary of 3039 is: 0011000000111001
```

十进制与二进制之间的转换较复杂,故在进行位运算时,数据的输入输出通常采用十六进制或八进制。

【例 11.2】 循环移位的实现。

分析：C 语言没有提供循环移位运算符，但可以利用已有的位运算符实现循环移位操作。

例如，将一个无符号整数 x 的各位进行循环左移 4 位的运算如图 11.10 所示，即把移出的高位填补在空出的低位处。

可以用以下步骤实现：

(1) 将 x(如图 11.11 第 1 行所示)左移 4 位，空出的低 4 位补 0，可通过表达式：x<<4 实现。如图 11.11 第 2 行所示。

(2) 将 x 的左端高 4 位放到右端低 4 位，可通过表达式 x>>(16-4)实现。由于 x 为无符号整数，故空出的左端补 0，如图 11.11 第 3 行所示。

图 11.10 循环左移   图 11.11 x 循环左移 4 位的实现

(3) 将上述两个表达式的值进行按位或运算，即：

y=(x<<4)|(x>>(16-4));

该表达式的 y 值就是 x 循环左移 4 位的值，如图 11.11 第 4 行所示。

可以将一个无符号整数循环左移 n 位写成一个函数 rol。

```
unsigned rol(unsigned x,int n)
{   unsigned y;
    y=(x<<n)|(x>>(16-n));
    return(y);
}
```

此函数的功能与汇编语言的 ROL 指令类似。

同样，可以写一个与汇编语言中 ROR 指令相类似的函数 ror，作用是把一个无符号整数循环右移 n 位。

```
unsigned ror(unsigned x, int n)
{   unsigned y;
    y=(x>>n)|(x<<(16-n));
    return(y);
}
```

下面编写 main 函数调用 rol 和 ror 函数。

程序如下：

```
main()
{
    unsigned rol(unsigned x,int n);
    unsigned ror(unsigned x, int n);
```

```
    unsigned a;
    int n;
    printf("input a,n:");
    scanf("%x,%d",&a,&n);
    printf("a=%x rotleft n=%d bit is %x\n",a,n,rol(a,n));
    printf("a=%x rotright n=%d bit is %x\n",a,n,ror(a,n));
}
```

第一次运行结果为：

input a,n:1234,4↙
a=1234 rotleft n=4 bit is 2341
a=1234 rotright n=4 bit is 4123

运行开始时，输入十六进制数 1234，即二进制数 0001001000110100，循环左移 4 位后得到二进制数 0010001101000001，即十六进制数 2341。循环右移 4 位后得到二进制数 0100000100100011，即十六进制数 4123。

第二次运行结果为：

input a,n:f123,4↙
a=f123 rotleft n=4 bit is 123f
a=f123 rotright n=4 bit is 3f12

请思考：如果 a 为带符号的整数，则如何实现其循环左移和右移？

习 题 11

一、选择题

1. 以下运算符中优先级最低的是(　　)。
   A. &&　　　　　　B. &　　　　　　C. ||　　　　　　D. |
2. 以下运算符中优先级最高的是(　　)。
   A. &&　　　　　　B. &　　　　　　C. ||　　　　　　D. |
3. 以下叙述不正确的是(　　)。
   A. 表达式 a&=b 等价于 a=a&b　　　B. 表达式 a|=b 等价于 a=a|b
   C. 表达式 a!=b 等价于 a=a! b　　　D. 表达式 a∧=b 等价于 a=a∧b
4. 若 x=2,y=3,则 x&y 的结果是(　　)。
   A. 0　　　　　　B. 2　　　　　　C. 3　　　　　　D. 5
5. 若 m=1,n=2,则 m|n 的结果是(　　)。
   A. 0　　　　　　B. 1　　　　　　C. 2　　　　　　D. 3
6. 在位运算中，操作数每右移一位，其结果相当于(　　)。
   A. 操作数乘以 2　　B. 操作数除以 2　　C. 操作数除以 4　　D. 操作数乘以 4
7. 若有以下程序段：

```
int x=1,y=2;
x=x∧y;
y=y∧x;
x=x∧y;
```

则执行后 x 和 y 的值分别是(　　)。

第 11 章　位运算

A. x=1,y=2　　　B. x=2,y=2　　　C. x=2,y=1　　　D. x=1,y=1

8. 设有以下语句：

char x=3,y=6,z;
z=x∧y<<2;

则 z 的二进制值是(　　)。

A. 00010100　　　B. 00011011　　　C. 00011100　　　D. 00011000

二、编程题

1. 用位运算方法实现将一个整数 i 的高字节和低字节输出。
2. 请编程实现取一个整数最高端的第 0~5 位的二进制位。
3. 编写函数，使一个二进制整数的低 4 位(0~3 位)翻转，将得到的数作为函数值返回。
4. 输出一个整数 a 与(~1)进行按位与 & 运算的结果，即输出表达式 a&~1 的值。
5. 设计一个函数，给出一个数的原码，能得到该数的补码(要考虑该数是正数还是负数)。
6. 编写函数，实现左右循环移位。函数名为 move，调用方法为：

move(value,n)

其中 value 为要循环位移的数，n 为位移的位数。如 n<0 表示左移，当 n=-3，则要左移 3 位；n>0 为右移，当 n=4 则要右移 4 位。

第 12 章

文件的读写操作

前面各章的程序,其数据的输入输出是通过标准输入输出设备(如键盘、显示器)实现的,即从键盘上用 scanf、getchar、gets 函数输入数据,用 printf、putchar、puts 函数将运算结果输出到显示器上。

在数组、结构体等涉及大量数据处理的情况时,从键盘输入大量数据是很费时间和精力的,而且输入的数据也不能保留,到下次运行程序时仍然需要重新输入这些数据。有没有解决问题的办法?有。将这些数据以文件的形式存储在外部介质(如磁盘)上,需要时从磁盘读入计算机内存,处理完毕输出到外部介质上保存起来。本章将介绍 C 语言的文件以及用于实现文件操作的一组输入输出库函数。

12.1 C 文件的概念

文件一般是指存储在外存(如磁盘)上的数据的集合。不仅如此,操作系统还把每一个与主机相连的输入输出设备也看作一个文件。例如,键盘是输入文件,显示器和打印机是输出文件。

C 语言把文件看作一系列字符(字节)的序列。在 C 语言中,对文件的存取是以字符为单位的,输入输出数据流的开始和结束仅受程序控制而不受物理符号控制,这种文件称为流式文件。

C 文件根据数据的组织形式分为 ASCII 码文件和二进制文件。ASCII 码文件又称为文本文件,它的每一个字节存放一个字符。任何 ASCII 码文件都可显示或打印出来。二进制文件是把内存中的数据直接以二进制形式存放在文件中。二进制文件只能由计算机去读,不能显示或打印出来。例如,在内存中有一个整数 10000,若存放在 ASCII 码文件中,5 位数字对应的 ASCII 码占 5 字节,而在二进制文件中只占 2 字节,如表 12.1 所示。

表 12.1 数据存储形式

存储形式	数据				
内存中	00100111	00010000			
二进制形式	00100111	00010000			
ASCII 码形式	00110001	00110000	00110000	00110000	00110000

C语言对文件的处理方式分为缓冲文件系统和非缓冲文件系统。缓冲文件系统是指系统自动地在内存区为每一个正在使用的文件名开辟一个缓冲区。从内存向磁盘输出数据必须先送到缓冲区,装满缓冲区后才一起送到磁盘上。如果从磁盘向内存读入数据,则一次从磁盘文件将一批数据输入到缓冲区(充满缓冲区),然后再从缓冲区逐个地将数据送到程序区(赋给程序变量)。缓冲区的大小因C版本而异,一般为512字节。非缓冲文件系统是指系统不自动开辟确定大小的缓冲区,而由程序为每个文件设定缓冲区。ANSIC标准采用缓冲文件系统。

在介绍有关文件的函数之前,必须弄清楚什么是文件输入和输出。文件的输入,又称为读操作或读文件操作,是指把文件中的内容读到内存中,具体地说是输入到各变量、数组等存储单元中。文件的输出,又称为写操作或写文件操作,是指把内存中的数据(这些数据在程序中存放在变量、数组等存储单元中)输出到外存(如磁盘)上。

在C语言中,对文件的输入和输出操作通过C语言提供的库函数来实现。在调用这些库函数时必须在程序中包含头文件stdio.h。

12.2 文件的打开和关闭

12.2.1 文件类型指针

在对文件进行操作时,必须按以下3个步骤进行:
(1) 打开文件。
(2) 文件处理(包括读文件、写文件)。
(3) 关闭文件。

每个文件被打开和创建之后,都存在唯一确定该文件的文件标志,以后对文件的处理(包括读/写)都可通过文件标志进行。在缓冲文件系统中文件标志称为文件类型指针,它的定义格式如下:

FILE ***** **fp;**

其中,FILE是由C编译系统定义的一种结构体类型,存放在stdio.h文件中。FILE类型的各成员用来描述存放文件的相关信息(如文件的名字、缓冲区的地址、缓冲区的大小、在缓冲区中当前活动指针的位置、文件的操作方式是"读"还是"写"、文件当前的读/写位置、是否已经遇到文件的结束标志等)。

FILE的详细内容为:

```
typedef    struct
{
    int              level;       /*缓冲区"满"或"空"的程序*/
    unsigned         flags;       /*文件状态标志*/
    char             fd;          /*文件描述符*/
    unsigned char    hold;        /*如无缓冲区,不读取字符*/
    int              bsize;       /*缓冲区的大小*/
    unsigned char    *buffer;     /*数据缓冲区的位置*/
    unsigned char    *curp;       /*指针,当前的指向*/
    unsigned         istemp;      /*临时文件,指示器*/
    short            token;       /*用于有效性检查*/
} FILE;
```

这样,系统将此结构体类型的标识符定义为 FILE,称为"文件型"。

对用户而言,并不需要了解 FILE 由哪些成员组成,只要加上♯include ＜stdio.h＞或♯include "stdio.h"就可以使用文件型指针来操作相应的文件。

fp 是指向 FILE 结构体类型的指针变量,该变量的值是在打开或创建文件时获得的。它指向某一文件的结构体变量。当需要对多个文件进行操作时也可定义一个文件类型指针数组。例如:

```
FILE f[5];
```

其中每个数组元素可以指向一个关于该文件的结构体变量。

12.2.2 fopen 函数

1. 功能及调用

fopen 函数在打开文件时,通知编译系统 3 个信息:需要打开的文件名,使用文件的方式,由哪个指针变量指向该文件。

调用格式如下:

FILE *** fp;**
fp=fopen(文件名,使用方式);

2. 说明

(1) 文件名可以是字符串常量,也可以是已赋值的字符数组。"使用方式"是指对打开文件的访问形式。例如:

```
fp=fopen("file1.dat","r");
```

表示以只读方式打开文件名为 file1.dat 的文件。文件指针变量 fp 指向该文件。使用方式如表 12.2 所示。

表 12.2 文件使用方式及其含义

使 用 方 式	含 义
r(只读)	以只读方式打开一个文本文件,如果文件不存在,则返回空指针 NULL
w(只写)	以只写方式打开一个空文本文件。如果指定的文件已存在,则其中的内容将被删除,否则新创建一个文件
a(追加写)	以追加写方式打开一个文件,即向文件尾增加数据,如果指定的文件不存在,则新创建一个文件
r+(读/写)	以读/写方式打开一个文本文件,指定的文件必须存在
w+(读/写)	以读/写方式打开一个文本文件,如果指定的文件已存在,则其内容将被删除
a+(读和追加写)	以读和追加写方式打开一个文件,如果指定的文件不存在,则新创建一个文件。如果文件已存在,位置指针移到文件尾,可向文件写数据,也可读数据
rb(只读)	以只读方式打开一个二进制文件
wb(只写)	以只写方式打开一个二进制文件
ab(追加写)	以追加写方式打开一个二进制文件
rb+(读/写)	以读/写方式打开一个二进制文件

续表

使用方式	含义
wb+(读/写)	以读/写方式打开一个二进制文件
ab+(读和追加写)	以读和追加写方式打开一个二进制文件

(2) 在打开文件时,必须选择正确的文件使用方式,例如,某文件打开时选择"r",要想向该文件写入数据就是错误的,如果既需要从一个文本文件读取数据,又要在该文件尾添加数据(写操作),那么只能选择"a+"。

(3) 如果在打开文件时,因磁盘已满或磁盘故障等原因无法打开,则 fopen 函数将带回一个空指针值 NULL(NULL 在 stdio.h 文件中已被定义为 0)。

12.2.3 fclose 函数

1. 功能及调用

在对文件操作完成后,必须用 fclose 函数关闭它,调用格式如下:

fclose(fp);

2. 说明

其中 fp 是文件类型指针,它是文件打开时获得的。

文件关闭之后,就不能再对文件进行读/写等操作了。若需要再对文件进行读/写等操作,必须再次用 fopen 函数打开它。

需要说明的是,对文件进行操作时,fclose(fp);语句必不可少。原因在于:

(1) 使用 fopen 函数打开一个文件之后,系统自动为其在内存中分配一个文件缓冲区,以后对文件的输入输出操作都是通过文件缓冲区进行的。也就是说,并不是每执行一个向文件写的操作(函数),都将数据写到磁盘上,而是先把数据存入文件缓冲区中,只有当缓冲区满时才把缓冲区中的数据真正写到磁盘上。这样,在文件操作结束后,如果不执行 fclose 函数,仍留在缓冲区(未满)的数据就会丢失。因此,需要执行 fclose 函数,将文件缓冲区中的数据写入磁盘中,并释放缓冲区。

(2) 由于每个系统允许打开的文件数是有限的,所以,如果不关闭已处理完的文件,将有可能影响对其他文件的打开操作(因打开文件太多)。所以当一个文件使用完之后,应立即关闭它。

fclose 函数也带回一个值,当顺利地执行了关闭操作时,返回值为 0;否则返回 EOF(-1),EOF 是 End Of File 的缩写。可用 ferror 函数来测试。

12.3 文件的读/写

12.3.1 fgetc 和 fputc(putc 和 getc)函数

1. fgetc 函数

(1) 功能及调用。

从指定的文件读入一个字符,调用格式如下:

```
ch=fgetc(fp);
```
例如:
```
fp=fopen("file.dat","r");
ch=fgetc(fp);
```
从文件 file1.dat 中读入一个字符给 ch 赋值。

(2) 说明。

① fp 为文件型指针变量，ch 为字符变量。

② 当没有遇到文件结束标志时，fgetc 函数值就是从文件中读取的那个字符。

③ 当遇到文件结束标志时，对于文本文件而言，fgetc 函数值为 EOF，EOF 的值为 −1，它是系统在 stdio.h 中定义的符号常量。

④ 对于二进制文件，由于 −1 有可能是某个字节中存放的数据，因此不能再用 −1 作为文件结束标志。因此 C 语言提供了一个 feof(fp)函数来判断二进制文件或文本文件的文件位置指针是否指向文件结束标志，若指向文件结束标志，feof(fp)的值为 1，否则为 0。

2. fputc 函数

(1) 功能及调用。

把一个字符写到磁盘文件中，调用格式如下:

```
fputc(ch,fp);
```

例如:
```
fp=fopen(" file1.dat"," w" );
ch='a'
fputc(ch,fp);
```
把字符'a'写到文件 file1.dat 中。

(2) 说明。

① ch 是字符常量或字符变量。fp 是文件指针变量。

② 若输出成功，fputc 函数值就是 ch 的值；若输出失败，函数值就是 EOF(即 −1)。

③ 在 stdio.h 中，系统把 fputc 和 fgetc 函数分别定义为宏名 putc 和 getc，因此可把它们看成是相同的函数。

3. 举例

【例 12.1】 将一个磁盘文件中的信息复制到另一个文件中。

分析:

① 本程序要求将一个磁盘文件中的信息复制到另一个文件中，需要先建立一个磁盘文件，例如建立一个 C 语言源文件 file1.c，file1.c 的内容自行输入，这里输入"I am a student, you are a teacher."，存盘。

② 程序中需要使用什么函数? 文件要打开和关闭，需要使用 fopen、fclose 函数；文件中的字符要读/写，需要使用 fgetc、fputc 函数；要判断指针是否指向文件结束标志，需要使用 feof(fp)函数。

程序如下:

```
#include <stdio.h>
main( )
```

```
{   FILE * in, * out;
    char ch,infile[10],outfile[10];
    printf("Enter the infile name:\n");
    scanf("%s",infile);
    printf("Enter the outfile name:\n");
    scanf("%s",outfile);
    if ((in=fopen(infile,"r"))==NULL)
    {   printf("can not open infile\n");
        exit(0);
    }
    if ((out=fopen(outfile,"w"))==NULL)
    {   printf("can not open outfile\n");
        exit(0);
    }
    while (!feof(in)) fputc(fgetc(in),out);
    fclose(in);
    fclose(out);
}
```

运行结果为：

Enter the infile name:
file1.c✓
Enter the outfile name:
file2.c✓

打开文件 file2.c 查看，其内容为：

I am a student,you are a teacher.

这表明达到了程序设计的目标。

12.3.2　fread 函数和 fwrite 函数

1. fread 函数

（1）功能及调用。

fread 函数的功能是从指定的文件中读入一组数据。其调用格式如下：

fread(buffer,size,count,fp);

（2）说明。

buffer：存放读入数据的缓冲区首地址。

size：读入的每个数据项的字节数。

count：要读入的数据项的个数。

fp：文件型指针。

例如，要利用 fread 函数，从 fp 所指定的文件中读入 4 个整型数据，存入数组 a 中，则函数参数设置如下：

```
int a[4];
fread(a,2,4,fp);
```

因为一个整型数据占 2 字节，所以 size 值为 2，要读 4 个整型数，所以 count 值为 4。

若 fread 函数调用成功，则函数值就是 count 的值；若调用失败，如读入的数据项少于

count 的值,或位置指针已指向文件尾,就会发生错误。可以用 feof 或 ferror 函数来确定发生的情况。

2. fwrite 函数

(1) 功能及调用。

fwrite 函数的功能是将一组数据输出到指定的磁盘文件中。其调用格式如下:

fwrite(buffer,size,count,fp);

(2) 说明。

buffer:存放输出数据的缓冲区首地址。

size:写入文件的每个数据项的字节数。

count:写入的数据项个数。

fp:文件类型指针。

例如,将数组 b 中 3 个单精度实数输出到磁盘文件中,则 fwrite 函数的参数可以这样设置:

```
float b[3]={1.1,2.7,3.9};
…
fwrite(b,4,3,fp);
```

若 fwrite 调用成功,函数值也是 count 的值。

3. 举例

【例 12.2】 编写程序,从键盘输入 10 个整数,存入 data.dat 文件中。再从该文件中读出,显示在屏幕上。

分析:

(1) 程序中需要使用什么函数? 要打开和关闭文件,需要使用 fopen、fclose 函数;要读/写数据,需要使用 fwrite、fread 函数。

(2) 算法比较简单。

程序如下:

```c
#include "stdio.h"
main()
{
    FILE * fp;
    int data[10],i;
    for (i=0;i<10;i++)
    {   printf("input data[%d]",i);
        scanf("%d",&data[i]);
    }
    if ((fp=fopen("data.dat","wb"))==NULL)
    {   printf("Can not open file data.dat\n");
        exit(0);
    }
    else
    {   fwrite(data,2,10,fp);
        fclose(fp);
    }
    if ((fp=fopen("data.dat","r"))==NULL)
    {   printf("File data.dat have not been found\n");
        exit(0);
```

```
        }
        else
        {   fread(data,2,10,fp);
            fclose(fp);
            for (i=0;i<10;i++)
                printf("%d  ",data[i]);
        }
    }
```

某次运行结果为：

```
input data[0]99↙
input data[1]7↙
input data[2]6↙
input data[3]5↙
input data[4]4↙
input data[5]3↙
input data[6]0↙
input data[7]-1↙
input data[8]-8↙
input data[9]-90↙
99  7  6  5  4  3  0  -1  -8  -90
```

【例 12.3】 从键盘输入 5 个学生的学号、姓名、总分，存入磁盘文件，再将该文件中总分大于 600 分的学生显示出来。

分析：

本题需使用结构体，结构体成员包括学号、姓名、总分。

程序如下：

```
#include <stdio.h>
#define K 5
struct student
{   int num;
    char name[20];
    int sum;
}s[K];

void wfile()
{   FILE *fp;
    int i;
    if ((fp=fopen("stu.dat","wb"))==NULL)
    {   printf("Can not open file\n");
        return;
    }
    for (i=0;i<K;i++)
        if (fwrite(&s[i],sizeof(struct student),1,fp)!=1)
        {   printf("File write error\n");
            return;
        }
    fclose(fp);
}

void rfile()
{   FILE *fp;
    int i;
    if ((fp=fopen("stu.dat","rb"))==NULL)
```

```
        {   printf("Can not open file \n");
            return;
        }
        for (i=0;i<K;i++)
        {   fread(&s[i],sizeof(struct student),1,fp);
            if (s[i].sum>600)
                printf("%d,%s,%d\n",s[i].num,s[i].name,s[i].sum);
        }
        fclose(fp);
}

main( )
{
    int i;
    for (i=0;i<K;i++)
    {   printf("input s[%d]: \n",i);
        scanf("%d%s%d",&s[i].num,s[i].name,&s[i].sum);
    }
    printf("result:\n");
    wfile( );
    rfile( );
}
```

运行结果为：

```
input s[0]:
1001 zhang 672 ↙
input s[1]:
1002 wang 721 ↙
input s[2]:
1003 huang 702 ↙
input s[3]:
1004 bai 593 ↙
input s[4]:
1005 tang 582 ↙
result:
1001,zhang,672
1002,wang ,721
1003,huang,702
```

12.3.3　fscanf 函数和 fprintf 函数

1. fscanf 函数

(1) 功能及调用。

fscanf 函数与 scanf 函数作用相似，都是格式化读函数，区别仅在于 fscanf 函数是从磁盘文件中读入数据，而 scanf 函数是从键盘上输入数据。调用格式如下：

fscanf(文件指针,格式说明,输入表列);

其功能是从指定的文件中读入一个字符序列，经过相应的格式转换后，存于输入表列对应的变量中。

(2) 说明。

① 要注意格式说明符与对应的输入数据要一致，否则将出错。用什么格式符写入的数

据就以什么格式读取。

② 例如,磁盘文件中有如下字符序列:

12,32.84,100

执行以下语句分别将 3 个数据存入变量 a、b、c:

```
int a,b;
float c;
fscanf(fp, "%d,%f,%d",&a,&c,&b);
```

2. fprintf 函数

(1) 功能及调用。

fprintf 函数与 printf 函数相似,都是格式化写函数,其区别在于 fprintf 函数是将数据写入文件而 printf 是输出到屏幕上。调用格式如下:

fprintf(文件指针,格式说明,输出表列);

将输出表列中的变量格式化后写入指定的文件中。

(2) 说明。

例如,把变量 i 和 f 的值分别按%d 和%6.2f 的格式写入 fp 所指的文件中。

```
int i;
float f;
…
i=25;
f=3.14;
fprintf(fp, "%d,%6.2f ",i,f);
```

12.3.4　fgets 函数和 fputs 函数

1. fgets 函数

(1) 功能及调用。

fgets 函数的调用格式如下:

fgets(str,n,fp);

函数的功能是从文件指针 fp 指定的文件中读取 n−1 个字符,然后自动加 1 个'\0'字符,将此 n 个字符的字符串存放到字符数组 str 中。

(2) 说明。

如果调用成功则函数值为 str,如果在读入的字符少于 n−1 个就遇到了换行符'\n'或 EOF,则结束读入,读入的字符包括遇到的'\n'。

2. fputs 函数

(1) 功能及调用。

fputs 函数的调用格式如下:

fputs(str,fp);

函数的功能是把以 str 为起始地址的字符串输出到 fp 指定的文件中。字符串最后的'\0'不输出,也不会在最后输出'\n'。

（2）说明。

若调用成功则函数值为0，否则为非0。由于在文件中不写入'\0'和'\n'，因此文件中各字符串首尾相接。例如：

```
fputs("pen",fp);
fputs("book",fp);
```

执行以上语句将向文件输出一个连续的字符序列：

penbook

因为没有分隔符把原来的两个字符串分开，所以再读入时就无法分辨这两个字符串。可把以上两条语句改为：

```
fputs("pen",fp);fputs("\n",fp);
fputs("book",fp);fputs("\n",fp);
```

这样在每个字符串后加入了一个换行符，再用以下语句读入：

```
char a[2][6];
fgets(a[0],6,fp);
fgets(a[1],6,fp);
```

以上函数应从 fp 指定文件中分别读入 5 个字符，但由于在读入 5 个字符之前，就遇到了换行符'\n'，所以 a[0]中的字符串为"pen\n"，a[1]中的字符串为"book\n"，当然系统还在最后加上'\0'。

3. 举例

【例 12.4】 从键盘输入一个字符串，将其中的小写字母全部转换成大写字母，输出到文件 test.dat 中保存，输入的字符以"#"结束，然后再将该文件的内容读出，显示在屏幕上。

本题的要求比较简单，请先自己编写程序，然后与下面的程序核对。

```c
#include "stdio.h"
main()
{
  FILE *fp;
  char str[100],s1[100];
  int i=0;
  if ((fp=fopen("test.dat","w"))==NULL)
  {   printf("Can not open file\n");
      exit(0);
  }
  printf("input a string:\n");
  gets(str);
  while (str[i]!='#')
  {   if (str[i]>='a'&&str[i]<='z')
         str[i]=str[i]-32;
      fputc(str[i],fp);
      i++;
  }
  fclose(fp);
  fp=fopen("test.dat","r");
  fgets(s1,strlen(str)+1,fp);
  printf("%s\n",s1);
  fclose(fp);
}
```

运行结果为：

```
input a string:
abcdE123#↙
ABCDE123
```

12.4　文件的定位及出错检测

12.4.1　顺序存取和随机存取

C语言所生成的数据文件是流式文件，C语言提供的函数对于这类文件既可以进行顺序存取，也可以进行随机存取。

顺序存取文件，总是从头到尾顺次读/写，也就是说，当顺序读时，若要读文件中第 n 个字节，必须先读取前 n−1 个字节。写操作也是如此。

随机存取文件，就是读/写文件时不必从头到尾顺次进行，而是通过人为控制文件位置指针，读取指定位置上的数据，或把数据写入文件指定位置来替代原来的数据。

注意文件位置指针和 FILE 类型的文件指针是两个不同的概念。通过 fopen 函数而赋值的文件指针指向一个文件，而文件位置指针对已存在的一个文件而言，既可指向文件头、文件尾（文件结束标志），也可指向文件中某个字符。调用读/写函数对文件进行的读/写操作，都要从位置指针指向的位置开始。

在用 fopen 函数打开文件时，除了指定"a"或"a＋"（或"ab"，"ab＋"）使用方式之外，位置指针总是指向文件开头。进行读/写操作时，使位置指针向后移动。

当用"a"或"a＋"（或"ab"，"ab＋"）方式打开文件时，文件的位置指针自动移到文件尾，这时不能进行读操作，而进行写操作时，数据写入当前文件最后，原来的内容并不丢失，文件尾标志后移。

12.4.2　rewind 函数

（1）功能及调用。

rewind 函数的调用格式如下：

rewind(fp);

该函数的作用是使位置指针重新返回文件的开头。此函数没有返回值。

（2）说明。

由于 rewind 函数使位置指针指向文件开头，因此使 feof 函数为 0。

12.4.3　fseek 函数

（1）功能及调用。

要对文件进行随机读/写，就要用 fseek 函数先使位置指针移动到文件中指定的位置上。调用格式如下：

fseek(文件类型指针,位移量,起始点);

该函数是从指定的起始点开始向前或向后移动位置指针,移动的字节数由位移量确定。

(2) 说明。

① 起始点可用符号常量或数字 0、1、2 分别表示指针开始位置在文件开头、文件当前位置和文件尾,如表 12.3 所示。

表 12.3　fseek 函数起始点说明

起 始 点	符 号 常 量	数　字
文件开头	SEEK_SET	0
当前位置	SEEK_CUP	1
文件尾	SEEK_END	2

② 位移量是一个长整型数据。例如：

fseek(fp,15L,0);或 fseek(fp,15,SEEK-SET);表示将位置指针向后移到离文件头 15 字节处。

fseek(fp,30L,1);表示将位置指针向后移到离当前位置 30 字节处。

fseek(fp,－10L,2);表示将位置指针向前移到离文件尾 10 字节处。

12.4.4　ftell 函数

(1) 功能及调用。

ftell 函数返回的是位置指针当前所在的位置,也就是指针相对于文件开头的字节数。调用格式如下：

```
ftell(fp);
```

例如：

```
long p;
p=ftell(fp);
```

(2) 说明。

① 调用失败时,函数值为-1L。

② 可用该函数求文件长度(包含字节数)。

```
fseek(fp,0L,SEEK-END);
P=ftell(fp);
```

12.4.5　出错检测函数

1. ferror 函数

(1) 功能及调用。

在调用各种读/写函数(如 fputc、fgetc、fread、fwrite 等)时,若出错,ferror 的值为一个非零值,若函数值为 0,则表示没出错。调用格式如下：

```
ferror(fp);
```

(2) 说明。

对同一个文件每次调用读/写函数,都产生一个新的 ferror 函数值,因此,要当即检查该函数值才能判断读/写是否出错。

在执行 fopen 函数时,ferror(fp)的值自动置为 0。

2. clearerr 函数

(1) 功能及调用。

clearerr 函数使 ferror(fp)的值置为 0,且使文件结束标志也置为 0。调用格式如下:

```
clearerr(fp);
```

(2) 说明。

如果调用一次读/写函数出错,ferror 的值为一个非零值,且一直保留,直到遇到 clearerr(重置为 0),或调用 rewind 函数或其他读/写函数,才产生一个新的 ferror 的值。

3. 举例

【例 12.5】 在磁盘文件中存有 5 个学生的数据(见例 12.3)。要求将第 1、3、5 个学生的数据显示在屏幕上。

请先返回去看例 12.3 的程序,再回来看下面的程序。

```c
#include <stdio.h>
struct student
{
    int num;
    char name[20];
    int sum;
}stud[5];

main( )
{
    int i;
    FILE * fp;
    if((fp=fopen("stu.dat","rb"))==NULL)
    {   printf("Can not open file\n");
        exit(0);
    }
    for (i=0;i<5;i+=2)
    {
        fseek(fp,i * sizeof(struct student),0);
        fread(&stud[i],sizeof(struct student),1,fp);
        printf("%d, %s, %d \n", stud[i].num, stud[i].name,stud[i].sum);
    }
    fclose(fp);
}
```

运行结果为:

1001,zhang,672
1003,huang,702
1005,tang,582

【例 12.6】 编程实现人员登录,每当从键盘接收一个姓名,便在文件 try.dat 中进行查找,若此姓名已在该文件中,则显示姓名已存在,否则,将其存入文件。当按 Enter 键时结束。

分析：

(1) 本题需使用什么函数？请自己分析。

(2) 请确定算法。

程序如下：

```c
#include <stdio.h>
main()
{
   FILE *fp;
   int flag;
   char name[30],data[30];
   if ((fp=fopen("try.dat","a+"))==NULL)
   {  printf("Open file error\n");
      exit(0);
   }
   do
   {  printf("Enter name:");
      gets(name);
      if (strlen(name)==0) break;
        strcat(name,"\n");
      rewind(fp);
      flag=1;
      while (flag&&((fgets(data,30,fp)!=NULL)))
        if (strcmp(data,name)==0) flag=0;
          if (flag) fputs(name,fp);
          else
            printf("\tThe name has been existed.\n");
   }while (ferror(fp)==0);
   fclose(fp);
}
```

运行结果为：

```
Enter name:Li bai↙
Enter name:Du fu↙
Enter name:Bai juyi↙
Enter name:Wang bo↙
Enter name:Jia dao↙
Enter name: Li bai↙
    The name has been existed.
Enter name: Wei zhuang↙
Enter name:↙
```

请思考：将 try.dat 中的内容读出，显示在屏幕上，程序如何编写？

这是本书的最后一个例题。同例 12.3 和例 12.5 一样，本例也很有实践意义，可以在实际工作、生活中应用。这又从文件存取、人员登录方面体现了 C 语言程序设计的价值。

习　题　12

一、选择题

1. 系统的标准输入文件是(　　)。

A. 键盘   B. 显示器   C. 软盘   D. 硬盘

2. 若执行 fopen 函数时发生错误,则函数的返回值是(　　)。

   A. 地址值   B. 0   C. 1   D. EOF

3. 若要用 fopen 函数打开一个新的二进制文件,该文件既能读也能写,则文件的使用方式是(　　)。

   A. ab+   B. wb+   C. rb+   D. ab

4. fgetc 函数的作用是从指定文件读入一个字符,该文件的打开方式必须是(　　)。

   A. 只写   B. 追加   C. 读或读写   D. 答案 B 和 C 都对

5. 已知函数的调用格式为 fread(buffer,size,count,fp);其中 buffer 代表的是(　　)。

   A. 一个整型变量,代表要读入的数据项总数

   B. 一个文件指针,指向要读的文件

   C. 一个指针,指向要读入数据的存放地址

   D. 一个存储区,存放要读入的数据项

6. 函数调用语句 fseek(fp,-20L,2);的含义是(　　)。

   A. 将文件位置指针移到距离文件头 20 字节处

   B. 将文件位置指针从当前位置向后移动 20 字节

   C. 将文件位置指针从文件末尾处向后退 20 字节

   D. 将文件位置指针移到离当前位置 20 字节处

二、编程题

1. 从键盘输入一个字符串,把它输出到磁盘文件 file1.dat 中。

2. 有两个文件 filea.dat 和 fileb.dat,各存放了一行字母,要求把两文件合并,按字母顺序排序后,输出到一个新文件 filec.dat 中。

3. 有 5 个学生,每个学生的信息包括学号、姓名、3 门课成绩。要求从键盘输入以上数据,计算出平均成绩,将原有数据和平均成绩输出到 stud.dat 文件中。

4. 将编程题 3 文件中的学生数据,按平均分进行排序,将已排序的学生数据存入一个新文件 stu_sort.dat 中。

第 13 章

上机实验与指导

上机实验 1 C 程序的运行环境和运行 C 程序的方法

一、目的要求

(1) 认识在计算机系统上编辑、编译、连接和运行 C 程序的步骤。

(2) 在调试程序中观察系统提示,改正编译错误或连接错误。

(3) 了解 C 语言源程序的结构及书写格式,了解表达 C 语言程序的各个组成成分的术语。

二、实验内容

思考问题:什么是源程序?C 语言源程序的结构是怎样的?C 语言源程序的书写格式怎样?指出程序中哪些是注释、预处理命令、声明部分、可执行语句、函数定义、函数调用、关键字、main 函数等。

(1) 练习进入 C 语言编程界面。输入下列源程序,进行修改、编译、连接和运行。应了解是用什么命令进行编译、连接和运行的,运行的结果是什么?

程序如下:

```
main ( )
{
   printf("Programming is Fun.\n");
}
```

运行结果为:

(2) 输入下列源程序,进行修改、编译、连接和运行,运行的结果是什么?

程序如下:

```
main ( )
{
   printf("Programming  \n");
   printf("is Fun.\n");
}
```

运行结果为:

与上题比较,可知\n 的作用是:

(3) 输入下列源程序,进行修改、编译、连接和运行,运行的结果是什么?

程序如下:

```
#include <math.h>
main()
{
    float x;
    x=sin(0.45456);
    printf("%f \n",x);
}
```

运行结果为:

语句 float x; 的作用是:

上机实验 2　数据类型、运算符与表达式

一、目的要求

(1) 掌握 C 语言的基本数据类型。
(2) 学会如何书写整型、实型常量,如何定义整型、实型变量。
(3) 掌握 C 语言的算术运算符、赋值运算符、逗号运算符及运算规则。
(4) 掌握表达式的求值规则。

二、实验内容

思考问题:数据类型、运算符、表达式在 C 语句中充当什么成分?什么是标识符?如何书写整型、实型、字符型常量?如何定义整型、实型、字符型变量?怎样表示字符串?如何求表达式的值?混合表达式的求值规则是怎样的?

(1) 输入下列源程序,进行修改、编译、连接和运行。分析++运算符。

程序如下:

```
main()
{
    int i,j,m,n;
    i=8;
    j=10;
    m=++i;
    n=j++;
    printf("%d,%d,%d,%d \n",i,j,m,n);
}
```

运行结果为:

分析前++和后++的不同:

(2) 输入下列源程序,进行修改、编译、连接和运行。分析++和--运算符。

程序如下:

```
main()
```

```
{
    int i,j;
    i=8;
    j=10;
    printf("%d,%d \n", i,j);
    printf("%d,%d \n",i++,j--);
    printf("%d,%d \n", i,j);
    printf("%d,%d \n", ++i,--j);
}
```
运行结果为：

分析运行结果：

（3）输入下列源程序，进行修改、编译、连接和运行。分析表达式的值。

```
#include <stdio.h>
main()
{
    int a=7,b=3;
    float x=2.5,y=4.7,z1,z2;
    printf("z1=%f \n", x+a%3*(int)(x+y)%2/4);
    printf("z2=%f \n", (float)(a+b)/2+(int)x%(int)y);
}
```
运行结果为：

表达式 x＋a％3＊(int)(x＋y)％2/4 得到这样的结果是因为：

表达式(float)(a＋b)/2＋(int)x％(int)y 得到这样的结果是因为：

上机实验 3　顺序结构程序设计

一、目的要求
（1）正确使用数据输入输出函数 scanf、printf 及整型、实型、字符型数据的输入输出格式。
（2）正确使用字符输入输出函数 getchar、putchar。
（3）学会编写简单顺序结构的程序。

二、实验内容
思考问题：scanf 与 printf 函数的格式控制字符串由什么组成？scanf 与 printf 函数中不同数据类型对应的格式字符和附加格式说明字符是怎样的？

（1）输入下列源程序，进行修改、编译、连接和运行。

程序如下：

```
#include <stdio.h>
main()
{
    char c1,c2,x;
    c1=97;
    c2=98;
    printf("%c,%c\n",c1,c2);
```

```
        printf("%d,%d\n",c1,c2);
        x=getchar();
        putchar(x);
        putchar('\n');
}
```

运行结果为：

运行结果中的前两行不同,这种不同是由什么引起的：

(2) 运行下面的程序,写出运行结果。

```
main()
{
    int a=5,b=7;
    float x=67.8564,y=-789.124;
    long n=1234567;
    char c='A';
    printf("a=%3d,b=%3d\n",a,b);
    printf("x=%10.2f,y=%10.2f\n",x,y);
    printf("n=%ld\n",n);
    printf("c=%c or c= %d(ASCII) \n",c,c);
}
```

运行结果为：

(3) 编程求圆周长、圆面积、圆球表面积、圆球体积、圆柱体积。在程序中调用 scanf 函数通过键盘输入半径、圆柱高,输出计算结果,输出要求有文字说明,计算结果精确到小数点后两位。

圆周长、圆面积、圆球表面积、圆球体积、圆柱体积的计算公式为：

$circle=2\pi r, area=\pi r^2, surface=4\pi r^2, globe=4/3\pi r^3, column=area\times h$。

算法提示：

① 定义符号常量 PI 的值为 3.1416;

② 定义实型变量 r、h、circle、area、surface、globe、column;

③ 提示输入"Please enter r,h: ";

④ 输入 r、h;

⑤ 根据公式计算 circle=2 * PI * r,area= PI * r * r,surface=4 * PI * r * r,globe= PI * r * r * r * 4/3,column=area * h;

⑥ 打印两位小数的结果 circle、area、surface、globe、column。

编写程序：

测试结果为：

r	h	circle	area	surface	globe	column
1.5	3					
3.45	2.56					

(4) 输入一个华氏温度 f,要求输出摄氏温度 c。公式为 $c=5/9\times(f-32)$。

输出要求有文字说明,取两位小数。

算法提示:

① 定义实型变量 c、f;

② 提示输入"Please enter f: ";

③ 输入 f;

④ 根据公式计算 c;

⑤ 打印两位小数的结果。

编写程序:

测试结果为:

华氏温度 f	摄氏温度 c
100.25	
0.5	
23.78	

上机实验 4 顺序结构程序设计(续)

一、目的要求

(1) 掌握编写简单顺序结构程序的方法。

(2) 掌握表达式的求值规则。

二、实验内容

(1) 输入两个正整数,求它们相除所得的商,商的整数部分、小数部分及余数。例如 17 除以 2,其商为 8.5,商的整数部分为 8,小数部分为 0.5,余数为 1。

算法提示:

① 定义整型变量 a、b;

② 提示输入"Please enter a、b: ";

③ 输入 a、b;

④ 根据公式计算商 s=(float)a/b,商的整数部分 sz=a/b,商的小数部分 sx=s−sz,余数 ys=a%b;

⑤ 打印输出结果,实数保留两位小数。

编写程序:

输入输出样例:

Please enter a、b:

输入为:17,2(回车)

输出结果为:s=8.50,sz=8,sx=0.50,ys=1

(2) 设整型变量 a=12,分析下列表达式的值,并编写程序,上机进行验证。

① a+=a
② a-=2
③ a*=2+3
④ a/=a+a

算法提示：
① 定义整型变量 a；
② 赋初值 a=12；
③ 计算 a+=a,输出 a 的值；
④ 赋初值 a=12,输出 a 的值；
⑤ 计算 a-=2,输出 a 的值；
⑥ 赋初值 a=12；
⑦ 计算 a*=2+3,输出 a 的值；
⑧ 赋初值 a=12；
⑨ 计算 a/=a+a,输出 a 的值。

四个表达式的值分别为：

求第一个表达式的值的程序为：

(3) 编程打印下面的图形。

```
    *
   ***
   ****
  *******
 *********
```

提示：一个输出语句打印一行,需要用 5 个输出语句实现。

(4) 编写程序,从键盘输入一个八进制正整数,然后按十进制和十六进制形式输出。输入输出格式见样例。

【样例输入】13

【样例输出】11,b

(5) 编写程序,从键盘输入一个小写英文字母,然后输出与其对应的大写英文字母。输入输出格式见样例。

【样例输入】a

【样例输出】A

上机实验5　选择结构程序设计

一、目的要求

(1) 掌握 6 个关系运算符、3 个逻辑运算符及运算规则。

(2) 掌握 if 语句的 3 种形式及对应的语法规则、执行流程。

二、实验内容

思考问题：比较运算符==与赋值运算符=有何区别？如何表示复杂条件？逻辑表达式的求值规则是怎样的？怎样比较实数相等？

(1) 有 3 个整数 a、b、c，由键盘输入，输出其中最大的数。

算法提示：

① 定义整型变量 a、b、c、max；
② 提示输入"Please enter a，b，c："；
③ 输入 a、b、c；
④ 找出 a、b 中的较大数存入 max；
⑤ 找出第 3 个数 c 与 max 中的较大数，并再次存入 max；
⑥ 3 个数中的最大数就是 max，打印 max。

编写程序：

测试结果为：

a	b	c	max
1	200	30	
−300	88	9	
2	1	3	

(2) 有一函数如下：

$$y = \begin{cases} x, & x<1 \\ 2x-1, & 1 \leqslant x < 10 \\ 3x-11, & x \geqslant 10 \end{cases}$$

用 scanf 函数输入 x 的值，求 y 值。

算法提示：

① 定义实型变量 x、y；
② 提示输入"Please enter x："；
③ 输入 x；
④ 判断 x 所在的区间，应用 y 的计算公式求值；
⑤ 打印结果。

编写程序：

测试结果为：

x	y
−1	
5	
10	

（3）给出一个百分制成绩，要求输出成绩等级 A、B、C、D、E。90 分以上（含 90 分）为 A；80 分以上、90 分以下（含 80 分，不含 90 分）为 B；70 分以上、80 分以下（含 70 分，不含 80 分）为 C；60 分以上、70 分以下（含 60 分，不含 70 分）为 D；60 分以下（不含 60 分）为 E。（不用 switch 语句）

算法提示：

① 定义百分制成绩（整型变量）score；

② 提示输入"Please enter score："；

③ 读入 score；

④ 判断 score 所在的区间，对应得出 score 的等级并打印出来。

编写程序：

测试结果为：

score	打印等级
65	
54	
77	
89	
92	
100	

上机实验 6 选择结构程序设计（续）

一、目的要求

掌握选择结构程序设计的方法。

二、实验内容

（1）从键盘输入一个字符，判断此字符属于下面哪一种。

① 字母（a～z，A～Z）；

② 数字字符（0～9）；

③ 其他字符。

显示相应的提示信息。

编写程序：

（2）输入三角形的三条边长，求三角形的面积。要求检查输入的三条边能否构成三角形。

提示：如果三角形的任意两条边的长度之和大于第三边，则可以构成三角形。

编写程序：

输入为：
输出结果为：

上机实验 7　循环结构程序设计

一、目的要求
(1) 掌握 while、do…while、for 语句的语法规则、执行流程。
(2) 比较 3 种循环语句的异同。

二、实验内容
思考问题：3 种循环语句的异同点是什么？能否相互转换？for 循环中的 3 个表达式与 while 循环中的表达式是如何对应的？

(1) 分别用 while、do…while、for 语句编程，求数列前 20 项之和：2/1,3/2,5/3,8/5,13/8……

算法提示：
① 定义实型变量 sum、term、a、b、c，整型变量 i；
② 初始化：sum＝0，分子 a＝2，分母 b＝1；
③ 初始化：计数器 i＝1；
④ 计算第 i 项 term ＝a/b；
⑤ 累加 sum＝sum＋term；
⑥ 计算 c＝a＋b，更新 b＝a，更新 a＝c；
⑦ 计数器加 1，i＋＋；
⑧ 重复步骤④～⑦，直到 i＞20；
⑨ 输出两位小数的结果。

编写程序：
方法 1：用 while 语句；
方法 2：用 do…while 语句；
方法 3：用 for 语句；
3 次测试结果，数列前 20 项之和 sum 为多少？

(2) 计算多项式的值：s＝1!＋2!＋3!＋4!＋···＋20!
算法提示：该多项式迭代公式为：term＝term * i，sum＝sum＋term。
请思考哪些变量需要初始化？变量应采用什么类型？
编写程序：

上机运行结果为：
(3) 36 块砖 36 人搬，男搬 4 块，女搬 3 块，小孩 2 人搬 1 块。要求一次全搬完，问男、女、小孩各若干(人)？
算法提示：设 x、y、z 表示男、女、小孩的人数，则有不定方程：
$$\begin{cases} x+y+z=36 \\ 4x+3y+z/2=36 \end{cases}$$

用穷举法,对 x、y、z 所有可能的组合测试出满足条件的解。

x、y、z 的取值范围如下:

x:1~8,步长 1;

y:1~11,步长 1;

z:2~36,步长 2。

对 x、y、z 所有可能的组合:8×11×(36/2)重复测试条件:

4＊x＋3＊y＋z/2＝＝36 && x＋y＋z＝＝36

是否成立,若成立则打印出 x、y、z 的值。

编写程序:

上机运行结果有几组解?男、女、小孩各多少人?

(4) 打印 ASCII 码值为 40~80 的 ASCII 码值对照表。

注意打印格式,如何在一行中同时打印若干列?

编写程序:

观察上机输出结果。

输出结果为:

上机实验 8 循环结构程序设计(续)

一、目的要求

掌握循环结构程序设计的方法。

二、实验内容

(1) 把 1 张 100 元的人民币兑换成 5 元、2 元和 1 元的纸币(每种都要有)共 50 张,问有哪几种兑换方案?

编写程序:

(2) 韩信点兵问题:有兵一队,若五人排成一行,则末行一人;六人排成一行,则末行五人;七人排成一行,则末行四人;十一人排成一行,则末行十人,求兵数。

编写程序:

(3) 求 100~300 间的所有素数。

编写程序:

上机实验 9 选择、循环结构程序设计

一、目的要求

(1) 掌握 switch 语句的语法规则、执行流程;进一步掌握选择结构程序设计的方法。

(2) 进一步掌握循环结构程序设计的方法。

二、实验内容

(1) 给出一个百分制成绩,要求输出成绩等级 A、B、C、D、E。90 分以上(含 90 分)为 A;80 分以上、90 分以下(含 80 分、不含 90 分)为 B;70 分以上、80 分以下(含 70 分、不含 80 分)为 C;60 分以上、70 分以下(含 60 分、不含 70 分)为 D;60 分以下(不含 60 分)为 E(使用 switch 语句)。

算法提示:

① 定义百分制成绩(整型变量)score;

② 提示输入"Please enter score:";

③ 读入 score;

④ 构造 switch 表达式;

⑤ 将 switch 表达式的值与 case 常量匹配,打印相应等级。

编写程序:

测试结果为:

score	打印等级	score	打印等级
65		89	
54		92	
77		100	

(2) 请用 switch 语句求一笔定期存款的到期利息:输入存款数、存款年数,输出到期利息。设存款利率为 1 年期 2%,2 年期 2.5%,3 年期 2.8%,5 年期 3%。利息计算公式为 a=p×r×n,设:a 为到期利息,p 为存款数,n 为年数,r 为利率。

算法提示:

① 定义实型变量 a、p、r,整型变量 n;

② 提示输入"Please enter p,n:";

③ 输入 p、n;

④ 构造 switch 表达式;

⑤ 将 switch 表达式的值 n 与 case 常量匹配,得到存款利率 r;

⑥ 根据 p、n、r 计算利息 a=p*r*n;

⑦ 输出 2 位小数的结果。

编写程序:

测试结果为:

p	n	a
1000	1	
1000	2	
1000	3	
1000	5	

(3) 计算多项式前 n 项的值：s=a+aa+aaa+aaaa+…，整数 a、n 由键盘输入($0<a\leqslant 9$,$0<n\leqslant 9$)。

算法提示：该多项式迭代公式为：term=term*10+a,sum=sum+term。

请思考：哪些变量需要初始化？变量应采用什么类型？

请画出流程图：

编写程序：

输入 a=2,n=4 时上机运行结果为：
输入 a=5,n=6 时上机运行结果为：
输入 a=1,n=8 时上机运行结果为：

上机实验 10　一 维 数 组

一、目的要求

(1) 掌握一维数组的基本概念,定义一维数组和初始化一维数组的方法。

(2) 掌握一维数组的基本操作,如输入输出、引用数组元素等。

(3) 掌握与数组有关的算法,例如找最大或最小值、排序、数列首尾颠倒等。

二、实验内容

思考问题：如何定义一维数组？如何初始化一维数组？int a[10];定义了几个数组元素？各数组元素如何表示(引用)？

(1) 某整数数组 a 具有 8 个数组元素,用冒泡法对这些元素从小到大进行排序。8 个数组元素用 scanf 函数输入。

输入为：

运行结果为：

(2) 将一个数列首尾颠倒。设该数列为 1,3,6,7,9,11,15。要求按 15,11,9,7,6,3,1 的顺序存放并输出。

算法提示：先找到数组的中点位置,然后依次将首尾元素交换。

编写程序：

上机实验 11　二 维 数 组

一、目的要求

(1) 掌握二维数组的基本概念,定义二维数组和初始化二维数组的方法。

(2) 掌握二维数组的基本操作：引用数组元素、行(列)求和,整个数组的输入输出等。

二、实验内容

思考问题：说出二维数组的存储结构。二维数组的输入输出采用什么方法？

(1) 求一个 3×4 矩阵的所有靠外侧的元素之和。

编写程序：

输入数据：

运行结果为：

(2) 分别求一个 4×4 矩阵的一条对角线上的元素之和与另一条对角线上的元素之和的乘积。

编写程序：

输入数据：

运行结果为：

(3) 打印杨辉三角形前 10 行。

1
1   1
1   2   1
1   3   3   1
1   4   6   4   1
1   5   10   10   5   1
…

算法提示：流程图如图 13.1 所示。

图 13.1　打印杨辉三角形流程图

编写程序：

运行程序。

上机实验 12　字符数组和字符串

一、目的要求
(1) 掌握字符数组的基本概念,定义字符数组和初始化字符数组的方法。
(2) 掌握字符数组和字符串的关系,学会用字符串初始化字符数组的方法。
(3) 了解常用字符串处理函数的使用方法。

二、实验内容
思考问题:字符串的结构是怎样的?字符数组可以用字符串来初始化,这时要注意什么?设 char word[10]= "China",那么 strlen(word)=? sizeof(word)=?(sizeof 函数求表达式和类型的字节数)常用的字符串处理函数有哪些?

(1) 输出钻石图形,用字符串初始化二维字符数组编写程序。上机验证。

```
    *
   * *
  *   *
   * *
    *
```

提示:用 char a[][5]={{' ',' ','*'},{' ','*',' ','*'},{'*',' ',' ',' ','*'},{' ','*',' ','*'},{' ',' ','*'}};初始化。

编写程序:

运行程序。

(2) 输出下面几何图形。

```
*****
 *****
  *****
   *****
    *****
```

编写程序:

运行程序。

(3) 将字符数组 a 中下标为单号(1,3,5,…)的元素值赋给另一个字符数组 b,然后输出 a 和 b 的内容。

编写程序:

输入字符串 a:
输出字符串:
a=
b=

(4) 输入一行字符,统计其中有多少个单词。比如,输入"I　am a boy",有 4 个单词。

算法提示：令 num 为单词数目（初值为 0），word＝0 表示字符为空格，word＝1 表示字符不是空格，word 初值为 0。

如果当前字符是空格，令 word＝0，否则如果当前字符不是空格，而 word＝0，说明出现新单词，令 num＋＝1，word＝1。

① 创建字符数组 char string[81]；
② 初始化 num＝0，word＝0；
③ 输入一行字符 string；
④ 重复执行以下操作，直到遇到空字符：
如果 string[i]＝空格，令 word＝0；
否则如果 word＝0，令 word＝1，num＋＋。
⑤ 输出 num。

编写程序：

输入一行字符：

统计结果：

num=

上机实验 13　函数（一）

一、目的要求
(1) 掌握函数、函数参数的基本概念。
(2) 定义和调用用户自定义函数的语法规则。
(3) 掌握函数声明的概念及函数声明的时机。

二、实验内容
思考问题：调用库函数时应在程序开头添加什么命令？什么是 void 函数？void 函数与有返回值函数的调用格式有什么不同？形参、实参的对应有什么规定？

(1) 根据下列公式，编写一个函数 y(x)，并编写一个主函数调用它。要求在主函数中输入已知值和输出结果。

$$y = \begin{cases} x^2 - x + 1, & x < 0 \\ x^3 + x - 5, & x \geq 0 \end{cases}$$

编写程序：

运行结果为：

(2) 编写一个函数 prt(c,n)，重复输出给定的字符 c（这里的 c 是 *），输出 n 次。在主函数中调用 prt(c,n) 函数，输出如下的直角三角形。

```
*
**
***
****
*****
******
```

第 13 章　上机实验与指导

函数 prt(c,n)完成输出一行的功能,是一个 void 函数,有两个形参。
编写程序：

运行程序。

上机实验 14　函数（二）

一、目的要求

(1) 了解或掌握函数的嵌套调用规则。
(2) 了解或掌握函数的递归适合用于解决什么问题及其使用方法。
(3) 掌握数组元素作函数实参、数组名作函数参数的优缺点。

二、实验内容

思考问题：递归算法是利用函数处理问题的技术。递归函数每一次调用都保存了形参和变量的值；然后通过逐次返回上一次调用,实现回代过程,从而解决原始问题。

(1) 用函数的嵌套编写程序计算 $\sum_{i=0}^{n} i!$ 的值,n 为大于或等于 0 的整数。
编写程序：

输入 n=6,输出结果为：
(2) 用递归方法求 n 阶勒让德多项式的值,递归公式如下：

$$p_n(x) = \begin{cases} 1, & n=0 \\ x, & n=1 \\ ((2n-1)x - p_{n-1}(x) - (n-1)p_{n-2}(x))/n, & n>1 \end{cases}$$

编写程序：

输入 x=3,n=5,输出结果为：
(3) 数组元素作函数实参,求数组 3 个元素（实数）的立方和。
编写程序：

输入为：
运行结果为：
(4) 数组名作函数实参,求数组 3 个元素（实数）的立方和。
编写程序：

输入为：
运行结果为：

上机实验 15　函数(三)

一、目的要求

(1) 了解或掌握局部变量、全局变量的作用域和使用场合。

(2) 了解或掌握 auto、register、extern 和 static 变量的生存期和使用场合。

(3) 掌握 #define 命令的用法。

(4) 掌握使用宏的方法。

二、实验内容

(1) 分析下面程序的运行结果，为什么会出现这种结果？

```
void fun(int i, int j);
main( )
{
   int i,j,x,y,n,g;
   i=2,j=3,g=x=5,y=9,n=7;
   fun(n,6);
   printf("g=%d;i=%d;j=%d\n",g,i,j);
   printf("x=%d;y=%d\n",x,y);
   fun(n,6);
}

void fun(int i, int j)
{   int x,y,g;
    g=8;x=7;y=2;
    printf("g=%d;i=%d;j=%d\n",g,i,j);
    printf("x=%d;y=%d\n",x,y);
    x=8,y=6;
}
```

运行结果为：

分析：

(2) 分析下面程序的运行结果，为什么会出现这种结果？

```
void incx(void);
void incy(void);
main( )
{
   incx( );
   incy( );
   incx( );
   incy( );
   incx( );
   incy( );
}

void incx(void)
{   int x=0;
    printf("x=%d\t",++x);
}

void incy(void)
```

```
{   static int y=0;
    printf("\ny=%d\n",++y);
}
```

运行结果为：

分析：

（3）分析下面程序的运行结果，为什么会出现这种结果？

```
#define MAX 3
int a[MAX];
void fun1(void);
void fun2(b[ ]);
main( )
{
   fun1( );
   fun2(a);
   printf("\n");
}

void fun1(void)
{   int  k, t=0;
    for (k=0;k< MAX;k++,t++)    a[k]=t+t;
}

void fun2(b[])
{   int k;
    for(k=0;k< MAX;k++)    printf("%d", b[k]);
}
```

运行结果为：

分析：

（4）输入两个整数，例如 57 和 29，求它们相除的余数。用带参的宏实现。

编写程序：

运行结果为：

（5）定义一个宏，将大写字母变成小写字母。并编写主程序，输入大写字母，输出由该宏转换成的小写字母。

编写程序：

输入大写字母：

输出结果为：

上机实验 16 指针（一）

一、目的要求

（1）掌握指针的基本概念。

（2）掌握指针变量的定义和初始化。

二、实验内容

(1) 使两个指针变量交换指向。

编写程序：

运行结果为：

(2) 交换两个指针变量所指向的变量的值。

编写程序：

运行结果为：

(3) 有 3 个整型变量 i、j、k。请编写程序，设置 3 个指针变量 p1、p2、p3，分别指向 i、j、k。然后通过指针变量使 i、j、k 这 3 个变量的值顺序交换，即原来 i 的值赋给 j，原来 j 的值赋给 k，原来 k 的值赋给 i。i、j、k 的原值由键盘输入，要求输出 i、j、k 的原值和新值。

编写程序：

运行结果为：

(4) 从键盘输入 3 个整数给整型变量 i、j、k，要求设置 3 个指针变量 p1、p2、p3 分别指向 i、j、k，通过比较使 p1 指向 3 个数的最大者，p2 指向次大者，p3 指向最小者，然后按照由大到小的顺序输出 3 个数。

提示：*p1 与 *p2 比较，若 *p1＜*p2，则 *p1 与 *p2 交换；*p1 与 *p3 比较，若 *p1＜*p3，则 *p1 与 *p3 交换；*p2 与 *p3 比较，若 *p2＜*p3，则 *p2 与 *p3 交换。

编写程序：

运行结果为：

上机实验 17　指针（二）

一、目的要求

(1) 掌握用指针作函数参数的编程方法。
(2) 掌握用指向数组的指针作函数参数的编程方法。
(3) 掌握使用指向函数的指针的方法。
(4) 掌握返回指针值的函数（函数的返回值是指针）的用法。

二、实验内容

(1) 练习指针作为函数参数。一个数组有 10 个元素{1,8,10,2,-5,0,7,15,4,-5}，利用指针作为函数参数编程，输出数组中最大的和最小的元素值。

编写程序：

运行结果为：

(2) 练习数组指针作函数参数。求 3×4 的二维数组{1,3,5,7,9,11,13,17,19,21,23,25}

中的所有元素的乘积。

编写程序：

运行结果为：

（3）练习指向函数的指针。用指向函数的指针变量求 3×4 的二维数组{1,3,5,7,9,11,13,17,19,21,23,25}中所有元素的乘积。

编写程序：

运行结果为：

（4）练习返回指针值的函数。编写一个函数 strchr，它的作用是在一个字符串中找一个指定的字符，返回该字符的地址。

编写程序：

输入：

运行结果为：

（5）练习返回指针值的函数。编写一个函数 strcat，使一个字符串 str2 接到另一个字符串 str1 之后，原来字符串 str1 最后的'\0'被 str2 的第 1 个字符所取代。函数返回 str1 的值，在主函数中输出 str1。

编写程序：

输入：

运行结果为：

上机实验 18　指针（三）

一、目的要求

（1）掌握指针与数组的关系，通过指针访问数组。

（2）掌握使用指针数组来处理字符串数组的方法。

（3）掌握指向字符串的指针的用法。

（4）练习使用带参的 main 函数。

二、实验内容

（1）分别用下标法、指针法（指针变量 p）访问数组 a[10]={−2,−10,0,−1,7,99,−35,43,61,−110}，用这两种方法输出数组各元素的值，每种方法输出的 10 个元素在一行上。

编写程序：

下标法：

指针变量法：

运行结果为：

(2) 练习指针数组。有 3 个字符串 "China" "America" "France",请按字母顺序(A、C、F)的逆顺序(F、C、A)输出这 3 个字符串。(要求用指针数组指向这 3 个字符串)

编写程序：

运行结果为：

(3) 练习指针与字符串。在一行字符串中删除指定的字符。例如,在 "I study C Language" 中删去字符 "C"。

编写程序：

运行结果为：

(4) 练习例 9.22 和例 9.23。

上机实验 19　结构体与链表

一、目的要求

(1) 掌握结构体类型、结构体变量的定义和引用。
(2) 了解或掌握链表的概念,对链表进行操作。

二、实验内容

(1) 某班有 10 位学生,每位学生的数据包括学号、姓名、性别、3 门课成绩,计算平均分,输出一张成绩单。

格式如下：

　　　　　姓名　性别　英语　数学　语文　平均分

编写程序：

运行结果为：

(2) 将一个链表按逆序排列,即将链头当链尾,链尾当链头。

编写程序：

运行结果为：

上机实验 20　共用体与枚举

一、目的要求

(1) 了解或掌握共用体类型、共用体变量的定义和引用。
(2) 了解或掌握枚举类型、枚举变量的定义和引用。

二、实验内容

(1) 将 4 字节拼成 long 型数,这 4 个字符为 'a'、'b'、'c'、'd'。编写函数,把由这 4 个字符连续组成的 4 字节内容作为一个 long int 数输出(用共用体类型)。

编写程序：

运行结果为：

（2）口袋中有红、黄、蓝、白、黑 5 种颜色的球若干，每次从口袋中取出 3 个。问得到 3 种不同色球的可能取法，打印每种组合的 3 种颜色（用枚举类型）。

编写程序：

运行结果为：

上机实验 21　位　操　作

一、目的要求

（1）了解或掌握按位运算的概念和方法，学会使用位运算符。
（2）了解或掌握通过位运算实现对某些位的操作。
（3）了解位段的概念及使用。

二、实验内容

（1）用位运算方法实现将一个整数 i 的高字节和低字节输出。

编写程序：

运行结果为：

（2）设计一个函数，给出一个数的原码，能得到该数的补码（要考虑该数是正数还是负数）。

编写程序：

运行结果为：

（3）编写函数，实现左右循环移位。函数名为 move，调用方法为：

move(value,n)

其中 value 为要循环位移的数，n 为位移的位数。如 n＜0 表示左移，当 n＝－3 则要左移 3 位；n＞0 为右移，当 n＝4 则要右移 4 位。

编写程序：

运行结果为：

上机实验 22　文　　件

一、目的要求

（1）掌握文件以及缓冲文件系统的有关概念。
（2）掌握使用文件打开、关闭、读/写等函数。

二、实验内容

（1）从键盘输入一个字符串，把它输出到磁盘文件 file1.dat 中。

编写程序：

（2）有 5 个学生，每个学生的信息包括学号、姓名、3 门课成绩。要求从键盘输入以上数据，计算出平均成绩，将原有数据和平均成绩输出到 stud.dat 文件中。

编写程序：

第 14 章

总　　结

本章按照数据结构＋算法＝程序的思路来进行总结。

14.1　数据的类型及表示形式

计算机处理的对象是数据,那么数据在计算机中是怎么表示的呢？这是计算机语言首先要具备的功能。也是学习程序设计者首先要学习的内容。

14.1.1　数据的类型

在 C 语言中有下列数据类型。

1. 基本数据类型
- 整型：基本整型(int)、短整型(short int)、长整型(long int)。
- 实型：单精度(float)、双精度(double)。
- 字符型(char)。

2. 派生类型
- 数组类型([ ])。
- 指针类型(*)。
- 结构体类型(struct)。
- 共用体类型(union)。
- 函数类型。

3. 枚举类型(enum)

4. 空类型(void)

14.1.2　数据的表示形式

在计算机高级语言中,数据有两种表示形式：常量和变量。

1. 常量

常量是指在程序运行过程中其值不能被改变的量。常用的常量有以下几种类型。

- 整型常量：如 10、123、0、−789 等都是整型常量。
- 实型常量：有两种表示形式。

(1) 十进制小数形式，由数字和小数点组成。如 1.2、0.12345、−123.5678、0.0、102.0 等。

(2) 指数形式，如 1.12345e3（代表 1.12345×10^3）、−345.789E−5（代表 -345.789×10^{-5}）。

注意：e 或 E 之前必须要有数字，且 e 或 E 后必须为整数。如不能写成 e3、5e6.3。

- 字符常量：有以下两种形式的字符常量。

(1) 普通字符用单引号括起来的一个字符。如'a'、'1'、'S'、'#'。

(2) 转义字符，就是以\开头的字符，详见第 2 章介绍。

2. 变量

变量代表一个有名字的、具有特定属性的存储单元，它用来存放数据，也就是变量的值。在程序运行过程中，变量的值是可以改变的。

变量必须先定义，后使用。在定义时指定变量的名字和类型。

14.2　运算符与表达式

了解了计算机中的数据的类型以及如何表示，那么我们如何实现对数据的运算呢？这就需要运算符。每种计算机语言都提供了用于对数据进行操作的运算符。

1. 运算符

C 语言运算符主要包括：

- 算术运算符：＋、−、*、/、%、++、−−。
- 赋值运算符：＝。
- 关系运算符：＞、＞＝、＜、＜＝、＝＝、!＝。
- 逻辑运算符：&&、||、!。
- 位运算符：＜＜、＞＞、～、|、^、&。
- 条件运算符：?:。
- 逗号运算符：,。
- 指针运算符：*、&。
- 求字节数运算符：sizeof。
- 强制类型转换运算符：(类型)。
- 成员运算符：.->。
- 下标运算符：[ ]。
- 其他：如函数调用运算符()。

运算符详见附录 C 和相关章节介绍。

2. 表达式

用运算符和括号将运算对象连接起来的、符合 C 语言语法规则的式子称为 C 表达式。不同类型的运算符可以构成不同类型的表达式，例如，算术运算符可以构成算术表达式，关系运算符可以构成关系表达式等。

14.3 算　　法

如何用运算符对数据按照一定的步骤进行运算呢？这就是算法。广义地讲，为解决一个问题而采用的方法和步骤，就称为算法。要求计算机进行操作的方法和步骤就是计算机算法。计算机算法可分为两大类：数值运算算法和非数值算法。不同的问题有不同的操作步骤，也就是不同的算法，同一个问题也会有不同的算法，只是算法的质量不同。

算法的常用表示方法：自然语言、流程图、N-S 图、计算机语言。用计算机语言表示算法就是程序。

计算机算法无论多么复杂，都是由三种基本结构组成的，即顺序结构、选择结构和循环结构。

14.4　三种基本结构

用计算机语言表示算法就是程序。要用 C 语言编写程序，就需要学习 C 语言中实现三种基本结构的语句。

- 顺序结构：输入语句（主要用库函数 scanf 函数、get 函数、gets 函数来实现）。
  输出语句（主要用 printf 函数、put 函数、puts 函数来实现）。
  赋值语句：一般格式为变量＝表达式；
- 选择结构：单分支 if 语句、双分支 if-else 语句、多分支 if-else if-else if-⋯⋯else 语句、多分支 switch 语句。
- 循环结构：while 语句、do{ }while;语句、for 语句。

这部分内容是 C 语言初学者必须要熟练掌握的重点内容。

14.5　用函数实现模块化程序设计

按照自上而下，逐步细化，分而治之的方法，在设计一个较大的程序时，往往把它分解为若干个模块，每个模块可以分解为更小的模块。每个模块的功能可由函数来实现。一个 C 程序可由一个主函数和若干个其他函数构成。主函数调用其他函数，其他函数也可以互相调用。同一个函数可以被一个或多个函数调用任意多次。

如何定义函数和调用函数，详见第 7 章。

14.6　用文件实现数据的输入输出

在 C 语言中，可以用文件实现数据的输入和输出。关于文件的操作都是用库函数来实现的。

打开文件：用 fpen 函数。
关闭文件：用 fclose 函数。
读文件：用 fscanf 函数、fread 函数、fgetc 函数。
写文件：用 fprintf 函数、fwrite 函数、fputc 函数。
关于文件操作的详细讲解见第 12 章。

ASCII 字符编码一览表

ASCII 字符编码一览表如表 A.1 所示。

表 A.1　ASCII 字符编码一览表

ASCII	字符	控制字符	ASCII	字符	ASCII	字符	ASCII	字符	ASCII	字符	ASCII	字符	ASCII	字符	ASCII	字符
000	null	NUL	032	(space)	064	@	096	`	128	Ç	160	á	192	└	224	α
001	☺	SOH	033	!	065	A	097	a	129	Ü	161	í	193	┴	225	β
002	☻	STX	034	"	066	B	098	b	130	é	162	ó	194	┬	226	Γ
003	♥	ETX	035	#	067	C	099	c	131	â	163	ú	195	├	227	Π
004	♦	EOT	036	$	068	D	100	d	132	ä	164	ñ	196	─	228	Σ
005	♣	ENQ	037	%	069	E	101	e	133	à	165	Ñ	197	┼	229	σ
006	♠	ACK	038	&	070	F	102	f	134	å	166	ª	198	╞	230	µ
007	beep	BEL	039	'	071	G	103	g	135	ç	167	º	199	╟	231	τ
008	backspace	BS	040	(	072	H	104	h	136	ê	168	¿	200	╚	232	Φ
009	tab	HT	041	)	073	I	105	i	137	ë	169	⌐	201	╔	233	Θ
010	换行	LF	042	*	074	J	106	j	138	è	170	¬	202	╩	234	Ω
011	♂	VT	043	+	075	K	107	k	139	ï	171	½	203	╦	235	δ
012	♀	FF	044	,	076	L	108	l	140	î	172	¼	204	╠	236	∞
013	回车	CR	045	-	077	M	109	m	141	ì	173	¡	205	═	237	ø
014	♪	SO	046	.	078	N	110	n	142	Ä	174	<<	206	╬	238	∈
015	☼	SI	047	/	079	O	111	o	143	Å	175	>>	207	╧	239	∩
016	▶	DLE	048	0	080	P	112	p	144	É	176	░	208	╨	240	≡
017	◀	DC1	049	1	081	Q	113	q	145	æ	177	▒	209	╤	241	±
018	↕	DC2	050	2	082	R	114	r	146	Æ	178	▓	210	╥	242	≥
019	‼	DC3	051	3	083	S	115	s	147	ô	179	│	211	╙	243	≤
020	¶	DC4	052	4	084	T	116	t	148	ö	180	┤	212	╘	244	⌠
021	§	NAK	053	5	085	U	117	u	149	ò	181	╡	213	╒	245	⌡
022	▬	SYN	054	6	086	V	118	v	150	û	182	╢	214	╓	246	÷
023	↨	ETB	055	7	087	W	119	w	151	ù	183	╖	215	╫	247	≈
024	↑	CAN	056	8	088	X	120	x	152	ÿ	184	╕	216	╪	248	°
025	↓	EM	057	9	089	Y	121	y	153	Ö	185	╣	217	┘	249	•
026	→	SUB	058	:	090	Z	122	z	154	Ü	186	║	218	┌	250	·
027	←	ESC	059	;	091	[	123	{	155	¢	187	╗	219	■	251	√
028	∟	FS	060	<	092	\	124			156	£	188	╝	220	▬	252	π
029	↔	GS	061	=	093	]	125	}	157	¥	189	╜	221	▌	253	²
030	▲	RS	062	>	094	∧	126	~	158	Pt	190	╛	222	▐	254	■
031	▼	US	063	?	095	_	127	⌂	159	ƒ	191	┐	223	▀	255	空格

附录 B

C 语言的关键字及其用途

C 语言的关键字共计 32 个,如表 B.1 所示。

表 B.1　C 语言的关键字

用　途	关　键　字	说　　明
数据类型	char	一个字节长的字符值
	short	短整数
	int	整数
	unsigned	无符号类型,最高位不作符号位
	long	长整数
	float	单精度实数
	double	双精度实数
	struct	用于定义结构体的关键字
	union	用于定义共用体的关键字
	void	空类型,用它定义的对象不具有任何值
	enum	定义枚举类型的关键字
	signed	有符号类型,最高位作符号位
	const	表明这个量在程序执行过程中不可变
	volatile	表明这个量在程序执行过程中可被隐含地改变
	typedef	用于定义同义数据类型
存储类别	auto	自动变量
	register	寄存器类型
	static	静态变量
	extern	外部变量声明
流程控制	break	退出最内层的循环或 switch 语句
	case	switch 语句中的情况选择
	continue	跳到下一轮循环
	default	switch 语句中其余情况标号
	do	在 do⋯while 循环中的循环起始标记
	else	if 语句中的另一种选择

续表

用 途	关 键 字	说 明
流程控制	for	带有初值、测试和增量的一种循环
	goto	转移到标号指定的地方
	if	语句的条件执行
	return	返回到调用函数
	switch	从所有列出的动作中做出选择
	while	在 while 和 do…while 循环中语句的条件执行
运算符	sizeof	计算表达式和类型的字节数

附录 C

C 语言运算符的优先级别和结合方向

C 语言运算符的优先级共计 15 种,运算符共计 34 种,如表 C.1 所示。

表 C.1　C 语言运算符的优先级别和结合方向

优先级	类　型	运算符	名　称	结合方向	举　例
1		( )	圆括号	自左至右	(a+b)*c
		[ ]	下标		score[3]
		->	指向成员		pt->name
		.	成员		stu.num
2	单目	!	逻辑非	自右至左	! a
		~	按位反		~0
		++	自增		i++,++i
		--	自减		j--,--j
		-	负		-x
		(类型)	强制类型转换		(double)x
		*	指针		i=*p
		&	取地址		p=&i
		sizeof	长度		sizeof(int)
3	算术(双目)	*	乘	自左至右	a*b
		/	除		a/b
		%	求余		7%3
4	算术(双目)	+	加	自左至右	a+b
		-	减		a-b
5	位运算(双目)	<<	左移	自左至右	a<<2
		>>	右移		a>>2
6	关系(双目)	>	大于	自左至右	if(x>y)
		>=	大于或等于		if(x>=0)
		<	小于		for(i=0;i<n;i++)
		<=	小于或等于		for(i=0;i<=n;i++)
7	关系(双目)	==	等于	自左至右	if (x==y)
		!=	不等于		while (i!=0)

续表

优先级	类　型	运　算　符	名　　称	结合方向	举　　例
8	按位(双目)	&	按位与	自左至右	0377&a
9	按位(双目)	∧	按位异或	自左至右	～2∧a
10	按位(双目)	|	按位或	自左至右	～0|a
11	逻辑(双目)	&&	逻辑与	自左至右	if((x＞y)&&(a＞b))
12	逻辑(双目)	||	逻辑或	自左至右	if((a＞0)|(a＜5))
13	条件(三目)	? :	则,否则	自右至左	max=(x＞y)? a:b
14	赋值(双目)	= += -= *= /= %= >>= <<= &= ∧= |=	赋值或算术赋值	自右至左	a=b a+=b(即 a=a+b) a%=b(即 a=a%b)
15	顺序	,	逗号(顺序求值)	自左至右	for(sum=0,i=0;i＜n;i++,sum+=i)

附录 D

C 语言库函数

1. 数学函数（表 D.1）

使用数学函数时，应该在该源文件中使用以下命令行：

#include "math.h" 或 #include <math.h>

表 D.1　数学函数

函数名	函数原型	功 能	返 回 值	说 明
abs	int abs(int x);	求整数 x 的绝对值	计算结果	
acos	double acos(double x);	计算 $\arccos^{-1}(x)$ 的值	计算结果	x 应在 $-1\sim1$ 范围内
asin	double asin(double x);	计算 $\arcsin^{-1}(x)$ 的值	计算结果	x 应在 $-1\sim1$ 范围内
atan	double atan(double x);	计算 $\arctan^{-1}(x)$ 的值	计算结果	
atan2	double atan2(double x, double y);	求 $\arctan^{-1}(x/y)$ 值	计算结果	
cos	double cos(double x);	计算 $\cos(x)$ 的值	计算结果	x 的单位为弧度
cosh	double cosh(double x);	计算 x 的双曲余弦 $\cosh(x)$ 的值	计算结果	
exp	double exp(double x);	求 e^x 的值	计算结果	
fabs	double fabs(double x);	求 x 的绝对值	计算结果	
floor	double floor(double x);	求出不大于 x 的最大整数	该整数的双精度实数	
fmod	double fmod(double x, double y);	求整除 x/y 的余数	返回余数的双精度数	
frexp	double frexp(double val, int * eptr);	把双精度 val 分解为数字部分（尾数）x 和以 2 为底的指数 n，即 $val = x * 2^n$，n 存放在 eptr 指向的变量中	返回数字部分 x，$0.5 \leqslant x < 1$	
log	double log(double x);	求 $\ln x$	计算结果	
log10	double log10(double x);	求 $\log_{10} x$	计算结果	
modf	double modf(double val, double * iptr);	把双精度数 val 分解为整数部分和小数部分，把整数部分存到 iptr 指向的单元	val 的小数部分	
pow	double pow(double x, double y);	计算 x^y 的值	计算结果	

续表

函数名	函数原型	功能	返回值	说明
sin	double sin(double x);	计算 sin(x)的值	计算结果	x 单位为弧度
sinh	double sinh(double x);	计算 x 的双曲正弦函数 sinh(x)	计算结果	
sqrt	double sqrt(double x);	计算 x 的算术平方根 $\sqrt{x}$	计算结果	x 应≥0
tan	double tan(double x);	计算 tan(x)的值	计算结果	x 单位为弧度
tanh	double tanh(double x);	计算 x 的双曲正切函数 tanh(x)的值	计算结果	

2. 字符函数（表 D.2）

ANSI C 标准要求在使用字符函数时需包含头文件"ctype.h"。

表 D.2 字符函数

函数名	函数原型	功能	返回值
isalnum	int isalnum(int ch);	检查 ch 是否是字母或数字	是,返回 1; 否,返回 0
isalpha	int isalpha(int ch);	检查 ch 是否是字母	是,返回 1; 否,返回 0
iscntrl	int iscntrl (int ch);	检查 ch 是否是控制字符（其 ASCII 码在 0～0x1F 之间）	是,返回 1; 否,返回 0
isdigit	int isdigit(int ch);	检查 ch 是否是数字(0～9)	是,返回 1; 否,返回 0
isgraph	int isgraph(int ch);	检查 ch 是否是可打印字符（其 ASCII 码在 0x21～0x7E 之间），不包括空格	是,返回 1; 否,返回 0
islower	int islower(int ch);	检查 ch 是否是小写字母(a～z)	是,返回 1; 否,返回 0
isprint	int isprint(int ch);	检查 ch 是否是可打印字符（包括空格），其 ASCII 码在 0x20～0x7E 之间	是,返回 1; 否,返回 0
ispunct	int ispunct(int ch);	检查 ch 是否是标点符号（不包括空格），即除字母、数字、空格以外的所有可打印字符	是,返回 1; 否,返回 0
isspace	int isspace(int ch);	检查 ch 是否是空格、跳格符（制表符）或换行符	是,返回 1; 否,返回 0
isupper	int isupper(int ch);	检查 ch 是否是大写字母(A～Z)	是,返回 1; 否,返回 0
isxdigit	int isxdigit(int ch);	检查 ch 是否是一个十六进制数学字符（即 0～9，或 A～F，或 a～f）	是,返回 1; 否,返回 0
tolower	int tolower(int ch);	将 ch 字符转换为小写字母	返回 ch 所代表的字符的小写字母
toupper	int toupper(int ch);	将 ch 字符转换为大写字母	与 ch 相应的大写字母

3. 字符串函数（表 D.3）

在使用字符串函数时要包含头文件"string.h"。

表 D.3　字符串函数

函　数　名	函 数 原 型	功　　　能	返　回　值
strcat	char * strcat (char * str1, char * str2);	把字符串 str2 接到 str1 后面,str1 最后面的'\0'被取消	str1
strchr	char * strchr (char * str, int ch);	找出 str 指向的字符串中第一次出现字符 ch 的位置	返回指向该位置的指针,如找不到,返回空指针
strcmp	int strcmp(char * str1, char * str2);	比较两个字符串 str1 和 str2	str1＜str2,返回负数；str1＝str2,返回 0；str1＞str2,返回正数
strcpy	char * strcpy (char * str1, char * str2);	把 str2 指向的字符串复制到 str1 中去	返回 str1
strlen	unsigned int strlen(char * str);	统计字符串 str 中字符的个数(不包括终止符'\0')	返回字符个数
strstr	char * strstr (char * str1, char * str2);	找出 str2 在 str1 字符串中第一次出现的位置(不包括 str2 的串结束符)	返回该位置的指针,如找不到,返回空指针

4. 输入输出函数(表 D.4)

凡用以下的输入输出函数,要包含头文件"stdio.h"。

表 D.4　输入输出函数

函数名	函 数 原 型	功　　　能	返　回　值	说　　明
clearerr	void clearerr(FILE * fp);	使 fp 所指文件的错误,标志和文件结束标志置 0	无	
close	int close(int fp);	关闭文件	关闭成功返回 0;不成功返回－1	非 ANSI 标准
creat	int creat(char * filename, int mode);	以 mode 所指定的方式建立文件	成功则返回正数；否则返回－1	非 ANSI 标准
eof	int eof(int fd);	检查文件是否结束	遇文件结束符返回 1;否则返回 0	非 ANSI 标准
fclose	int fclose(FILE * fp);	关闭 fp 所指的文件;释放文件缓冲区	有错则返回非 0;否则返回 0	
feof	int feof(FILE * fp);	检查文件是否结束	遇文件结束符返回非零值;否则返回 0	
fgetc	int fgetc(FILE * fp);	从 fp 所指定的文件中取得下一个字符	返回所得到的字符,若读入出错返回 EOF	
fgets	char * fgets (char * buf, int n, FILE * fp);	从 fp 所指向的文件读取一个长度为 n－1 的字符串,存入起始地址为 buf 的空间	返回地址 buf,如遇文件结束或出错,返回 NULL	
fopen	FILE * fopen (char * filename, char * mode);	以 mode 指定的方式打开名为 filename 的文件	成功,返回一个文件指针(信息区的起始地址);否则返回 0	

续表

函数名	函数原型	功　能	返　回　值	说　　明
fprintf	int fprintf(FILE * fp, char * format,args,…);	把args的值以format指定的格式输出到fp所指定的文件中	实际输出的字符数	
fputc	int fputc(char ch, FILE * fp);	将字符ch输出到fp所指向的文件中	成功,则返回该字符;否则返回EOF	
fputs	int fputs(char * str, FILE * fp);	将str指向的字符串输出到fp所指定的文件中	返回0,若出错返回非0	
fread	int fread(char * pt, unsigned size, unsigned n, FILE * fp);	从fp所指定的文件中读取长度为size的n个数据项,存到pt所指向的内存区	返回所读的数据项个数,如果遇到文件结束或出错返回0	
fscanf	int fscanf(FILE * fp, char format, args,…);	从fp指定的文件中按format给定的格式将输入数据送到args所指的内存单元(args是指针)	已输入的数据个数	
fseek	int fseek(FILE * fp, long offset, int base);	将fp所指向的文件的位置指针移到以base所指的位置为基准、以offset为位移量的位置	返回当前位置,否则返回－1	
ftell	long ftell(FILE * fp);	返回fp所指向的文件中的读/写位置	返回fp所指向的文件中的读/写位置	
fwrite	intfwrite(char * ptr, unsigned size, unsigned n, FILE * fp);	把ptr所指向的n×size个字节输出到fp所指的文件中	写到fp文件中的数据项的个数	
getc	int getc(FILE * fp);	从fp所指向的文件中读入一个字符	返回所读的字符。若文件出错或结束,返回EOF	
getchar	int getchar( );	从标准输入设备读取下一个字符	所读字符。若文件结束或出错,则返回－1	
gets	char gets(char * str);	从标准输入设备读取一个字符串,并把它们放入str所指向的字符数组中	成功,返回str的值;否则,返回NULL	
getw	int getw(FILE * fp);	从fp所指向的文件读取下一个字(整数)	输入的整数。如文件结束或出错,返回－1	非ANSI标准
open	int open(char * filename, int mode);	以mode指出的方式打开已存在的名为filename的文件	返回文件号(正数)。如打开失败,返回－1	非ANSI标准
printf	int printf(char * format, args,…);	按format指向的格式字符串所规定的格式,将输出表列args的值输出到标准输出设备	输出字符的个数,若出错,返回负数	format可以是一个字符串,或字符数组的起始地址

续表

函数名	函数原型	功 能	返 回 值	说 明
putc	int putc(int ch, FILE * fp);	把一个字符 ch 输出到 fp 所指的文件中	输出的字符 ch，若出错，返回 EOF	
putchar	int putchar(char ch);	把字符 ch 输出到标准输出设备	输出的字符 ch，若出错，返回 EOF	
puts	int puts(char * str);	把 str 指向的字符串输出到标准输出设备，将'\0'转换为回车换行	返回换行符，若失败，返回 EOF	
putw	int putw(int w, FILE * fp);	将一个整数 w（即一个字）写到 fp 指向的文件中	返回输出的整数，若出错，返回 EOF	非 ANSI 标准
read	int read(int fd, char * buf, unsigned count);	从文件号 fd 所指的文件中读 count 个字节到由 buf 指示的缓冲区中	返回真正读入的字节个数，如遇到文件结束返回 0，出错返回 −1	非 ANSI 标准
rename	int rename(char * oldname, char * newname);	把由 oldname 所指的文件名，改为由 newname 所指的文件名	成功返回 0，失败返回 −1	
rewind	void rewind(FILE * fp);	将 fp 指示的文件中的位置指针置于文件开头位置，并清除文件结束标志和错误标志	无	
scanf	int scanf(char * format, args,…);	从标准输入设备按 format 指向的格式字符串规定的格式，输入数据给 args 所指向的单元	读入并赋给 args 的数据个数，遇文件结束返回 EOF，出错返回 0	args 为指针
write	int write(int fd, char * buf, unsigned count);	从 buf 指示的缓冲区输出 count 个字符到 fd 所标志的文件中	返回实际输出的字节数，如出错返回 −1	非 ANSI 标准

5. 动态存储分配函数（表 D.5）

ANSI 标准建议设 4 个有关的动态存储分配的函数，即 calloc、malloc、free、realloc。实际上，许多 C 编译系统实现时，往往增加了一些其他函数。ANSI 标准建议在 stdlib.h 头文件中包含有关的信息，但许多 C 编译要求用 malloc.h 而不是 stdlib.h。读者在使用时应查阅有关手册。

ANSI 标准要求动态分配系统返回 void 指针。void 指针具有一般性，它不规定指向任何具体的类型的数据。但目前绝大多数 C 编译所提供的这类函数都返回 char 指针。无论是以上两种情况的哪一种，都需要用强制类型转换的方法把 char 指针转换成所需要的类型。

表 D.5 动态存储分配函数

函 数 名	函数原型	功 能	返 回 值
calloc	void * calloc(unsigned n, unsign size);	分配 n 个数据项的内存连续空间，每个数据项的大小为 size	分配内存单元的起始地址，如不成功，返回 0

附录 D　C 语言库函数　305

续表

函 数 名	函 数 原 型	功　　能	返　回　值
free	void free(void * p);	释放 p 所指的内存区	无
malloc	void * malloc(unsigned size);	分配 size 字节的存储区	所分配的内存区地址,如内存不够,返回 0
realloc	void * realloc(void * p, unsigned size);	将 p 所指出的已分配的内存区的大小改为 size,size 可以比原来分配的空间大或小	返回指向该内存区的指针

6. 其他函数(表 D.6)

使用以下函数,要包含头文件"stdlib.h"。

表 D.6　其他函数

函 数 名	函 数 原 型	功　　能	返　回　值
abs	int abs(int num);	计算整数 num 的绝对值	返回 num 的绝对值
atof	double atof(char * str);	把 str 指向的 ASCII 字符串转换成一个 double 型数值	返回双精度的结果
atoi	int atoi(char * str);	把 str 指向的字符串转换成整数	返回整数结果
atol	long atol(char * str);	将字符串转换成一个长整型值	返回长整数结果
exit	void exit(int status);	使程序立即正常地终止,status 的值传给调用过程	无
labs	long labs(long num);	计算 num 的绝对值	返回长整数 num 的绝对值
rand	int rand( );	产生一个伪随机数	返回一个 0～RAND_MAX 之间的整数,RAND_MAX 是在头文件中定义的随机数最大可能值,Turbo C 2.0 和 VC++ 6.0 的 RAND_MAX 为 32767
srand	void scrand(unsigned int seed)	初始化随机数发生器(产生 rand 函数用的随机数种子)	无

参 考 文 献

[1] 教育部高等学校非计算机专业计算机基础课程教学指导分委员会. 关于进一步加强高等学校计算机基础教学的意见暨计算机基础课程教学基本要求[Z]. 2006.

[2] 中国高等院校计算机基础教育改革课题教研组. 中国高等院校计算机基础教育课程体系2008[M]. 北京：清华大学出版社，2008.

[3] 谭浩强. C程序设计[M]. 3版. 北京：清华大学出版社，2005.

[4] 谭浩强. C程序设计[M]. 5版. 北京：清华大学出版社，2017.

[5] 姜庆娜，姜玉波，杜忠友，等. C语言程序设计教程[M]. 北京：中国计划出版社，2007.

[6] 杜忠友，刘浩，叶曙光，等. C语言及程序设计[M]. 北京：中国铁道出版社，2008.

[7] 刘浩，杜忠友. C语言程序设计[M]. 济南：山东大学出版社，2000.

[8] 刘浩，杜忠友，姜庆娜，等. C语言及程序设计[M]. 北京：中国铁道出版社，2012.

[9] 徐士良. C语言程序设计教程[M]. 北京：人民邮电出版社，2006.

[10] 李丽娟. C语言程序设计教程[M]. 北京：人民邮电出版社，2006.

[11] 刘克成，张凌晓，邵艳玲. C语言程序设计[M]. 北京：中国铁道出版社，2006.

[12] BRONSON G J. A First Book of ANSI C[M]. 北京：电子工业出版社，2006.

[13] KERNIGHAN B W. The C Programming Language[M]. 北京：清华大学出版社，2001.

[14] 田淑清，等. 二级教程：C语言程序设计[M]. 北京：高等教育出版社，2003.

[15] 杨旭，等. C语言程序设计案例教程[M]. 北京：人民邮电出版社，2005.

[16] 杨路明，等. C语言程序设计[M]. 北京：北京邮电大学出版社，2005.

[17] 楼永坚，吴鹏，徐恩友. C语言程序设计[M]. 北京：人民邮电出版社，2006.

[18] 王煜，王苗，吴玉霞，等. C语言程序设计[M]. 北京：中国铁道出版社，2005.

图书资源支持

感谢您一直以来对清华版图书的支持和爱护。为了配合本书的使用,本书提供配套的资源,有需求的读者请扫描下方的"书圈"微信公众号二维码,在图书专区下载,也可以拨打电话或发送电子邮件咨询。

如果您在使用本书的过程中遇到了什么问题,或者有相关图书出版计划,也请您发邮件告诉我们,以便我们更好地为您服务。

我们的联系方式:

清华大学出版社计算机与信息分社网站:https://www.shuimushuhui.com/

地　　址:北京市海淀区双清路学研大厦 A 座 714

邮　　编:100084

电　　话:010-83470236　010-83470237

客服邮箱:2301891038@qq.com

QQ:2301891038(请写明您的单位和姓名)

资源下载: 关注公众号"书圈"下载配套资源。

书 圈

清华计算机学堂

观看课程直播